AF320070

LEÇONS DE CHOSES

TRÉSOR SCIENTIFIQUE

DES

ÉCOLES PRIMAIRES

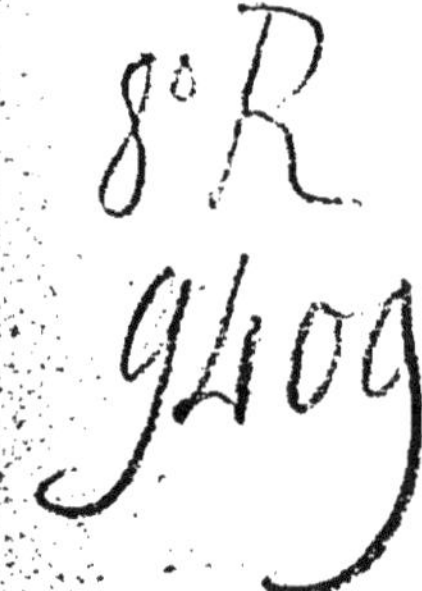

TRÉSOR SCIENTIFIQUE

DES

ÉCOLES PRIMAIRES

PAR

Jules CONAN

ANCIEN PROFESSEUR

SEPTIÈME ÉDITION

PARIS

LIBRAIRIE CH. DELAGRAVE

15, RUE SOUFFLOT, 15

—

1889

TRÉSOR SCIENTIFIQUE

DES ÉCOLES PRIMAIRES

PREMIÈRE PARTIE

LE CIEL

1. — L'Univers.

Lorsque nous levons les yeux vers le ciel, nous apercevons au-dessus de notre tête une voûte immense, sur laquelle le soleil semble monter et descendre pendant le jour, et où, pendant la nuit, étincellent des milliers de points lumineux. Cette voûte paraît s'appuyer sur la terre, comme un dôme gigantesque [1] posé sur une surface unie. Mais ce n'est là qu'une illusion de nos sens; en réalité, elle environne de tous côtés le globe terrestre [2], sans le toucher en aucun endroit, et sur quelque point de la terre que vous vous transportiez, vous l'apercevrez toujours au-dessus de vous.

Qu'est-ce donc que cette voûte? Une simple apparence. Au-dessus de nos têtes, il n'y a que l'atmosphère [3], c'est-à-dire les couches d'air qui environnent notre globe, comme une gaze légère dont l'azur [4] charme nos regards. Au delà, c'est l'espace, l'espace immense, sans limites; mais ce n'est pas le vide, car cet espace est rempli par un fluide [5] infiniment plus subtil que l'air, un fluide qui

---

(1) *Dôme*, voûte; *gigantesque*, d'une immense étendue (du lat. *gigas*, géant).

(2) *Globe*, corps rond. *Sphère* a à peu près le même sens.

(3) *Atmosphère*, c'est-à-dire *sphère d'air.*

(4) *Azur*, bleu clair.

(5) *Fluide*, coulant; l'eau est un fluide, l'air aussi, mais plus subtil que l'eau.

n'a ni couleur, ni saveur [1], pas même de poids [2] : on l'appelle *éther*.

Au sein de l'éther, comme dans un océan sans rivage, flottent des milliers de globes de grosseur inégale, nommés *astres*. Les uns sont lumineux par eux-mêmes et brillent de leur propre lumière : ce sont autant de soleils semblables à celui qui nous éclaire. On les appelle *étoiles*, et aussi *étoiles fixes*, parce qu'ils occupent toujours dans le ciel la même position respective [3]. D'autres sont des corps obscurs par eux-mêmes, qui n'ont pas de lumière propre : ils ne nous apparaissent brillants que parce qu'ils nous renvoient la lumière réfléchie [4] du soleil. Telle est la lune, suspendue dans le ciel comme une lampe d'argent ; telle est la terre qui nous porte : elle aussi flotte dans l'espace comme une boule immense, ne tenant à rien. Ces globes opaques [5] se nomment *planètes*, c'est-à-dire *errants*, parce que, toujours en mouvement, ils occupent sans cesse dans le ciel des positions différentes. Outre ces astres permanents [6], nous voyons parfois briller dans l'espace des astres nouveaux qui ne se montrent qu'à de rares intervalles, et qui se distinguent des étoiles et des planètes autant par la bizarrerie de leur mouvement que par la singularité de leur aspect : ce sont les *comètes*.

Soleil, étoiles, planètes, comètes, telles sont les diverses sortes d'astres qui peuplent le ciel. Ils ne sont pas disséminés au hasard et sans ordre ; il n'est pas à craindre que, dans leurs évolutions [7], ils viennent jamais à s'entre-choquer. Des lois pleines de sagesse président à tous leurs mouvements. L'ensemble de ces globes, avec l'espace même qui les renferme, comprend tout ce qui existe et s'appelle l'*univers* ou le *monde*.

Mais si, pour bâtir une maison, il faut un architecte,

---

(1) *Saveur*, goût.

(2) Aussi dit-on que l'éther est *impondérable*, c'est-à-dire *sans poids* (du latin *pondus*, poids, avec l'affixe privatif *im*).

(3) *Respective*, relative, les unes par rapport aux autres.

(4) Un rayon de soleil tombant sur un corps opaque, c'est-à-dire non transparent, ne le pénètre pas ; il est *réfléchi*, c'est-à-dire renvoyé dans une autre direction.

(5) *Opaque* : voyez la note précédente.

(6) *Permanents*, stables, qui demeurent.

(7) *Évolutions*, mouvements plus ou moins circulaires, c'est-à-dire en forme de cercles

à plus forte raison l'univers ne s'est-il pas fait tout seul. Il existe donc en dehors de lui un Être infiniment puissant, infiniment sage, infiniment bon, qui l'a tiré du néant, et lui a donné ces lois admirables qui le gouvernent et le conservent. Le grand astronome Newton [1], à qui l'on demandait un jour de prouver l'existence de Dieu, se contenta de montrer de la main le ciel en disant : « Voyez ! »

QUESTIONNAIRE : Qu'est-ce que la voûte du ciel? — Qu'appelle-t-on *éther* ? — Nommez les divers globes qui flottent dans l'espace. — Qu'appelle-t-on *étoiles, planètes, comètes* ? — Qu'est-ce que l'*univers* ou le *monde*? — Qui a fait l'univers ?

---

2. — Le Soleil.

Parmi les astres qui peuplent les espaces célestes, il en est un qui mérite de fixer tout particulièrement notre attention, c'est le soleil. Nous avons avec le soleil les rapports les plus étroits, et nous en recevons les plus précieux bienfaits. C'est lui qui soutient le globe que nous habitons, et lui permet de planer dans les cieux [2]. C'est lui qui nous distribue les jours, les années, les saisons ; c'est lui qui colore et parfume nos fleurs, dore nos moissons et mûrit nos fruits ; c'est lui qui élève du sein de l'Océan dans l'atmosphère, et fait retomber sur nos plaines et nos campagnes, les pluies salutaires qui les rafraîchissent et les fécondent. En ce qui touche notre vie corporelle, le soleil est comme l'organe [3] visible de la Providence à notre égard : il est la main qui nous porte, le flambeau qui nous éclaire, le foyer qui nous échauffe, la source intarissable qui verse sur notre planète la lumière et la chaleur, ces deux conditions essentielles de toute vie végétale et animale [4].

(1) *Newton* (prononcez *Neuton*), astronome anglais, c'est-à-dire savant dans la science des astres, mort en 1727.
(2) Cette pensée sera expliquée dans la Lecture suivante.
(3) *Organe*, instrument.
(4) C'est-à-dire de la vie des plantes (ou végétaux) et des animaux.

Le soleil est une étoile. Son éclat est si éblouissant que, lorsqu'il brille au milieu d'un ciel sans nuage, à une certaine hauteur au-dessus de l'horizon [1], il est tout à fait impossible de l'observer à l'œil nu ; mais, si on le regarde au moyen d'un verre noirci à la fumée, on le distingue nettement, et il se montre alors sous la forme d'un disque plat [2]. Telle est la figure que présentent les corps sphériques ou ronds, vus de loin. Le soleil est donc une immense sphère incandescente [3], solide ou liquide, un globe enflammé, une sorte d'océan de feu. Des éruptions [4] ont constamment lieu dans son sein ; de tous les points de sa surface jaillissent des jets de flamme hauts de 25 à 30 mille lieues.

Si brillant que nous apparaisse le soleil, il a pourtant des taches, que l'on croit être de vastes trouées obscures, s'enfonçant jusqu'au centre même de l'astre. Plusieurs de ces taches sont visibles à l'œil nu. Il en est dont les dimensions sont effrayantes : elles mesurent un diamètre [5] de 30 mille lieues, c'est-à-dire qu'elles sont dix fois plus larges que la terre. Si notre globe y tombait, il s'y perdrait comme une pierre dans un puits.

Un enfant disait un jour: « Que je voudrais être petit oiseau ! J'irais partout où il me plairait ; j'irais voir le soleil. » Il ne savait pas, ce naïf enfant, qu'il y a bien loin de la terre au soleil. A en juger par les apparences, on pourrait croire que cet astre n'est pas beaucoup plus éloigné de nous que la lune, et que les distances du globe terrestre à ces deux corps sont à peu près les mêmes. Pure illusion ! la distance moyenne [6] du soleil à la terre est 400 fois plus grande que celle de la lune ; 96 mille lieues nous séparent de cette planète, 38 millions de lieues nous séparent du soleil. Pour se faire une idée de cette énorme distance, il suffit de calculer le temps qu'il faudrait pour la franchir aux vitesses les

---

(1) *Horizon*, endroit où le ciel semble toucher la terre.

(2) *Disque*, objet plat et rond, comme une assiette.

(3) *Sphère incandescente*, globe de feu.

(4) *Éruption*, jaillissement, sortie violente.

(5) *Diamètre*, la plus grande largeur d'une chose ronde.

(6) Nous disons *moyenne*, parce que cette distance varie un peu aux différentes époques de l'année.

plus rapides que nous connaissons. La lumière, qui se propage avec une vitesse de 76 mille lieues par seconde, met 8 minutes pour arriver du soleil à la terre. Le son parcourt 340 mètres par seconde ; supposez qu'un son produit par une explosion parte du soleil : il se passera 14 ans avant qu'il vienne frapper notre oreille. Un boulet de canon, lancé par une charge de poudre convenable, court avec une vitesse de 750 lieues par heure ; s'il conservait cette vitesse uniforme jusqu'au soleil, il lui faudrait 6 ans pour y parvenir. Imaginez enfin un chemin de fer reliant en droite ligne notre planète et le soleil : un train express faisant 50 kilomètres à l'heure n'arriverait à destination qu'après un voyage de 337 ans ; parti de la terre le 1er janvier 1880, il n'entrerait dans le soleil que vers les derniers jours de l'année 2217.

C'est par suite du grand éloignement du soleil que nous le voyons avec des dimensions si minimes. Il semble n'avoir que 30 à 40 centimètres de diamètre ; il est pourtant 1 million 400 mille fois plus gros que la terre. Si l'on pouvait réunir toutes les planètes en un seul globe, le volume du soleil serait encore 600 fois plus grand que l'énorme masse résultant de cette agglomération. Une comparaison vous aidera à vous faire une idée de cette grandeur : si l'on plaçait le globe lunaire au centre du globe solaire, comme un noyau dans un fruit, on aurait encore, pour aller de la lune à la surface du soleil, à parcourir une distance de plus de 80 mille lieues.

Les astronomes ne sont pas seulement parvenus à mesurer la distance du soleil à la terre et ses dimensions colossales ; ils sont même venus à bout de la peser. C'est un fort beau poids. Pour exprimer en kilogrammes celui de la terre, il faut un 5 suivi de 21 zéros ; eh bien, le soleil pèse 325 mille fois plus. Si l'on imaginait une balance assez vaste pour qu'un de ses plateaux pût soutenir le globe solaire, il faudrait mettre dans l'autre plateau 325 mille globes terrestres pour lui faire équilibre.

Ce corps aux proportions si gigantesques et d'un poids si énorme n'est pas immobile dans l'espace : il tourne sur lui-même, d'occident en orient, en 25 jours et demi. Outre ce mouvement qu'on appelle de *rotation*, parce qu'il est semblable à celui d'une roue [1] tournant sur son essieu, le soleil en a un autre, qui se nomme mouvement de *translation* [2] : il s'enfonce sans cesse dans les profondeurs de l'espace, entraînant avec lui la terre et les autres planètes.

QUESTIONNAIRE : Quelles sont les relations du soleil avec la terre ? — Quelle est la nature du soleil ? — En quoi consistent ses taches ? — Quelle est la distance du soleil à la terre ? — Quelle est sa grosseur ? son poids ? — Quels sont ses mouvements ?

---

3. — Système solaire.

Lorsque nous voyons briller le soleil à la voûte azurée du firmament, il nous apparaît seul et comme isolé dans l'espace. Nous serions donc portés à croire qu'il n'a aucun rapport avec les autres astres, et que toute son influence se borne à nous envoyer sa chaleur et sa lumière. Mais, si nous étions transportés à quelques milliards de lieues dans les profondeurs du ciel, et que nos yeux fussent assez vifs pour voir à une pareille distance, nous apercevrions le soleil environné d'une multitude de globes qui circulent sans interruption autour de lui et lui forment un radieux cortège. Ces globes sont les planètes. On en compte 8 grandes, savoir : Mercure, Vénus, la Terre, Mars, Jupiter, Saturne, Uranus et Neptune, et environ 190 petites. Leur ensemble forme ce qu'on appelle le *système solaire* ou *planétaire* [3].

Les planètes pourraient se nommer aussi la famille du soleil. Elles dépendent de lui et sont soumises à son

---

(1) *Roue*, en latin *rota*. Ce mouvement ne déplace pas le soleil.

(2) *Translation*, action de déplacer, de transporter d'un lieu dans un autre.

(3) *Système*, ici, signifie un ensemble de plusieurs choses disposées avec ordre pour former un tout.

action puissante. Opaques et obscures par elles-mêmes, comme la terre qui fait partie de leur groupe, elles n'ont de lumière que celle que cet astre leur envoie: elles s'éteindraient, s'il venait à s'éteindre. C'est le soleil aussi qui soutient et dirige le mouvement ininterrompu qui leur fait décrire autour de lui des courbes circulaires et régulières [1]. Sans l'attraction irrésistible qu'il exerce sur elles, on les verrait, emportées par ce qu'on appelle la force centrifuge, se perdre dans les profondeurs de l'espace et se briser en se choquant les unes contre les autres [2]. Mais le soleil les retient, et il les retient à distance; elles ne franchissent jamais les limites de son empire: on ne vit jamais sujets plus dociles. En même temps qu'elles tournent autour du soleil, elles tournent aussi sur elles-mêmes ou autour de leur axe [3]. Il en est qui, dans leur course, sont accompagnées d'autres planètes plus petites, nommées satellites [4] ou lunes, lesquelles tournent autour d'elles, et sont emportées avec elles autour du soleil.

Tel est, en général, le système solaire; tel est le vaste empire du soleil, le monde immense dont la terre fait partie.

Entrons maintenant dans quelques détails, et faisons connaissance avec les grandes planètes. Elles sont, comme nous l'avons dit, au nombre de huit.

La plus rapprochée du soleil, c'est Mercure. Bien

---

(1) Les planètes, en tournant autour du soleil, décrivent (c'est-à-dire *tracent* ou *forment*), non pas un cercle exact, mais un cercle qui serait un peu allongé; c'est ce qu'on appelle une *ellipse*.

(2) Pour comprendre cela, attachez une pierre à une petite corde, et, par un léger mouvement de la main, faites décrire à la pierre un cercle : la main, à peu près immobile, vous figurera le soleil; et la pierre, une planète tournant à l'entour. La corde, fortement tendue, représente deux forces agissant en sens contraire. D'une part, elle attire la pierre vers la main : c'est l'*attraction* ou *force centripète*, c'est-à-dire tendant vers le centre. D'autre part, la pierre en tournant *tire* pour s'éloigner du centre : c'est la *force centrifuge*; que la corde se casse, aussitôt la pierre, au lieu de continuer à tourner, s'échappera en ligne droite. Dieu, à l'origine, a imprimé aux planètes une première impulsion, et les a en même temps soumises à la force d'attraction qui réside dans le soleil. Si cette dernière force agissait seule, les planètes se précipiteraient impétueusement sur l'astre qui est leur centre, comme une pierre non soutenue se précipite vers la terre; mais la force centrifuge les en éloigne; et comme les deux forces se contrebalancent, il en résulte que chaque planète, retenue dans son orbite, tourne régulièrement autour du soleil. Voyez la 13e Lecture.

(3) *Axe*, essieu; ici, ligne imaginaire qu'on suppose passer par le milieu de la planète.

(4) *Satellite*, c'est-à-dire compagne ou compagnon.

qu'éloignée de l'astre central de près de 15 millions
de lieues, elle est presque toujours cachée dans ses
rayons; aussi la voit-on rarement à l'œil nu. Comme
elle met 24 heures à tourner sur elle-même, son
jour est de la durée du nôtre; mais son année est
à peine de 3 mois, car elle achève en 88 jours sa
révolution autour du soleil. Mercure est un globe
beaucoup plus petit que la terre, et cependant hérissé
de très hautes montagnes. La chaleur qui y règne est
sept fois plus considérable que celle de notre zone torride. Ses habitants, s'il en a, y sont comme dans le
plomb fondu.

Après Mercure se trouve Vénus, à 26 millions de
lieues du soleil. Le jour et la nuit y sont à peu près de
même durée que sur la terre, mais son année n'est que
de 224 jours. Vénus est la plus brillante des planètes,
c'est elle que l'on désigne souvent sous le nom *d'Étoile
du Berger*. Les anciens l'appelaient *Vesper* et *Lucifer*,
et on la nomme encore maintenant l'*Étoile du soir*,
ou l'*Étoile du matin*, suivant qu'elle se montre à l'occident un peu après le coucher du soleil, ou à l'orient un
peu avant le lever de cet astre. Il paraît qu'elle possède
aussi de très hautes montagnes. Elle offre avec notre
globe la plus grande ressemblance; seulement, comme
elle est deux fois plus près du soleil, nous n'y pourrions pas vivre une minute.

La Terre suit Vénus. Elle est la troisième planète du
système solaire. Sa distance au soleil est de 38 millions
de lieues. Elle accomplit en 24 heures sa rotation autour
de son axe, et en 365 jours sa révolution autour du
soleil. Un petit globe l'accompagne dans son mouvement: c'est la lune, son seul satellite.

Mars vient immédiatement après la Terre, à 57
millions de lieues du soleil. Sa journée est aussi d'environ 24 heures, son année de 687 jours. Quoique
moins brillant que Vénus, Mars se montre à l'œil nu
comme une belle étoile rougeâtre. Des nuages se balan-
cent dans son atmosphère; on y distingue des glaces et
des neiges, des mers et des îles

Après Mars nous trouvons la plus grande planète du système, Jupiter, situé à 200 millions de lieues du soleil. Son volume est 1400 fois plus considérable que le volume de la terre, mille fois seulement moindre que celui du soleil. Il met près de 12 ans à décrire sa révolution, et tourne sur lui-même avec une extrême rapidité, en moins de 10 heures. On voit briller cette planète durant nos nuits étoilées, sous l'aspect d'une étoile jaunâtre, presque aussi belle que Vénus. Quatre satellites l'accompagnent.

Jupiter est suivi du corps le plus étrange du système solaire, de la planète Saturne, qui voyage dans l'espace accompagnée d'un immense anneau constamment suspendu autour d'elle, et de huit lunes ou satellites. Le globe de Saturne est 800 fois plus grand que le nôtre. Il est à 350 millions de lieues du soleil. Sa révolution dure 30 ans et il tourne sur lui-même en 10 heures environ.

Uranus vient ensuite à 700 millions de lieues du soleil, avec un cortège de huit satellites. Ses saisons durent 21 ans, et son année 81.

Les hommes ne connaissaient que les sept grandes planètes dont nous venons de parler, lorsque, en 1846, un jeune astronome français, nommé Le Verrier, après de savants calculs, annonça qu'il devait exister, aux dernières limites du domaine solaire, une planète ignorée jusque-là, dont il désigna d'avance le volume, le poids, la distance et la place exacte. On braqua sur le point indiqué de fortes lunettes [1], et on vit, en effet, l'astre annoncé, circulant à une distance de 1130 millions de lieues. La nouvelle planète fut appelée Neptune; elle est 110 fois plus grande que la terre, et son année aussi longue que 164 des nôtres; on ne lui a encore découvert qu'un satellite.

____

(1) *Braquer*, diriger, tourner vers. — *Lunettes*, ici, télescopes, lunettes composées de plusieurs verres disposés dans un tube, pour voir à de grandes distances.

Qu'appelle-t-on *satellite* ? — Donnez quelques détails sur Mercure, — Vénus, — la Terre, — Mars, — Jupiter, — Saturne, — Uranus, — Neptune.

---

4. — La Terre.

Longtemps on a regardé la terre comme une surface plane [1], s'étendant à l'infini dans toutes les directions et supportant la voûte du ciel. Il n'est personne aujourd'hui qui ne sache qu'elle est un globe suspendu au milieu de l'espace. Plusieurs faits très frappants prouvent jusqu'à l'évidence la rondeur de la terre. Des

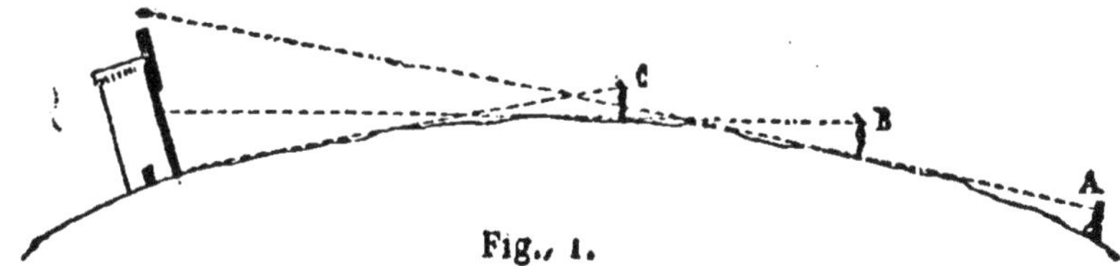

Fig. 1.

navigateurs en ont fait le tour : le premier de tous, Magellan [2], parti de l'Espagne dans la direction de l'occident, est rentré en Europe par le côté opposé. Dans une plaine immense, où rien n'arrête la vue, si nous jetons les yeux sur un clocher, sur une tour fort éloignée, c'est la flèche du clocher ou le sommet de la tour que nous apercevons en premier lieu. Enfin, lorsqu'un navire s'éloigne du rivage, on en voit disparaître d'abord le corps, puis les voiles, enfin le haut des mâts

Fig. 2.

et quand il revient, il semble sortir peu à peu des flots :

---

(1) *Plane*, plate.   (2) *Magellan*, Portugais mort en 1521.

autant de phénomènes que la courbure du globe terrestre peut seule expliquer. La terre n'est cependant pas une sphère parfaite : on a reconnu qu'elle est un peu aplatie aux pôles et renflée à l'équateur. Quant aux montagnes qui hérissent la terre, elles n'altèrent pas sensiblement cette forme : les plus hautes sont à peine comparables à des grains de sables semés sur une grosse boule, ou aux rugosités que l'on remarque sur la peau d'une orange.

Si la terre est un globe, comment les maisons, les hommes, les animaux, tous les objets qui se trouvent à sa surface, peuvent-ils s'y tenir sans tomber ? Pourquoi les eaux de la mer, des fleuves, des lacs, ne sortent-elles pas de leurs lits ? La réponse est facile. Tout le monde connaît la propriété que possède l'aimant d'attirer le fer [1]. Que l'on se figure une boule de cette substance à la surface de laquelle on présenterait de la limaille de fer : cette limaille serait attirée ; il ne s'en échapperait aucune parcelle, de quelque manière qu'on tourne et retourne le morceau d'aimant. La terre a une propriété semblable, par laquelle elle attire vers son centre tous les corps voisins de sa surface : cette propriété se nomme *pesanteur* [2]. Ainsi s'explique l'existence des antipodes, c'est-à-dire des hommes qui, placés dans une région tout à fait opposée à celle que nous habitons, ont les pieds tournés dans la direction contraire aux nôtres [3]. Ces hommes n'ont pas la tête en bas ; car, avoir la tête en bas, ce serait l'avoir plus près de la terre que les pieds : ils ont, comme nous, la tête tournée vers le ciel, c'est-à-dire vers l'espace environnant, puisque le ciel entoure de tous côtés le globe terrestre. Il ne doivent pas tomber ; car tomber, c'est se précipiter vers la terre, et non s'élancer dans l'espace, et la pesanteur les retient au sol, comme elle nous y retient nous-mêmes. A proprement parler, dans l'étendue qui nous

---

(1) Voyez la 31ᵉ Lecture.
(2) Voyez la 13ᵉ Lecture.

(3) *Antipodes* signifie *pieds opposés*. Les antipodes de Paris sont dans le grand Océan, au sud-est de la Nouvelle-Zélande.

environne, il n'y a ni haut ni bas ; partout le bas c'est
la terre, et le haut c'est le ciel.

La circonférence de la terre est de 40 mille kilomètres,
et sa surface d'environ 510 millions de kilomètres carrés,
à peu près mille fois celle de la France. Voulez-vous
vous faire une idée de sa grosseur, représentez-vous
un gigantesque dé à jouer de 1000 mètres en longueur,
largeur et hauteur ; vous aurez là un kilomètre cube,
c'est-à-dire une masse d'un milliard de mètres cubes.
Eh bien, la terre contient plus de mille milliards de
volumes pareils. Son poids est plus effrayant encore ;
pour l'exprimer en kilogrammes, il faut une rangée de 25
chiffres. L'atmosphère qui l'entoure de toutes parts pèse
à elle seule plus de six quintillions de kilogrammes.

Si nous pouvions voir la terre d'un lieu très éloigné,
de la lune, par exemple, elle se présenterait à nous sous
l'aspect d'un corps sphérique ; elle nous paraîtrait ronde
et lumineuse, comme nous voyons la lune elle-même.

La terre n'est pas immobile au milieu de l'espace.
Elle à un double mouvement : un mouvement de *rotation* et un mouvement de *translation*.

Le mouvement de rotation est celui qu'elle accomplit
en tournant sur elle-même, autour d'une ligne imaginaire que l'on nomme *axe*, c'est-à-dire essieu. Les
deux points qui terminent les extrémités opposées de
l'axe sont appelés *pôles*. Figurez-vous une orange
traversée par une aiguille autour de laquelle elle puisse
tourner : cette aiguille vous représentera l'axe terrestre,
et ses deux bouts seront les pôles. L'un des pôles a été
appelé *arctique*, parce qu'il regarde la constellation de
la Petite-Ourse, appelée *arctos* par les Grecs ; l'autre
se nomme *antarctique*, c'est-à-dire opposé à l'Ourse. A
égale distance des deux pôles, on imagine un grand
cercle, nommé *équateur*, parce qu'il divise la terre en deux
parties égales, l'une au nord, formant l'hémisphère [1]
boréal ou septentrional, et l'autre au sud, formant l'hémisphère austral ou méridional.

______

[1] *Hémisphère* (nom masculin), c'est-à dire *demi-sphère*, moitié du globe terrestre.

La terre accomplit son mouvement de rotation en 24 heures : c'est la durée d'un jour ; c'est pourquoi on a donné à ce mouvement le nom de *diurne* [1]. En tournant ainsi vis-à-vis du soleil, elle présente successivement une de ses faces aux rayons de cet astre. C'est ce mouvement qui produit l'alternative [2] du jour et de la nuit, chaque hémisphère se trouvant tantôt dans la lumière et tantôt dans la nuit, et réciproquement [3] ; quand il est midi en France, il est minuit à la Nouvelle-Zélande.

La rotation de la terre se fait d'occident en orient, avec une vitesse de plus de 7 lieues par minute pour les points situés près de l'équateur. Ce mouvement étant commun à l'air qui nous entoure, nous n'éprouvons aucun cahot, aucune secousse ; et comme nous avons toujours sous les yeux le même paysage [4], que tous les objets de notre voisinage conservent les mêmes situations entre eux et par rapport à nous, nous tournons sans nous en apercevoir. Il nous semble que la terre est immobile, et que c'est le soleil et les étoiles qui tournent autour de nous. En effet, nous voyons le soleil se lever tous les jours à l'horizon, et se coucher tous les soirs à l'autre extrémité du ciel. Mais ce n'est qu'une illusion causée par le mouvement en sens inverse de notre globe. Nous éprouvons une illusion semblable lorsque nous voyageons dans un bateau, et surtout dans un convoi de chemin de fer. Il nous semble alors que les arbres, les maisons, les poteaux qui bordent la route, se meuvent en sens inverse du train qui nous emporte, et s'enfuient derrière nous. De même, tandis que la terre tourne et que nous tournons avec elle d'occident en orient, le soleil et les étoiles nous paraissent défiler en sens contraire, c'est-à-dire d'orient en occident.

Le mouvement de translation de la terre est celui qu'elle accomplit autour du soleil. On le nomme aussi

(1) Du latin *dies*, jour.
(2) *Alternative*, succession de deux choses qui reviennent tour à tour.

(3) C'est-à-dire, quand nos antipodes ont le jour, nous avons la nuit.
(4) *Paysage*, aspect que présente un pays, une contrée.

mouvement *annuel*, parce que sa durée, qui est de 365

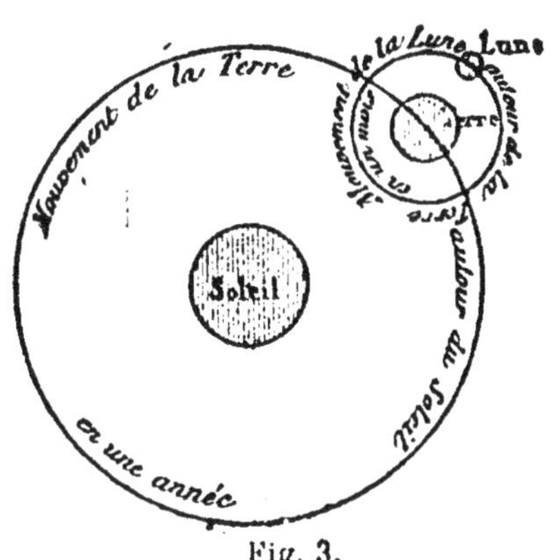

Fig. 3.

jours 5 heures 48 minutes et 50 secondes, a servi de mesure à notre *année.* Dans ce mouvement, la terre parcourt plus de 200 millions de lieues par an, environ 450 lieues par minute. Les différentes positions qu'elle occupe alors vis-à-vis du soleil, produisent les saisons : le printemps, l'été, l'automne et l'hiver, qui partagent l'année en quatre parties à peu près égales.

5. — La Lune.

Après le soleil, dont la lumière et la chaleur répandent la vie dans la nature ; après la terre, notre nourricière commune et la grande patrie du genre humain, la lune est celui de tous les astres qui mérite le plus de fixer notre attention. Non seulement, comme la terre, elle fait partie du système solaire, mais elle appartient à notre globe, dont elle est le fidèle satellite. Attirée vers lui comme par une tendre et forte sympathie, elle l'accompagne sans cesse dans sa révolution annuelle autour du soleil, et elle lui prête, la nuit, l'éclat de sa douce et pure lumière.

La lune est l'astre le plus voisin de nous ; 96 mille

lieues seulement nous en séparent. Un voyageur qui aurait fait 6 ou 7 fois le tour du globe, aurait parcouru un chemin aussi long [1]. Les trains express de nos voies ferrées pourraient franchir cette distance en moins d'un an, et un boulet de canon qui conserverait la vitesse de son point de départ ferait le voyage en 8 ou 9 jours. Cependant cette distance est encore trop grande pour notre vue, et nous ne pouvons apercevoir à l'œil nu que la forme brillante de notre satellite. Heureusement le télescope l'a considérablement diminuée. Grâce à cet instrument, il nous est permis de voir la lune comme si elle était à 15 lieues.

Le disque de la lune nous paraît occuper sur la voûte du ciel un espace à peu près égal à celui du soleil, et l'on serait porté à croire que ces deux astres ont la même grandeur. Cette apparence, si contraire à la réalité, tient au peu d'éloignement de la lune. La grosseur de notre satellite est bien peu de chose en comparaison de celle du roi du monde planétaire : si la sphère du soleil était creuse, il faudrait 70 millions de lunes pour la remplir. Comparée au volume de la terre, la lune est 49 fois plus petite, sa circonférence n'est que d'environ 2700 lieues ; une locomotive ne mettrait pas 12 jours à en faire le tour. Sa superficie égale 40 fois l'étendue de la France.

Comme les autres planètes, la lune a la forme d'une sphère lumineuse. Mais la lumière dont elle brille, ne lui appartient pas en propre. Corps opaque et obscur, elle emprunte son éclat au soleil. Ainsi cette lumière douce et pâle qui tempère l'obscurité de nos nuits, est encore la lumière du soleil. Lorsque le roi du jour a disparu à nos regards pour éclairer d'autres peuples, il ne nous abandonne pas tout à fait : il lance de loin ses rayons sur notre satellite, qui nous les transmet fidèlement.

Pendant que la terre circule autour du soleil, la lune l'accompagne en tournant sans cesse autour d'elle.

______

[1] En tenant compte des détours nécessaires.

Chacune de ses révolutions s'accomplit en 4 semaines environ. En sa qualité de corps sphérique, elle a toujours une de ses faces éclairée par le soleil; mais, comme elle change à chaque instant de position par rapport à nous, ce n'est pas toujours cette face lumineuse qu'elle tourne vers notre globe. Lorsqu'elle se trouve entre le soleil et la terre, elle présente au soleil sa partie éclairée, à la terre sa partie obscure. Elle est alors invisible pour nous; c'est comme si nous avions perdu notre satellite : on l'appelle *nouvelle lune*. Au bout de 2 ou 3 jours, elle se montre sous la forme d'un croissant d'abord très délié, puis de plus en plus large; le 7me jour, nous voyons la moitié de la partie éclairée : c'est le *premier quartier*. A partir de ce moment, la lune nous apparaît dans une direction de plus en plus opposée au soleil; le 14e jour, son disque tout entier est lumineux pour nous; nous sommes alors entre elle et le soleil: c'est la *pleine lune*. L'astre continuant de tourner, nous voyons sa face éclairée diminuer graduellement, comme elle avait grandi. Au bout de 7 autres jours, elle ne nous offre plus que la moitié de son côté lumineux: c'est le *dernier quartier*. Plus elle se rapproche du soleil, plus son croissant s'amincit, jusqu'à ce que, 7 nouveaux jours étant écoulés, elle se retrouve entre le soleil et la terre, pour devenir encore une fois *nouvelle lune*. Ces diverses *phases* ou aspects de la lune se reproduisent tous les 29 jours: c'est ce que qu'on appelle *lunaison* ou *mois lunaire*.

La surface de la lune est remplie de taches noires, que l'on remarque à l'œil nu. Vues au télescope, ces taches augmentent prodigieusement en nombre; quelques-unes sont produites par des montagnes plus élevées, en général, que celles de notre globe; d'autres ressemblent à de larges et profondes cavités, que l'on croit être des volcans. Comme la lune n'a pas d'atmosphère, la vie n'y serait pas possible pour nous. Là, point de nuages, point de pluie, point de végétation; le vent n'y souffle jamais; il y règne un éternel silence.

La lune exerce-t-elle quelque influence, soit sur la

santé des hommes, soit sur la température, le froid, la pluie, le beau temps? Aucune; les savants de nos jours s'accordent à considérer l'opinion contraire comme un préjugé [1].

QUESTIONNAIRE: Quels sont les rapports de la lune avec la terre? — Quelle est sa distance de la terre? sa grosseur? sa forme? — Quelle est sa destination? — En quoi consiste son mouvement autour de la terre? — Qu'appelle-t-on *nouvelle lune, premier quartier, pleine lune, dernier quartier, phases, lunaison, mois lunaire?* — Quel aspect présente la surface de la lune? — A-t-elle quelque influence sur la santé des hommes? sur la température de notre globe?

---

6. — Les comètes.

Les comètes sont des astres à forme étrange, que l'on voit de temps en temps courir avec une effrayante rapidité à travers les espaces du ciel. Comme les planètes, elles font partie du monde solaire, mais elles s'en distinguent à la fois par leur aspect, par leur substance, par la nature de leur mouvement et par leur nombre.

Ordinairement une comète se compose de trois parties principales: un noyau, une chevelure et une queue. Le noyau de la comète est son point central, l'endroit où la lumière est plus vive. La nébulosité blanchâtre [2] ou l'espèce d'auréole [3] lumineuse qui l'entoure de toutes parts se nomme la chevelure de la comète: c'est cette partie qui lui a donné son nom [4]. Souvent la chevelure se prolonge en une traînée lumineuse, parfois très considérable: c'est la queue de la comète.

Toutes les comètes ont un noyau et une chevelure; mais plusieurs n'ont pas de queue, et celles qui sont pourvues de ce bizarre ornement ne le possèdent pas dans toute l'étendue de leur course: elles ne s'en

---

(1) La lune n'a d'influence que sur les marées: voyez la 37ᵉ Lecture.

(2) *Nébulosité*, une chose qui ressemble à un nuage (en lat. *nebula*).

(3) *Auréole*, cercle lumineux

(4) *Chevelure* se dit en grec *coma*.

revêtent que lorsqu'elles passent dans le voisinage du soleil. S'il existe des comètes qui n'ont pas de queue, on en voit qui en ont plusieurs. Les queues des comètes se présentent sous les aspects les plus variés: les unes sont droites, les autres recourbées; chez quelques comètes, la queue conserve partout la même largeur, chez d'autres, elle s'épanouit en éventail. Il y a des queues de toutes les dimensions, depuis celles qui sont à peine perceptibles, jusqu'à ces immenses traînées qui occupent plus de la moitié du ciel, et dont la longueur absolue [1] dépasse 60 millions de lieues.

On ne sait pas bien de quelle substance sont formées les comètes; mais tout porte à croire que cette substance est essentiellement gazeuse [2] ; on aperçoit, en effet, des étoiles au travers de la queue de ces astres, et même au travers de leur noyau.

Rien n'est plus capricieux que la marche des comètes. Comme les planètes, elles circulent autour du soleil, mais en décrivant des ellipses très allongées [3]. Après s'être approchées bien près de l'astre central, elles s'en éloignent à des distances incommensurables, sillonnent l'espace en tout sens, jusqu'au jour où, cédant à l'influence que ne cesse pas d'exercer sur elles le roi du monde solaire, elles reviennent le visiter un moment, pour reprendre de nouveau leur course vagabonde.

Au sentiment de Képler [4], les comètes sont répandues dans le ciel avec autant de profusion que les poissons dans l'océan: c'est par millions qu'on pourrait les compter. Cependant le nombre de celles qui ont paru dans les limites de notre système planétaire est assez restreint. Beaucoup ne se sont montrées qu'une fois et ne reparaîtront peut-être plus. Il en est dont les apparitions ont pu être constatées à des époques fixes: on les nomme *périodiques* [5]; on n'en connaît guère que sept ou huit de ce genre.

(1) *Absolue*, réelle; l'opposé serait *apparente*.
(2) Comme l'air, qui est un gaz.
(3) *Ellipse*: voyez page 7, note 1.

(4) *Képler*, astronome allemand, né au xvi⁰ siècle.
(5) *Périodique*, qui revient après une certaine période de temps.

Une des plus célèbres comètes est celle de Halley, ainsi nommée du nom de l'astronome anglais qui eut l'honneur de constater sa périodicité [1]. Les historiens la dépeignent comme une des plus terribles qui aient sillonné le ciel. C'est elle qui effraya, en 1456, l'Europe déjà consternée de la prise de Constantinople par le sultan des Turcs, Mahomet II: sa queue avait la forme d'un cimeterre [2]. Elle s'est montrée de nouveau en 1759 et en 1835. Sa période est de 75 à 76 ans; on la reverra donc en 1911.

On se faisait autrefois d'étranges idées sur les comètes; on les regardait comme des messagers de la colère céleste, comme les précurseurs de guerres, de pestes ou de famines. Aussi leur apparition répandait-elle partout l'épouvante et la terreur. Une grande comète, qui parut du temps de Charles-Quint, détermina, dit-on, cet empereur à abdiquer et à se retirer dans un monastère. Sans remonter aussi haut, la célèbre comète de 1811 fut accusée d'avoir amené ou annoncé les désastres que subit la France dans les années qui suivirent. Ces préjugés superstitieux ont aujourd'hui disparu. A la lumière de la science, les comètes se sont montrées ce qu'elles sont en réalité, des astres dont la forme singulière peut exciter l'étonnement et l'admiration, mais ne doit causer aucune frayeur.

Une autre croyance populaire qu'il faut également reléguer au rang des fables, c'est que les comètes exercent une influence sur la température et le cours des saisons. La science démontre parfaitement que ces astres n'ont jamais modifié et ne peuvent pas modifier la température d'une manière sensible.

Mais n'est-il pas possible qu'une comète vienne à rencontrer la terre, et qu'en la heurtant elle l'embrase ou la bouleverse? — Les comètes parcourant l'espace dans toutes les directions imaginables, une pareille rencontre n'est pas absolument impossible; mais elle est excessivement improbable pour des raisons que donnent

(1) De reconnaître en elle une comète périodique.

(2) *Cimeterre*, sabre recourbé des Musulmans.

les savants. « Il y a 281 millions à parier contre un, dit le célèbre astronome français Arago, que ce phénomène ne se produira pas. Il serait donc ridicule à l'homme, pendant le peu d'années qu'il a à passer sur la terre, de se préoccuper d'un pareil danger. » D'ailleurs, si une rencontre avait lieu entre une comète et la terre, les effets en seraient peu à redouter. Nous avouons que si l'astre avait un noyau solide, le choc serait effroyable. Mais les comètes n'étant, comme le pensent la plupart des astronomes, qu'un amas de matière presque éthérée, plus subtile que la plus légère fumée, que la brume la plus fine, non seulement il n'y aurait pas de choc, mais personne ne s'apercevrait même de la rencontre. Un savant assure que la matière d'une comète se laisserait traverser par la terre plus facilement qu'une toile d'araignée par la balle d un fusil.

QUESTIONNAIRE : Qu'est-ce qu'une comète? — Quelles sont les trois parties qui la composent?— Que savez-vous de la queue des comètes? — Quelle marche suivent-elles? — Y en a-t-il beaucoup? — Qu'appelle-t-on comètes périodiques? — Qu'est-ce que la comète de Halley? — Les comètes annoncent-elles des malheurs? — Ont-elles une influence sur la température? — Est-il à craindre qu'une comète rencontre la terre et la bouleverse?

7. — Les étoiles.

On donne le nom *d'étoiles* à ces astres que nous voyons, pendant la nuit, étinceler au firmament. Ce sont autant de soleils, non moins vastes que le soleil qui nous éclaire, brillant comme lui de leur propre lumière, et comme lui, probablement, accompagnés d'un cortège de planètes et de satellites, mondes inconnus que la raison de l'homme devine, mais que son œil ne verra jamais.

Quelques planètes, telles que Vénus, Mars et

(1) *Phénomène*, fait qui arrive dans la nature, et que l'on peut observer.

Jupiter, offrent à peu près le même aspect que les

étoiles ; mais deux dif-
férences permettent de
les distinguer. Celles-
ci occupent constam-
ment, sur la voûte du
ciel, la même position
l'une par rapport à l'au-
tre ; les planètes, au
contraire, dans leur
course autour du soleil,
se déplacent continuel-
lement, comme on le
voit par la lune. Ensuite
la lumière des étoiles
est douée d'élancements
rapides, d'un tremble-
ment continuel qu'on
nomme *scintillation* ; Vénus seule, parmi les
planètes, scintille un
peu.

Fig. 4.

Le nombre des étoiles est incalculable. Les rivages
de l'océan ne comptent pas plus de grains de sable que
les vastes plaines de l'étendue ne comptent de ces
globes d'or, de ces îles de lumière qui, le soir,

> Jaillissent par milliers de l'ombre qui s'enfuit,
> Comme une poudre d'or sous les pas de la nuit.

—Six mille seulement, il est vrai, sont visibles à l'œil
nu, mais le télescope en fait apercevoir d'innombrables
multitudes. Qui ne connaît la voie lactée ? Il n'est
personne qui, dans les belles nuits d'hiver, n'ait
remarqué cette immense bande lumineuse, blanchâtre,
irrégulière, qui fait le tour entier du ciel. Le vulgaire
l'appelle le *Chemin de Saint-Jacques* ; mais les astronomes
lui ont donné le nom de *Voie lactée*, parce qu'elle ressemble à une tache de lait [1]. Eh bien, dirigez un télescope

(1) *Voie lactée signifie chemin de lait.*

sur un point quelconque de cette ceinture immense, aussitôt, à la place d'une vague clarté, vous verrez apparaître
des milliers de points brillants détachés les uns des
autres: c'est à la lettre [1] un fourmillement d'étoiles, un
entassement de soleils. D'autres taches blanches que le
regard découvre dans le ciel, et que les savants appellent
nébuleuses, parce qu'elles se présentent sous l'aspect d'un
petit nuage lumineux, sont aussi des groupes de milliers
d'étoiles. Jugez par là du nombre de ces astres! jugez
de la puissance du Créateur!

Pour se reconnaître dans cette multitude d'étoiles,
on les a distinguées, d'après leur éclat apparent, en
classes ou *grandeurs*. Les étoiles les plus brillantes
sont dites de première grandeur [2]: il y en a de 15 à 20
seulement; viennent ensuite celles qui diffèrent assez des
premières pour former une seconde classe, laquelle en
compte 65, et ainsi de suite jusqu'aux étoiles de 6me et
de 7me grandeur, les plus petites que l'on puisse
apercevoir à l'œil nu. Mais avec le secours du télescope
on a été beaucoup plus loin, et les étoiles de la 8^{m}
jusqu'à la 16me grandeur sont familières aux astronomes

Une autre manière de classer les étoiles était naturellement indiquée par leur position dans le ciel, où elles
semblent distribuées par groupes de 3, 4, et plus. Ces
groupes s'appellent *constellations* [3]; et comme les constellations figurent vaguement des hommes, des animaux,
certains objets inanimés, on a donné à chacune un nom
en rapport avec ces vagues représentations. C'est ainsi
qu'un groupe d'étoiles se nomme la *Grande-Ourse* ou le
Chariot de David, un autre les *Trois-Rois* ou le *Baudrier
d'Orion*, un autre les *Pléiades*, etc.

La distance des étoiles à la terre est prodigieuse; les
nombres qui l'expriment sont composés de tant de
chiffres, qu'on a peine à se rendre compte de leur signification. Mais des comparaisons peuvent nous en donner

(1) *A la lettre*, rigoureusement parlant, sans exagération.

(2) Il s'agit de la grandeur apparente, non de la grandeur réelle; car une étoil plus grande aurait pour nous un éclat moindre, si elle était plus éloignée.

(3) *Constellation*, c'est-à-dire réunion d'étoiles.

une idée. L'étoile la plus voisine de nous en est 210 mille fois plus éloignée que la terre ne l'est du soleil : elle est à 8 trillions de lieues. Notre globe dans sa révolution [1] autour du soleil fait près de 600 mille lieues par jour ; supposez que, sortant de son orbite [2], il soit emporté avec la même vitesse vers l'étoile la plus voisine de la terre : il lui faudrait, pour y arriver, plus de temps qu'il ne s'en est écoulé depuis la création de l'homme. Ce qu'il y a de plus rapide au monde, c'est la lumière : pour nous venir du soleil, c'est-à-dire, pour franchir une distance de 38 millions de lieues, un rayon de lumière n'a besoin que de 8 minutes ; pour faire le même trajet, la locomotive la plus rapide mettrait plus de trois siècles. Eh bien, les astronomes nous assurent que, pour nous arriver de l'une des étoiles les plus voisines, la lumière a besoin de 3 ans et demi ! Une magnifique étoile, nommée Wéga, qui brille sur nos têtes pendant les nuits d'été, met 12 ans à nous envoyer sa lumière ; une autre, Sirius, l'ornement des nuits d'hiver, met 22 ans ; il en faut 72 à la Chèvre. Quant aux dernières étoiles, vues avec les plus puissants télescopes, leur distance est telle, que leur lumière met plus de 2 mille ans à la franchir. Et ce qu'il y a de plus merveilleux, c'est que ces étoiles ne sont pas moins éloignées les unes des autres qu'elles ne le sont de la terre. Que le ciel est donc grand ! Quelles sont grandes les œuvres de Dieu ! Est-il possible de contempler la voûte céleste, sans adorer la toute-puissance du Seigneur ?

Si nous étions transportés dans l'étoile la plus voisine de nous, comment nous apparaîtrait le soleil, dont nous avons admiré plus haut les immenses proportions ? Comme un petit point lumineux, comme une étincelle à peine visible. Quant à apercevoir la terre, il n'y faudrait pas songer, pas plus que l'œil ne distingue le grain de poussière qu'un coup de vent a soulevé au-dessus des nues.

---

(1) *Révolution*, action de tourner ; au figuré, changement dans les choses du monde, dans le gouvernement d'un État.

(2) *Orbite*, route suivie par un astre dans son mouvement de translation.

QUESTIONNAIRE : Qu'est-ce qu'une étoile? — Comment distingue-t-on
une étoile d'une planète? — Quel est le nombre des étoiles? —
Qu'est-ce que la voie lactée? — Qu'appelle-t-on étoile de 1re, de 2e
grandeur? — Qu'est-ce qu'une constellation? — Quelle est la distance
des étoiles à la terre? — Comment apparaîtraient le soleil et la terre
vus de l'étoile la plus voisine?

---

8. — Éclipses.

On appelle *éclipse* l'obscurcissement réel ou apparent
d'un astre. Dans les éclipses de lune, l'obscurcissement
est réel, les rayons du soleil, n'arrivant plus jusqu'à
elle par suite de l'interposition de la terre [1] ; dans les
éclipses de soleil, l'obscurcissement n'est qu'apparent, ou
plutôt relatif : l'astre n'est pas éteint, mais ses rayons
n'arrivent pas jusqu'à nous par suite de l'interposition
de la lune.

Pour qui s'est fait une idée claire des positions res-
pectives où peuvent se trouver le soleil, la terre et la
lune, par suite des mouvements de ces deux dernières
planètes, rien de plus facile à comprendre que les
éclipses.

La lune n'ayant d'autre lumière que celle qu'elle
reçoit du soleil, chaque fois que cette lumière, arrêtée
en route par un obstacle, ne pourra lui parvenir, elle
cessera de briller, elle sera éclipsée. Or cette circonstance se produit quand cet astre se trouve en ligne
droite en arrière de la terre, à l'opposé du soleil. La
lune alors est toujours pleine. Mais il ne faudrait pas
en conclure qu'elle s'éclipse toutes les fois qu'elle est
pleine : car, même dans ce cas, les trois astres sont
assez rarement en droite ligne.

Une cause analogue amène les éclipses de soleil.
Comme cet astre brille d'une lumière propre, s'éclipser,
pour lui, ce n'est pas perdre son éclat ; il ne peut être
éclipsé que pour nous, lorsque sa lumière cesse de

---

(1) Parce que la terre est *posée entre* le soleil et la lune.

nous parvenir. Que faut-il pour cela ? Qu'un corps opaque s'interpose entre lui et nous. Or c'est ce qui arrive de temps en temps, lorsque la lune passe exactement entre cet astre et la terre. La lune alors est nouvelle. Mais il n'en faudrait pas non plus conclure que le phénomène se produit chaque fois qu'elle est nouvelle ; car, même dans ce cas, les trois astres ne sont pas toujours en ligne droite.

La figure ci-contre met ces principes sous les yeux.

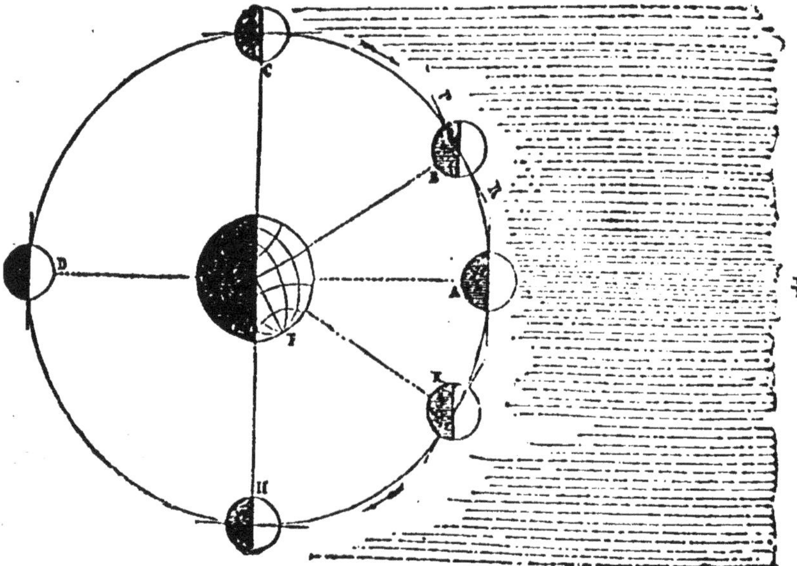

Fig. 5.

La terre est au milieu ; la lune tourne autour d'elle et occupe diverses positions ; le soleil est à droite, dans la direction S, à une très grande distance. Lorsque la lune est en A, elle fait ombre à la lumière du soleil et l'empêche d'arriver à la terre : il y a éclipse de soleil ; lorsqu'elle est en D, elle ne reçoit plus la lumière du soleil à cause de l'obstacle de la terre : il y a éclipse de lune.

L'éclipse est *partielle*, si la lumière de l'astre ne disparaît qu'en partie, l'autre partie restant lumineuse ; elle est *totale*, si la lumière disparaît entièrement. Pour le soleil, il existe une troisième espèce d'éclipse, très rare et très curieuse, l'éclipse *annulaire :* elle a lieu lorsque la lune masque seulement la partie centrale du disque solaire, et en laisse les bords visibles sous la forme d'un anneau éblouissant.

Les éclipses se reproduisent dans le même ordre et avec les mêmes circonstances tous les 18 ans et 11 jours. Dans cette période arrivent environ 70 éclipses, dont 41 de soleil et 29 de lune. On voit que les éclipses de soleil sont plus fréquentes que celles de lune.

Une éclipse totale de soleil est un des spectacles les plus solennels qu'il nous soit donné de voir. L'intérêt devient surtout sérieux à partir du moment où le disque obscur de la lune atteint le centre de l'astre. La lumière commence alors à diminuer d'une manière très sensible ; à mesure que s'avance l'invisible écran et que la tache noire augmente, cette diminution devient tellement rapide, qu'elle a quelque chose d'effrayant. Ce qui frappe alors, ce n'est pas seulement l'affaiblissement de la lumière, c'est surtout le changement de couleur que présentent les objets. Tout devient triste, sombre et comme menaçant. Le paysage le plus vert se recouvre d'une teinte grise ; dans les régions les plus élevées et les plus voisines du soleil, le ciel prend une couleur de plomb, tandis qu'auprès de l'horizon il devient d'un jaune verdâtre. Le visage de l'homme présente une teinte cadavérique [2]. En même temps, un silence général s'établit dans l'atmosphère ; à la voûte du firmament obscurci, quelques étoiles deviennent visibles ; les chauves-souris et les hiboux, croyant la nuit venue, sortent de leurs retraites ; les poussins se groupent sous l'aile de leur mère ; on voit les pigeons regagner à la hâte le colombier, le chien fidèle se réfugier dans les jambes de son maître, les bêtes de somme, indociles au fouet, s'arrêter court dans leur marche. On raconte qu'un jeune pâtre [3] qui gardait son troupeau, ignorant complètement l'événement qui se préparait, vit

---

(2) *Cadavérique,* de cadavre.

(3) *Pâtre,* pasteur, berger. Ce pâtre était du département des Basses-Alpes.

d'abord avec inquiétude le soleil s'obscurcir par degrés. Lorsque la lumière disparut tout à coup, le pauvre enfant, au comble de la frayeur, se mit à pleurer et à crier : *Au secours* ! Ses larmes coulaient encore, lorsque le soleil donna son premier rayon. Rassuré à son aspect, l'enfant croisa les mains en s'écriant : *O beou Souleou !* O beau soleil !

Il n'est donc pas étonnant que les éclipses aient jeté autrefois la terreur parmi des populations ignorantes : en voyant ainsi pâlir l'astre du jour, on se figurait assister au commencement d'une nuit éternelle. Aujourd'hui, non seulement tout le monde connaît la cause des éclipses, mais les astronomes annoncent d'avance le jour, l'heure et la minute de leur arrivée, et l'on sait que ces prévisions n'ont jamais été trouvées en défaut : preuve éclatante de la régularité parfaite, de l'ordre immuable, que le Créateur a mis dès le commencement dans les corps célestes.

Ces deux aiguilles, à telle heure, occuperont telle place sur le cadran d'une horloge ; et vous dites : Cette machine est l'œuvre d'une intelligence. — Dans un an dans dix ans, dans cent ans, à tel jour, à telle heure, à telle minute, le soleil, la lune et la terre se trouveront en ligne droite dans l'espace immense, et l'astre du jour subira une éclipse ; et vous ne diriez pas : Ce merveilleux mécanisme est l'œuvre d'un Dieu ?

9.—Étoiles filantes. Bolides. Aérolithes.

Qui ne se rappelle avoir vu, le soir ou pendant la nuit, comme une étoile se détacher du firmament, parcourir l'espace avec une excessive rapidité, et s'éteindre ou disparaître aussitôt? On a donné à ces lueurs fugitives le nom *d'étoiles filantes*. De vraies étoiles? Oh! non; mais de faibles étincelles, si on les compare à ces immenses globes de feu dont un seul, s'il venait à tomber sur la terre, la réduirait en cendre. Il n'y a pas de nuit, où, dans quelque région du ciel, quelques étoiles filantes ne se puissent apercevoir; mais à certaines époques de l'année, spécialement vers le 10 août et le 12 novembre, leur nombre s'accroît d'une manière prodigieuse. C'est alors une véritable pluie, une averse d'étoiles filantes qui sillonnent l'espace.

D'autres fois des globes de feu se montrent isolés; on les nomme *bolides*. D'une grosseur apparente égale à celle de la lune, ils traversent notre ciel, en projetant une vive lumière, avec une vitesse de 4 à 5 lieues par seconde, et disparaissent subitement. Souvent ils laissent sur leur trajet une queue d'étincelles, éclatent avec un épouvantable fracas, qui rappelle le bruit d'un coup de canon ou celui du tonnerre, et lancent leurs débris fumants sur le sol. Ces débris prennent le nom *d'aérolithes*, c'est-à-dire pierres de l'air. Ce sont des pierres, en effet, mais des pierres ferrugineuses, c'est-à-dire mêlées de fer. Leur surface noirâtre, et comme vernissée, porte des signes manifestes d'un commencement de fusion. Il y en a de toute grosseur et de tout poids : tel aérolithe est un corpuscule gros comme une noisette; tel autre pèse 7 à 8 kilogrammes; quelques-uns dépassent un quintal métrique. Ordinairement il ne tombe à la fois qu'un petit nombre de ces corps étranges; souvent même il n'en tombe qu'un seul; mais ils sont parfois en quantité si considérable, qu'ils constituent une véritable pluie de pierres.

Telle est la pluie de pierres qui eut lieu à Laigle [1] le 26 avril 1803. Vers une heure de l'après-midi, le ciel étant serein, on aperçut un globe enflammé d'un éclat très brillant, qui parcourait l'atmosphère avec une grande vitesse. Quelques instants après, on entendit à

____
(1) Laigle, ville du département de l'Orne

Laigle et aux environs de cette ville une explosion qui dura 5 à 6 minutes : ce furent d'abord trois ou quatre détonations semblables à des coups de canon, puis une espèce de décharge analogue à une fusillade, après quoi retentit comme un formidable roulement de tambours. Le bruit partait d'un petit nuage très élevé dans l'atmosphère. Dans tout le canton sur lequel il planait, on entendit des sifflements semblables à ceux d'une pierre lancée par une fronde, et l'on vit en même temps tomber une quantité de masses minérales. On estima le nombre de ces aérolithes à 3 mille au moins, les plus petits pesant 8 grammes, et les plus gros de 8 à 9 kilogrammes.

La chute des aérolithes est connue dès la plus haute antiquité. Presque partout on regardait ces pierres tombées du ciel comme des objets sacrés ; plusieurs furent honorées comme des divinités, et l'on raconte qu'un calife [1], s'étant fait forger un sabre avec le fer qu'elles contiennent, se croyait invincible dans les combats. Les savants de nos jours ont découvert la cause longtemps inconnue de ces phénomènes.

Autour du soleil, nous disent-ils, circulent, non seulement de grosses planètes d'un seul bloc, mais encore des myriades de corpuscules, nommés *astéroïdes* [2], réunis par groupes ou tourbillons. Ces corps de tout volume, comparables à un quartier de montagne ou de rocher, à un boulet, à une noix, forment des essaims qui volent sans cesse, comme des fleuves d'un nouveau genre qui roulent leur poussière planétaire, non pas au hasard, mais en suivant des orbites déterminées. Supposez que la route suivie par un de ces tourbillons vienne à croiser l'orbite de la terre au moment où cette planète vient à passer, et qu'un astéroïde plonge dans notre atmosphère : aussitôt, dans sa course rapide, il s'échauffera par le frottement de l'air et deviendra incandescent [3]. S'il ne fait que couper obliquement

---

(1) *Calife*, souverain musulman.
(2) *Astéroïde*, semblable à un astre, mais trop petit pour porter ce nom.
(3) *Incandescent*, embrasé.

une portion de notre atmosphère, ce sera une *étoile filante*; si, au contraire, arrivant dans une direction moins oblique, il traverse toute l'épaisseur de l'air, ce sera un *bolide*: il détone alors avec le fracas du tonnerre, se brise en mille éclats et tombe enfin à terre en une pluie de pierres brûlantes ou *aérolithes*.

QUESTIONNAIRE : Qu'est-ce qu'une *étoile filante?* — A quelles époques de l'année en voit-on davantage? — Qu'est-ce qu'un *bolide?* un *aérolithe?* — Racontez la pluie de pierres qui eut lieu à Laigle en 1803. — Comment les anciens regardaient-ils les pierres tombées du ciel? — Quelle est l'explication que donnent les savants des étoiles filantes, des bolides et des aérolithes ?

10. — Division du temps. Calendrier.

Les principales périodes employées pour la division du temps sont fondées sur les mouvements les plus apparents des corps célestes.

Le mouvement de la terre sur son axe, qui produit la succession admirable et constante de la lumière et des ténèbres, a fixé la longueur de cette partie du temps qu'on appelle *jour*. Notre jour civil [1] commence au milieu de la nuit, à l'heure appelée *minuit*. On sait qu'il se divise en 24 heures, qu'une heure compte 60 minutes, une minute 60 secondes.

Le mouvement de la terre autour du soleil a donné la mesure de l'*année*. Ce mouvement s'accomplit en 365 jours et un quart environ, plus exactement en 365 jours 5 heures 48 minutes et 50 secondes. Pendant longtemps plusieurs peuples négligèrent ce quart et donnèrent aux années uniformément 365 jours. Il en résulta une grande confusion dans le *calendrier*. On appelle ainsi un livre ou tableau sur lequel les Romains marquaient tous les jours et mois de l'année, avec l'indication des

(1) *Jour civil*, tel qu'on le compte dans l'usage.

fêtes religieuses ou civiles [1]. Pour y mettre fin, Jules César [2], aidé des conseils d'un savant astronome, fit un nouveau calendrier, appelé de son nom *Julien*, où l'on tenait compte du quart de jour négligé jusque-là. Comme cette fraction, accumulée pendant 4 ans, produit un jour, on convint d'intercaler tous les 4 ans un jour supplémentaire dans le mois de février, ce qui donnerait une année de 366 jours, et de nommer cette année *bissextile* [3].

Malheureusement, en supposant à l'année une durée de 365 jours et un quart, Jules César l'avait faite trop longue de 11 minutes. C'était bien peu de chose pour un court espace de temps ; mais, tous les 134 ans, l'erreur produisait un jour de plus ; si bien qu'en 1582 l'année était en avance de 10 jours. Le pape Grégoire XIII, qui gouvernait alors l'Église, ordonna qu'on supprimerait ces 10 jours, et, pour cela, que le lendemain du 4 octobre 1582 serait compté pour le 15. En outre, afin de prévenir le retour d'une semblable erreur, il fut convenu que les années séculaires [4] 1700, 1800 et 1900 qui, dans le calendrier Julien, devaient être bissextiles, seraient communes. La réforme opérée par le calendrier *Grégorien* fut promptement adoptée, excepté par les Russes, qui conservèrent l'ancien calendrier. L'erreur est aujourd'hui de 12 jours ; elle sera de 13 après l'année 1900. Souvent, dans les rapports avec les Russes, on marque les deux dates ; on écrira, par exemple : 4/16 *avril*, ce qui signifie : le 16e jour d'avril pour nous, le 4 avril des Russes.

Le commencement de l'année a souvent varié. En France, sous la première race de nos rois, c'était le 1er mai, jour où le roi et les seigneurs tenaient une assemblée solennelle ; sous la deuxième race, elle commençait le jour de Noël ; sous la troisième, le jour de Pâques. Un édit de Charles IX, de 1563, en fixa le commencement au 1er janvier.

---

(1) *Calendrier* vient de *calendes*, nom donné par les Romains au premier jour de chaque mois.

(2) *Jules César*, grand homme de guerre, vivait un demi-siècle avant J.-C.

(3) Toutes les années dont le millésime (l'ensemble des chiffres) se termine par deux chiffres formant un nombre divisible par 4, sont bissextiles.

(4) *Années séculaires*, qui terminent le siècle (en lat. *sæculum*).

L'année se partage en 12 mois. Ordinairement les mois de 30 jours alternent [1] avec ceux de 31 ; cependant juillet et août, qui se suivent, en ont chacun 31, et février, qui en a 28 seulement dans les années communes, en compte un de plus dans les années bissextiles.

La division de la *semaine* en 7 jours date de l'origine du monde. La sainte Écriture nous apprend que Dieu créa le monde en six jours [2] et qu'il se reposa le septième, c'est-à-dire qu'il cessa de créer de nouveaux êtres ; et le Seigneur commanda aux hommes de sanctifier le septième jour en mémoire de son repos. La semaine était connue de tous les peuples de l'antiquité, quoique plusieurs n'en fissent pas usage. Les noms des 7 jours sont tirés des planètes anciennement connues : *lundi*, jour de la Lune ; *mardi*, jour de Mars ; *mercredi*, jour de Mercure ; *jeudi*, jour de Jupiter ; *vendredi*, jour de Vénus ; *samedi*, jour de Saturne [3]. Il faut excepter le *dimanche*, qui signifie jour du Seigneur [4].

Après avoir établi la division du temps, il a fallu déterminer un point de départ pour la fixation des dates des événements. Ce point de départ se nomme *ère*. Tous les peuples chrétiens ont adopté depuis longtemps l'*ère chrétienne*, c'est-à-dire comptent les années à partir de la naissance de Notre-Seigneur Jésus-Christ. Les Musulmans (Turcs, Arabes) les comptent à partir de l'*hégire*, c'est-à-dire du jour où Mahomet, leur prophète, s'enfuit [5] de la Mecque à Médine (16 juillet 622 après J.-C.).

Outre le calendrier civil, il y a aussi le calendrier ecclésiastique, qui détermine le jour des fêtes religieuses durant le cours de l'année. Parmi ces fêtes, les unes sont fixes : elles reviennent chaque année toujours à la même date, par exemple Noël le 25 décembre, l'Assomption le 15 août, la Toussaint le 1ᵉʳ novembre. Les au-

(1) *Alternent*, se succèdent tour à tour.
(2) Ces *jours* sont des périodes de temps indéterminées.
(3) Lundi, en latin *Lunae dies*; mardi, *Martis dies*, etc.
(4) En latin *dies dominica*.
(5) *Hégire* veut dire *fuite*. La Mecque et *Médine*, villes d'Arabie.

tres sont mobiles, c'est-à-dire sujettes à se déplacer; elles dépendent de la fête de Pâques, qui change d'époque chaque année. Or la fête de Pâques se célèbre le 1ᵉʳ dimanche après la pleine lune qui suit l'équinoxe du printemps, c'est-à-dire la pleine lune qui tombe le 21 mars ou après. Il suit de là que Pâques ne peut arriver plus tôt que le 21 mars, ni plus tard que le 25 avril. Le jour de Pâques une fois déterminé, on trouve facilement la place des fêtes mobiles. Ajoutez 40 jours, vous aurez l'Ascension ; dix jours encore, vous aurez la Pentecôte, et ainsi de suite.

QUESTIONNAIRE : Sur quoi sont fondées les principales périodes de la division du temps? — Qu'est-ce qu'un *jour* ? — Quand commence le jour civil? — Quelle est la mesure de l'*année* ? — Qu'appelle-t-on *calendrier* ? calendrier *Julien*? *Grégorien*? — Qu'est ce qu'une année *bissextile*? — Quel calendrier suivent les Russes ?—Quand commence l'année civile? — Comment se divise l'année ? — Quelle est l'origine de la *semaine*? D'où viennent les noms des jours ? — Qu'est-ce qu'une *ère* ? l'ère *chrétienne* ? l'*hégire* ? — Qu'est-ce que le calendrier ecclésiastique ? — Combien distingue-t-on de sortes de fêtes ? — A quelle date célèbre-t-on la fête de Pâques ? les autres fêtes mobiles ?

DEUXIÈME PARTIE

LES GRANDES LOIS DE LA NATURE[1]

11. — Les trois états de la matière.

On nomme *matière* tout ce qui tombe sous nos sens, au moins sous le sens du toucher, comme le fer, l'eau, l'air. Une portion de matière, ou, si l'on veut, un objet matériel, s'appelle *corps*. La *nature* est l'ensemble de tous les corps que Dieu a créés.

Les corps qui nous entourent se présentent à nous sous trois états différents: l'état solide, l'état liquide et l'état gazeux; en d'autres termes, les uns sont des *solides*, les autres des *liquides*, d'autres enfin sont des *gaz* ou des *fluides*.

Une pierre, un morceau de bois ou de fer sont des objets plus ou moins durs que vous pouvez saisir et manier; vous leur donnez telle forme que vous voulez, et cette forme, ils la conservent. Ces substances, et toutes celles qui leur ressemblent, sont des *solides*. Dans le langage familier, ce mot a un sens un peu différent: il ne s'applique qu'à des objets durs et résistants. Ainsi nous disons: Cette poutre, cette barre

---

(1) On entend par lois de la nature, ou du monde physique (matériel), l'ordre constant d'après lequel les faits s'accomplissent. Exemple: Une pierre non soutenue tombe toujours vers la terre; voilà un fait général, invariable: c'est une loi, la loi de la pesanteur. Dieu, en créant le monde physique, lui a imposé cette loi, a voulu que les choses se passent toujours ainsi.

de fer est solide. Mais, dans le langage de la science, il se dit de toute matière capable de conserver la forme qu'on lui a donnée ; le morceau de beurre que vos doigts pétrissent, est un solide, aussi bien que le bloc de marbre que le ciseau du sculpteur [1] peut à peine entamer.

L'eau n'est pas solide. Elle glisse dans la main qui essaie de la saisir ; elle est mobile, elle coule. Non seulement elle n'a pas de forme par elle-même, il est impossible de lui en donner une, à moins de l'enfermer dans un vase, dont elle suit les contours. Mais brisez le vase qui la contient, et cette forme disparaît. L'eau et les autres substances susceptibles de couler, comme le vin, le lait, l'huile, sont des *liquides*.

Mais il y a des substances encore plus subtiles, plus insaisissables que l'eau, ce sont les gaz. Vous rappelez-vous le beau panache de fumée blanche qui sort par bouffées de la cheminée d'une locomotive de chemin de fer ? Cette fumée est de la vapeur d'eau qui bout, exactement comme la vapeur qui s'échappe d'une modeste marmite posée sur le feu. Essayez de la saisir avec la main : impossible. Loin de garder une forme unique, elle en prend mille, elle roule en capricieux tourbillons ; son volume devient de plus en plus considérable ; elle s'épand en tout sens, si bien qu'à la fin elle semble se fondre dans l'air et disparaître. Mais elle existe toujours, quoique invisible : c'est un *gaz*, ou une *substance gazeuse*.

Il en est de même de l'air qui nous entoure et que nous respirons. Nous ne le voyons pas ; mais agitez vivement la main, et vous le sentirez. Le vent dont tout le monde connaît la force prodigieuse, le vent qui secoue les arbres avec tant de violence et quelquefois les déracine, n'est pas autre chose qu'une masse considérable d'air en mouvement. Eh bien, l'air aussi est un gaz, et il y en a beaucoup d'autres. Il faut donc habituer

---

[1] *Sculpteur*, celui qui, avec le ciseau, taille la pierre, le bois ou le marbre, pour faire des statues, des figures, des ornements quelconques.

votre esprit à l'idée de ces corps matériels que nous ne voyons pas, et qui pourtant peuvent produire des effets très nombreux et très importants.

Ainsi, à la différence des solides, les gaz ne conservent pas la même forme, ils n'ont pas non plus, comme les liquides, un volume déterminé. Dès qu'ils sont libres et abandonnés à eux-mêmes, ils s'étendent, semblent se gonfler, et occupent un espace de plus en plus grand.

La même substance peut tour à tour, sans changer de nature, devenir ou solide, ou liquide, ou gazeuse, suivant les circonstances. C'est la chaleur principalement qui amène ce résultat. Avec plus de chaleur, la matière, de solide qu'elle était, devient liquide; avec plus de chaleur encore, de liquide, elle devient gazeuse. Par un effet contraire, en perdant de la chaleur, elle passe successivement de l'état gazeux à l'état liquide, et de l'état liquide à l'état solide.

Ainsi, par exemple, la glace est un corps solide, dur comme la pierre. Mettez-la dans un vase sur le feu; elle se fond, redevient une substance liquide, de l'eau. Chauffez cette eau, elle se met à bouillir, et s'exhale en vapeur, c'est-à-dire qu'elle prend l'état gazeux. La plupart des corps éprouvent des changements pareils. Le plomb, qui est un métal solide, se fond et devient très-facilement liquide, quand on l'expose à l'action du feu. Il en est de même de l'or, de l'argent et des autres métaux. Seulement, pour certains d'entre eux, il faut des foyers d'une violence inouïe. Ainsi le fer ne devient liquide qu'au sein d'un prodigieux brasier, et pour en réduire une parcelle en gaz ou en vapeur, il faut appeler à son aide tout ce que la science du feu sait produire de plus énergique.

Par un effet contraire, le refroidissement, qui n'est qu'une diminution de chaleur, ramène les vapeurs à l'état liquide, et les substances liquides à l'état solide. Recevez sur une plaque de métal la vapeur d'eau qui s'échappe d'une marmite bouillante, cette vapeur se refroidit et ruisselle en fines gouttelettes sous l'action d'un froid rigoureux, l'eau se prend en glace et devient solide (*D'après H. Fabre*).

12. — Propriétés générales des corps.

Tous les corps occupent une certaine portion de l'espace; ils ont une certaine *étendue* qu'ils ne dépassent pas : c'est là leur première propriété.

Mais cette portion de l'étendue, chaque corps l'occupe à lui seul, et, à moins de l'en chasser, il est impossible de mettre un autre corps à sa place. C'est ce qu'on appelle l'*impénétrabilité.* Quand on dit qu'on a fait pénétrer un trou dans une planche, vous devinez ce qui se passe. Le clou pénètre là où il y avait du bois tout à l'heure, mais il n'y en a plus maintenant : il a écarté les fibres pour se glisser entre elles, il ne les a pas pénétrées, au sens rigoureux de ce mot ; et la preuve, c'est que, si on enlève le clou, il reste un trou à la place qu'il occupait. Voici un verre plein d'eau, je puis y enfoncer les doigts ; mais l'eau s'élève dans le verre et déborde : mes doigts ont chassé le liquide pour se mettre à sa place, ils ne l'ont pas pénétré.

Les gaz mêmes sont impénétrables. Ce verre, que peut-être vous croyez vide, est plein d'air, car il y a de l'air partout autour de nous. Plongez-le, l'ouverture en bas, dans une cuvette d'eau, vous voyez que l'eau ne monte point dans son intérieur. Pourquoi ? parce qu'il y a de l'air qui occupe la place, et qu'un autre corps ne peut pas l'occuper en même temps. Inclinez un peu le verre, une grosse bulle d'air s'échappe à travers l'eau, et le liquide s'élève pour le remplacer.

La *compressibilité* est la propriété qu'ont les corps de pouvoir diminuer de volume. Les causes les plus ordinaires de cette diminution de volume sont la pression et le refroidissement.

De ce fait découle une conséquence qui paraît bien étrange au premier abord, c'est que toutes les parties de la matière qui compose un corps [1] ne se touchent pas ; car, si elles se touchaient, on ne comprendrait pas que ce corps pût diminuer de volume. Il y a donc entre ces parties des intervalles, des vides, appelés *pores*, à peu près comme on en voit dans le liège, mais infiniment plus petits. Quand une pression est exercée sur un corps, ces intervalles diminuent, les parties se rapprochent, et ce corps est ainsi amené à un volume moindre : c'est ce qu'on appelle *condensation*.

Tous les corps sont poreux, même les plus durs. Vous avez acheté à la foire un de ces jolis petits ballons rouges qui s'élèvent si gracieusement dans les airs et qu'on retient par un fil. Le lendemain, vous le trouvez étendu par terre, incapable de gagner même le plafond. Il était parfaitement fermé, cependant ; par où donc s'est échappé le gaz qui le remplissait et qui lui donnait la légèreté de l'oiseau ? par les pores du caoutchouc qui forme l'enveloppe. Vous avez laissé tomber une goutte d'encre ou d'huile sur un morceau de marbre ou d'ivoire : au bout d'un certain temps, il ne suffira plus de laver pour enlever la tache ; le liquide a pénétré dans ces corps, où pourtant l'œil ne peut distinguer le moindre intervalle.

La *divisibilité* est une autre propriété de la matière ; elle consiste en ce que les corps peuvent être divisés en une multitude presque infinie de petites parcelles. Ainsi, avec un gramme d'une espèce de métal nommé platine, c'est-à-dire avec un morceau gros comme une forte tête d'épingle, on a pu faire un fil de 20 kilomètres de longueur. Comme il est facile de couper ce fil en morceaux de moins d'un demi-millimètre, il en résulte qu'on peut

---

(1) Ces parties se nomment *molécules*, c'est-à-dire *petites masses*.

partager ce petit fragment de platine en plus de 40 millions de morceaux. Les feuilles d'or qu'on emploie pour dorer les tranches des livres, les cadres des tableaux, etc., peuvent être obtenues si minces, qu'il en faut plus de 250 mille pour faire une épaisseur d'un centimètre.

Les susbtances colorantes, dont on se sert pour teindre, nous fournissent des exemples non moins curieux. Ainsi un gramme de carmin, substance qui donne un rouge vif, peut colorer d'une manière sensible 150 litres d'eau ; chaque litre renferme un million de millimètres cubes, et un millimètre cube pourrait fournir plusieurs petites gouttes ; or chaque goutte contient au moins une parcelle de la matière colorante. Le gramme de carmin a donc été divisé en plus de 500 millions de parties.

Autre exemple plus frappant encore. Vous savez que le microscope est un instrument à l'aide duquel on voit les objets grossir jusqu'à des milliers de fois. Eh bien, regardez au microscope une goutte d'eau de mare, prise à la pointe d'une épingle, vous y verrez nager de petits animaux vivants, qui ont par conséquent des organes, des muscles, des veines et des nerfs. Quelle en est l'énorm   petitesse ! quelle sera celle de leurs œufs et de leurs petits !

Enfin l'*inertie* est la propriété qu'ont les corps de ne pouvoir, par eux-mêmes, ni se mettre en mouvement quand ils sont au repos, ni revenir au repos quand ils ont reçu le mouvement. Le premier de ces deux points n'a pas besoin d'être démontré ; tout le monde sait très bien qu'un corps inerte, qu'une pierre ne se mettra jamais en mouvement d'elle-même. Mais est-ce qu'une pierre mise en mouvement ne finit pas par s'arrêter toute seule ? Non, pas toute seule ; elle s'arrêtera sans doute, mais parce qu'elle rencontre en dehors d'elle des causes qui détruisent le mouvement qu'elle a reçu.

Lancez une bille sur une surface bien polie, sur un étang glacé, par exemple : elle parcourra sans s'arrêter une étendue considérable. Lancez-la maintenant, avec la même force, sur une route : elle ira beaucoup moins loin, et plus la route est raboteuse, moins sa course sera longue. Pourquoi cela ? parce que les aspérités du sol lui font éprouver des résistances qui ralentissent peu à peu et détruisent bientôt son mouvement. Sur la glace, elle ne rencontrait aucune aspérité , aussi a-t-elle conservé plus longtemps son impulsion ; là aussi, pourtant, elle éprouvait un léger frottement, et c'est ce frottement qui, s'opposant à sa course, l'a enfin ramenée au repos.

Sur notre globe, il est impossible de supprimer entièrement les causes qui tendent à anéantir le mouvement, telles que le frottement mutuel des corps et la résistance de l'air. C'est pourquoi il n'y a pas ici-bas de mouvement perpétuel. Et c'est un grand bienfait de la Providence; car, s'il en était autrement, tous les objets qui nous entourent seraient dans une continuelle agitation. Mais levez les yeux vers ces corps célestes qui accomplissent leur révolution autour du soleil. Au sein du vaste et libre espace où ils se meuvent, ils ne rencontrent aucun obstacle ; aussi conservent-ils sans altération l'impulsion qu'ils ont reçue du Tout-Puissant, et depuis tant de siècles leurs mouvements n'ont subi ni arrêt ni variation.

QUESTIONNAIRE : Qu'est-ce que l'*étendue?* l'*impénétrabilité* des corps?
— Tous les corps sont-ils impénétrables? — En quoi consiste la *compressibilité?* — Qu'appelle-t-on *pores? condensation?* — Tous les corps sont-ils poreux? — En quoi consiste la *divisibilité* des corps? Donnez quelques exemples de divisibilité. — Qu'est-ce que l'*inertie?* — Pourquoi, sur notre globe, un corps mis en mouvement s'arrête-t-il?

13. — Pesanteur.

Les corps, quand on les abandonne à eux-mêmes, tombent, et ils tombent jusqu'à ce qu'ils touchent la terre ou quelque autre corps qui les soutienne. Ce phénomène se produit à la surface du sol, comme on l'observe tous les jours; il se produit à de grandes hauteurs dans le ciel, comme on peut en juger par la pluie ou la neige qui tombent des nuages; et il se produit encore à de grandes profondeurs sous terre, comme on le voit dans les caves, dans les puits et dans les mines [1] les plus profondes Cependant, nous l'avons vu [2], la matière est inerte, et ne peut d'elle-même ni prendre du mouvement ni perdre celui qu'elle a : comment donc le fruit mûr que rien ne retient plus à la branche de l'arbre, au lieu de rester à la même place, se précipite-t-il vers la terre? En vertu d'une force qui l'attire et le fait tomber; cette force s'appelle *pesanteur*. Ainsi la pesanteur est la force qui sollicite les corps à tomber vers la terre.

Tous les corps sont pesants, et si vous en voyez quelques-uns, comme les nuages, la fumée, les ballons, etc., qui s'élèvent dans les airs au lieu de tomber, cela tient à ce qu'ils sont plus légers que l'air lui-même; il en résulte que l'air les soutient, les porte, et les empêche de se rapprocher du sol.

Non seulement la pesanteur agit sur tous les corps, mais elle agit de la même façon sur tous, c'est-à-dire qu'elle tend à leur donner à tous, quand ils tombent, la même vitesse. Cela vous étonne! En effet, si vous laissez tomber du haut d'une fenêtre une balle de plomb en même temps que des corps légers, comme des plumes, des morceaux de papier, vous verrez la première tomber rapidement et régulièrement, tandis que les autres flotteront dans les airs et ne tomberont qu'avec une extrême lenteur. Mais la raison de cette différence n'est pas difficile à deviner : il faut l'attribuer à la résistance de l'air, qui est loin d'être la même pour tous ces objets. Cette résistance agit avec bien plus de force sur les plumes qui, sous une petite quantité de matière, offrent une grande surface; on conçoit donc que la vitesse de leur chute en soit diminuée.

En voulez-vous une preuve convaincante? Cette

---

(1) *Mines*, excavations pratiquées dans le sein de la terre pour extraire des mé- | taux, de la houille, etc.

(2) Pages 39 et suiv.

feuille de papier dépliée qui, échappant à votre main, se balance en différentes directions et met un temps assez long pour atteindre le sol, roulez-la en boule et lâchez-la de nouveau, vous verrez qu'elle tombera en droite ligne et en beaucoup moins de temps. Pourtant son poids n'a pas changé; mais, dans le second cas, présentant à l'air une surface plus petite, elle a rencontré aussi une moindre résistance.

La direction de la pesanteur est le centre de la terre. On rend cette direction visible en suspendant un morceau de plomb, ou tout autre corps pesant, à un fil flexible. C'est ce qu'on appelle *fil à plomb*. La direction suivie par le fil à plomb se nomme ligne *verticale*, c'est-à-dire qui va de haut en bas; elle est *perpendiculaire*, c'est-à-dire tombant d'aplomb sur la surface des liquides en repos, par exemple d'un lac tranquille, et cette surface elle-même est dite *horizontale*, parce qu'elle s'étend dans le sens de l'horizon.

La pesanteur n'est qu'une application particulière de la grande loi de l'attraction que Dieu a mise dans tous les corps de la nature: tous s'attirent avec d'autant plus de force que leur masse est plus considérable. L'attraction prend des noms divers suivant le genre d'action qu'elle exerce. Lorsqu'elle a pour objet d'unir les différentes molécules qui constituent un corps, par exemple les molécules d'un morceau de fer ou de marbre, c'est *l'attraction moléculaire*. Lorsqu'elle précipite à la surface de la terre les corps qui en ont été séparés, c'est la *pesanteur*. Enfin, quand elle retient les corps célestes dans les limites de leur route accoutumée, elle prend le nom de *gravitation céleste*. C'est en vertu de la gravitation que la terre tourne autour du soleil, et la lune autour de la terre.

14. — L'air et l'atmosphère.

Si subtil qu'il soit, l'air est un corps. Agitez rapidement la main en la portant vers votre visage, vous sentirez un souffle, une impression de fraîcheur vous courir sur les joues : cette impression révèle son existence. Mais le choc de l'air n'est pas toujours, comme ici, une simple caresse. Un vent impétueux qui renverse les arbres et les habitations, qui soulève les vagues de la mer et les lance jusqu'aux nues, c'est encore de l'air en mouvement, de l'air qui coule d'un pays vers un autre, comme les ondes d'un fleuve débordé [1].

L'air forme tout autour de la terre une enveloppe d'une quinzaine de lieues d'épaisseur. Cette enveloppe aérienne se nomme *atmosphère*. C'est dans l'atmosphère que se forment les nuages, la pluie, la rosée, la neige, la grêle, le tonnerre et la foudre. Souvent un hardi voyageur, parvenu au sommet de certaines montagnes très élevées, voit au-dessous de lui les nuages qu'il a traversés pour arriver au sommet, et jouit de la vue d'un soleil éclatant, tandis qu'un sombre voile couvre la nature sous ses pieds. Parfois il verra éclater la foudre et il entendra le tonnerre gronder au-dessous de lui.

L'air est à peu près incolore, c'est-à-dire sans couleur ; mais, sous une épaisseur de quelques lieues, il est d'un bleu pâle, appelé *azur*. Cette douce teinte bleue produit, quand nous levons la tête, l'apparence d'une voûte, d'une coupole azurée. Mais ce n'est qu'une apparence. Les couches d'air qui composent l'atmosphère sont de plus en plus subtiles à mesure qu'on s'éloigne de la terre ; au delà de 15 à 16 lieues, l'air n'existe plus ; il est remplacé par une substance inconnue, d'une incomparable fluidité, nommée *éther*, au sein de laquelle se meuvent tous les astres.

L'air est absolument nécessaire à la vie. Supposez l'homme pourvu de tous les autres dons que le Créateur a déposés pour lui au sein de la nature, mais supprimez

(1) H. Fabre.

l'air seulement et voyez ce que deviendra l'univers : toute vie animale cessera. Que par une cause quelconque l'air n'arrive plus dans notre poitrine, que la respiration s'arrête un instant, nous sentons, à l'oppression qui nous étouffe, que la vie périclite [1], et une insupportable gêne provoque en nous de violents efforts pour le rétablissement d'un acte si nécessaire à notre existence. Que l'accident se prolonge de quelques minutes, il y a asphyxie [2], et l'homme meurt, comme s'arrête une montre dont le ressort est cassé. Vivre et respirer sont synonymes; l'air et la vie le sont également.

Tous les animaux, depuis le plus petit insecte à peine visible jusqu'à ces colosses de la création, tels que le bœuf ou l'éléphant, sont dans le même cas que nous; avant tout, ils vivent d'air. Les poissons eux-mêmes, qui habitent un autre élément, ne font pas exception à la règle; ils ne peuvent vivre que dans l'eau où se trouve de l'air en dissolution.

Sans l'air, les végétaux aussi périraient; car ils respirent comme nous et se nourissent de quelques-uns des principes contenus dans notre atmosphère.

L'air est un composé de deux gaz qui, pris séparément, ne conviennent ni l'un ni l'autre à la respiration. L'un est le gaz *oxygène*, trop vif pour être aspiré sans danger; l'autre est le gaz *azote* dans lequel les animaux tomberaient suffoqués à l'instant.

L'air est pesant, car c'est de la matière, et toute matière est soumise à l'action de la pesanteur. Un litre d'air sec pèse une fois et un tiers autant qu'une petite pièce d'argent de vingt centimes, c'est-à-dire environ un gramme et trois décigrammes (1 gr. 3). Il faudrait donc 770 litres d'air pour peser autant qu'un seul litre d'eau.

Il suit de là que la surface du corps humain, plongé au milieu de l'air, supporte habituellement un poids énorme. On a calculé qu'une colonne d'air ayant pour base un centimètre carré, c'est-à-dire un peu plus grosse

(1) *Périclite*, est en danger (du latin *periculum*, danger).　(2) *Asphyxie*, suffocation,

que votre pouce, pèserait environ un kilogramme. Or le corps d'un enfant de 12 à 15 ans offre une surface de 5 à 6 mille décimètres carrés ; cet enfant porte donc une charge d'air de 5 à 6 mille kilogrammes. Si nous ne sommes pas écrasés sous un poids pareil, c'est, d'une part, qu'il nous presse également de tous les côtés, et que, de l'autre, l'air qui est dans notre corps oppose à cette pression formidable une pression égale qui la contrebalance et lui fait contrepoids. Grâce à cet équilibre, nous ne sentons aucune fatigue, et nous n'avons pas le moindre effort à faire pour nous mouvoir.

Les poissons, au sein de l'élément que Dieu leur a assigné pour demeure, vont, viennent, montent et descendent, tournent, avancent et reculent avec une égale facilité, et cependant ils ont sur le dos et autour d'eux une énorme masse d'eau ; mais ils n'en sentent pas le poids. Il en est ainsi de nous, qui sommes nuit et jour plongés au fond d'un immense océan, l'océan de l'air, plus subtil et plus léger de sa nature, mais plus profond que celui des eaux.

Questionnaire : L'air est-il un corps ? — Qu'est-ce que l'atmosphère ? Quels sont les phénomènes qui se passent dans l'atmosphère ? — Quelle est la couleur de l'atmosphère ? son épaisseur ? Qu'y a-t-il au delà ? — L'air est-il nécessaire à la vie de l'homme, des animaux et des plantes ? — De quoi l'air est-il composé ? — Quel est son poids ? — Quel poids d'air supportons-nous ? — Pourquoi n'en sommes-nous pas incommodés ?

15. — Baromètre.

Quand l'air est humide, c'est-à-dire mélangé de vapeur d'eau, il pèse moins que quand il est sec, car la vapeur d'eau est beaucoup plus légère que l'air pur. Les savants ont imaginé un instrument qui indique à chaque instant le poids de l'air: c'est le *baromètre*. Il consiste en un tube de verre long d'environ 90 centimètres, et dont le bout inférieur est un peu recourbé, à peu près en forme de J. Ce tube est rempli de mercure, c'est-à-dire d'un métal blanc, liquide à l'état naturel, et très lourd; on a calculé qu'une colonne de mercure de 76 centimètres de haut pèse autant qu'une colonne d'air de même grosseur, et par conséquent lui fait équilibre. Dans notre tube, la petite branche est ouverte, et reçoit la pression de l'air, tandis que la plus grande est fermée. Cela posé, si l'air devient plus sec, et par là même plus lourd, il pousse avec plus de force la grande colonne de mercure, qui s'élève un peu : on dit alors que le baromètre *monte*; si l'air devient plus humide, et par là même plus léger, la pression ou la poussée étant moins forte, la colonne de mercure descend, et l'on dit que le baromètre *baisse*. Des degrés marqués sur le tube de verre permettent d'apprécier exactement ces divers changements.

Dans ces derniers temps, on a inventé des baromètres plus commodes, appelés baromètres *anéroïdes*, c'est-à-dire *sans liquide*, sans mercure. Ils sont fondés sur l'élasticité des métaux.

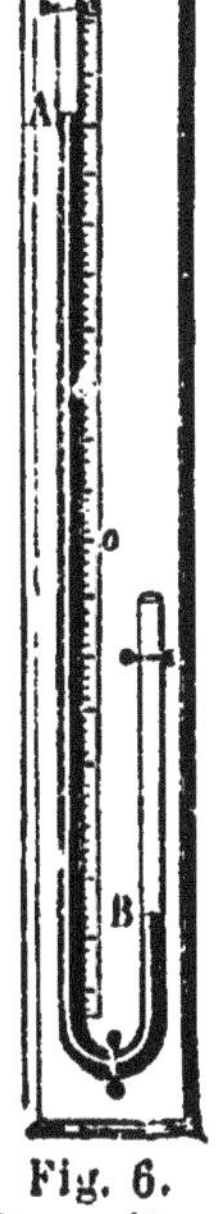

Fig. 6.
Baromètre.

Le baromètre a de nombreux usages; un des plus connus et des plus populaires consiste à indiquer les changements de température. On a remarqué que, dans nos pays, si le baromètre monte, c'est signe de beau temps; s'il baisse, la pluie est probable; un abaissement brusque et considérable annonce une tempête. Ces prédictions, sans offrir une certitude absolue, sont néanmoins très utiles, car on trouve qu'elles se réalisent environ quatre fois sur cinq.

La direction du vent est la cause qui semble avoir le plus d'influence sur les changements de température. Dans nos contrées [1], les vents de l'ouest et du sud-ouest amènent presque toujours la pluie; or l'air qu'ils apportent est humide, par conséquent plus léger, et le

1) N. O. dela France.

baromètre baisse. Au contraire, les vents de l'est et du nord sont froids et secs ; par suite l'air devient plus pesant : ces vents amènent donc en général le beau temps.

Si vous n'avez pas de baromètre, la nature vous offre d'autres moyens de prévoir le temps qu'il doit faire. Ainsi, à l'approche de la pluie, le perroquet babille, l'oie agite ses ailes en criant, se jette dans l'eau, va, vient, court, vole, s'arrête, comme une personne inquiète ; l'hirondelle rase la terre ; les poules se becquètent les plumes et se roulent dans la poussière ; les abeilles s'écartent peu de la ruche. C'est encore signe de pluie quand l'odeur des fumiers se fait sentir plus fortement, que la fumée des cheminées se rabat au lieu de monter, que les pavés, le sel, le tabac, deviennent humides. Il en est de même si la lune est cernée, c'est à-dire voilée et entourée de vapeurs livides, si des nuées épaisses environnent le soleil à son lever ou à son coucher. Le beau temps est naturellement annoncé par des signes contraires.

QUESTIONNAIRE : L'air humide est-il plus lourd que l'air sec ? — Qu'est-ce qu'un *baromètre* ? Décrivez cet instrument. — Qu'appelle-t-on baromètre *anéroïde* ? — Quel est le principal usage du baromètre ? — Quelle est, dans nos contrées, l'influence de la direction du vent sur la température ? — Quels sont les moyens naturels de prévoir le temps qu'il doit faire ?

16. — Le Vent.

Le vent n'est autre chose que l'air qui se déplace et s'écoule, comme l'eau d'un fleuve, avec plus ou moins de vitesse, d'une région dans une autre. Toute cause capable de rompre l'équilibre de l'atmosphère doit produire du vent. A ce titre, les changements de température jouent le principal rôle dans la production de ce phénomène.

C'est un fait démontré par les savants que l'air, en

s'échauffant, se dilate, se raréfie [1], devient plus léger et s'élève, poussé de bas en haut par l'air froid environnant. En voulez-vous un exemple ? Nous sommes en hiver, dans un appartement bien chauffé, communiquant par une porte avec un autre où il n'y a pas de feu. Présentez une bougie allumée au haut de la porte : vous verrez la flamme se diriger de l'appartement chauffé dans celui qui ne l'est pas ; présentez la bougie au bas de la porte, vous verrez, au contraire, la flamme se diriger de l'appartement froid vers l'appartement chaud. Cette direction de la flamme de la bougie en deux sens opposés accuse [2] évidemment deux courants contraires, l'un d'air chaud, à la partie supérieure de la porte, tendant à sortir de la chambre chauffée ; l'autre d'air froid à la partie inférieure, tendant à entrer dans cette même chambre.

Ainsi chaque fois qu'un point de l'atmosphère vient à s'échauffer ou à se refroidir, l'air se met en mouvement, des courants se produisent. Telle est la cause la plus ordinaire des vents.

Le vent peut encore être occasionné par une forte pluie. La pluie, en effet, transformant en eau une couche parfois très épaisse de la vapeur disséminée dans l'air, y fait un vide, et ce vide est comblé aussitôt par l'air des contrées voisines qui vient s'y engouffrer avec plus ou moins de violence.

De la vitesse du vent dépend sa force, son impétuosité. On trouve, sous ce rapport, tous les degrés imaginables, depuis la brise légère qui parcourt 1 ou 2 mètres par seconde, jusqu'au vent fort qui en parcourt 10, et surtout jusqu'à la tempête et à l'ouragan qui, se précipitant avec une vitesse de 30 à 40 mètres par seconde (plus de 40 lieues à l'heure), déracinent les plus gros arbres et renversent les murailles. Une fois, à la Martinique [3], un vaisseau fut enlevé par un ouragan, avec

(1) *Se raréfier*, devenir *rare*, moins dense, c'est-à-dire moins serré, moins épais.
(2) *Accuse*, révèle, fait voir.

(4) *Martinique*, île des Antilles (Amérique), appartenant à la France.

ses mâts et ses vergues [1], et jeté dans la grande rue de la ville de Saint-Pierre [2], où l'on fut obligé de le démolir.

Les vents de nos climats tempérés sont en général très irréguliers. Il en est d'autres, au contraire, qui soufflent régulièrement, soit pendant toute l'année, soit seulement à certaines époques, ou même à certaines heures : tels sont les *alizés*, les *moussons* et les *brises*.

On appelle vents *alizés* un courant constant qui souffle sur les mers tropicales [3], dans la direction de l'est à l'ouest. Ils ont pour cause la décroissance de la température de l'équateur aux pôles. L'air de la zone torride, échauffé par le contact du sol, devient plus léger et s'élève dans les hautes régions de l'atmosphère ; il est remplacé par des courants d'air froid venant des régions tempérées et polaires, comme l'air qui monte dans une cheminée est remplacé par celui qui afflue par les fissures des portes. C'est la rotation de la terre qui imprime à ces courants la direction de l'est à l'ouest.

Les *moussons* sont des vents périodiques [4] qui changent de direction selon les saisons. On les observe dans la mer des Indes, au Brésil et même dans la Méditerranée.

Les *brises* sont des vents légers qui soufflent alternativement de la mer vers la terre, et de la terre vers la mer. Elles viennent de la mer le matin, vers 8 ou 9 heures, et de la terre vers le coucher du soleil. Ce qui donne naissance à ces vents, c'est que la température de la mer, à sa surface, subit moins de variation que celle de la terre, de sorte qu'elle est à la fois moins chaude pendant le jour et moins froide pendant la nuit. Dans ce dernier cas, l'air en contact avec la surface de la mer devient plus léger, s'élève et est remplacé par un courant venant de la terre ; pendant le jour, c'est l'air en

(1) *Mât*, longue pièce de bois dressée sur un navire, à laquelle sont attachées en travers d'autres pièces de bois appelées *vergues*, pour supporter les voiles.
(2) *Saint-Pierre*, ville de la Martinique.
(3) Mers situées entre les tropiques.

On appelle ainsi deux cercles imaginaires placés de chaque côté et à 23 degrés de l'équateur. La région comprise entre ces deux cercles est la zone torride.
(4) *Périodiques*, qui reviennent à des intervalles de temps réguliers.

contact avec la surface de la terre qui s'échauffe et devient plus léger : la brise vient de la mer.

Les vents prennent des qualités qui dépendent des régions qu'ils traversent. Il y en a de chauds et de froids, de secs et d'humides. En France, le vent du nord est froid, parce qu'il nous amène l'air des régions boréales. Celui du sud, et surtout du sud-ouest, est humide et amène la pluie, parce qu'il nous apporte un air saturé [1] des vapeurs de l'océan Atlantique. Mais le vent d'est est sec, parce qu'il traverse un continent. — Dans plusieurs de nos départements voisins de la Méditerranée, souffle un vent, appelé *mistral* [2], qui atteint parfois une grande violence.

Mais les vents les plus célèbres sont les vents chauds qui prennent naissance dans les déserts voisins des tropiques, et parcourent des contrées constamment échauffées par un soleil ardent. En Perse, en Arabie et dans l'Afrique septentrionale, on appelle ce vent du désert *simoun* ou *samoun* [3]. Quand il souffle avec une certaine violence, il soulève une si grande quantité de sable, que le soleil en est comme obscurci, et ce sable en pénétrant dans les yeux, dans la bouche, dans les narines, détermine des douleurs intolérables et une soif atroce. Le midi de l'Europe a aussi un vent brûlant qui vient du sud-est, et que les Italiens nomment *sirocco*. .

Le vent forme parfois des *tourbillons*, semblables à ceux que l'on observe sur les rivières quand deux courants de vitesse inégale marchent à côté l'un de l'autre. Qui n'a vu, sur quelque grande route, de ces tourbillons d'air qui s'avancent en tournant sur eux-mêmes, entraînant dans leur mouvement et enlevant à plusieurs mètres tous les corps légers, feuilles d'arbres, poussière, brins de paille, qu'ils trouvent sur leur passage ?

Les *trombes* sont des phénomènes analogues [4] aux tourbillons, mais d'une étendue et d'une violence beaucoup plus considérables. Souvent elles sont accompa-

---

(1) *Saturé*, tout rempli.
(2) Ou *maestral*, c'est-à-dire le *maître* vent (du latin *magister*, maître).

(3) C'est-à-dire *poison*.
(4) *Analogues*, du même genre.

gnées de jets de flamme partant d'un nuage orageux. Elles se produisent plus fréquemment sur mer que sur terre, dans les pays chauds que dans les pays tempérés.

Enfin on nomme *typhons* ou *cyclones* des tempêtes tournantes, c'est-à-dire qui tourbillonnent autour d'un centre. Malheur au vaisseau qui s'est laissé enfermer dans ce cercle fatal ! C'en est fait de ses mâts et de son gouvernail [1], s'il n'éprouve un désastre plus épouvantable encore.

Les usages et l'utilité des vents ne sont un problème pour personne. Ils tempèrent la rigueur des climats, en apportant à ceux du Nord les tièdes brises du Midi, et à ceux du Midi les souffles rafraîchissants du Nord. Ils balayent la fumée et toutes les émanations malsaines qui s'accumulent sur les villes populeuses. Sans eux, les vapeurs que la chaleur solaire soulève continuellement de la surface des mers, retomberaient en pluies inutiles au sein des eaux qui les ont formées ; mais les vents les recueillent et les charrient au-dessus des continents pour arroser les terres, alimenter les fleuves et les sources, et répandre partout la fécondité. Le vent aide à la propagation des plantes, en transportant au loin les graines et le pollen des fleurs. Enfin, non content d'imprimer à peu de frais le mouvement aux lourdes meules de nos moulins, il facilite les relations entre les peuples en enflant les voiles de ces milliers de vaisseaux qui sillonnent l'Océan et portent d'un rivage à l'autre les produits du sol ou de l'industrie des deux mondes. Si donc les vents nous épouvantent quelquefois par leurs ravages, si nous avons à déplorer la tempête qui engloutit les navires ou renverse nos habitations, nous avons à remercier Dieu bien autrement des avantages qu'ils nous procurent. Ici, comme partout dans l'univers, les maux sont rares et particuliers, les bienfaits sont universels et constants.

QUESTIONNAIRE : Qu'est-ce que le *vent* ? — Quelle est la cause la plu

[1] *Gouvernail*, pièce de bois attachée à l'arrière d'un vaisseau pour diriger la marche.

ordinaire qui produit le vent? — Une pluie peut-elle être cause du vent? — Quelle est la vitesse du vent? — Qu'appelle-t-on *vents alizés? moussons? brises?* — Quelles qualités peuvent avoir les vents? — Qu'est-ce que le *mistral*, le *simoun*, le *sirocco?* — Qu'appelle-t-on *tourbillons, trombes, typhons* ou *cyclones?* — Quelle est l'utilité des vents?

17. — Le Son.

Tendez une corde entre deux points fixes, et écartez-la, en la pinçant, de sa position d'équilibre : elle exécute aussitôt des vibrations, c'est-à-dire des mouvements de va-et-vient. Si ces vibrations sont assez lentes pour que l'œil puisse les suivre, vous n'entendez aucun son. Raccourcissez la corde ou tendez-la plus fortement: les vibrations deviennent si rapides que vous ne pouvez plus les distinguer: cette fois elle fait entendre un son.

Vous avez serré dans un étau une petite lame d'acier, et vous l'écartez de sa position naturelle. Si elle est assez longue, vous la voyez vibrer, mais vous n'entendez pas de son : les vibrations sont trop lentes. Si vous la raccourcissez, les vibrations deviennent plus rapides, et quand vous ne pouvez plus les compter, le son se produit.

Enfin vous avez, sans y prendre garde, heurté un verre à table: un son se produit, car le verre vibre, quoique vous ne le voyiez pas. Vous vous empressez de poser le doigt dessus : le son s'éteint, parce que vous avez arrêté les vibrations.

Le son n'est donc pas autre chose que des vibrations plus ou moins rapides, transmises de l'objet à l'air environnant, qui les apporte jusqu'à notre oreille.

Dans une nappe d'eau tranquille vous laissez tomber une pierre. Aussitôt, autour du point touché, se forment une multitude de ronds qui se succèdent en s'élargissant sans cesse, courent à la file l'un de l'autre et disparaissent au loin. Ces ronds, formés par l'ébranlement de l'eau qui s'élève en petites vagues et s'abaisse tour à tour, s'appellent *ondulations*. C'est de cette manière que se transmettent les vibrations sonores. La couche d'air voisine du corps qui vibre est d'abord mise en mouvement, elle ondule ; l'ondulation, appelée aussi *onde sonore*, se communique à une autre couche, et ainsi de suite jusqu'à ce que le mouvement arrive à notre oreille.

Il y a trois choses à considérer dans le son : la *hauteur* ou le ton, l'*intensité* et le *timbre*.

Le ton, ou son musical, dépend de la rapidité des vibrations. Plus il s'en fait dans un temps donné, plus le son est *aigu*, c'est-à-dire élevé. A mesure que ce nombre diminue, le son s'abaisse et devient plus *grave*.

L'intensité est le degré de force du son ; elle dépend de l'amplitude, c'est-à-dire de la grandeur des vibrations. Si vous effleurez seulement de son battant le bord d'une cloche, il en résulte un son *faible*; si le battant frappe la cloche de tout son poids, vous aurez un son *fort*; mais, malgré son intensité supérieure, il donnera la même note musicale que le précédent. La force du son varie, mais le ton n'a pas changé. Les vibrations ont été plus amples, plus étendues, mais le nombre de ces vibrations dans un temps donné est resté le même.

Deux sons de même force et de même hauteur peuvent différer l'un de l'autre par une troisième qualité, le *timbre*. Ainsi vous distinguez facilement le son d'un violon de celui d'une trompette ou d'un tambour. Vous reconnaissez à la voix les personnes qui vous sont familières : chaque voix a son cachet, son timbre spécial. L'oreille distingue un vase fêlé, un tonneau vide ou plein, etc. Le timbre ou qualité du son dépend en général de la matière et de la forme du corps sonore.

Apercevez-vous, là-bas, sur la lisière de la forêt, ce bûcheron qui fend du bois ? Son bras se lève, la hache s'abat sur le bois, et ce n'est qu'un instant après que vous entendez le choc : pourquoi le bruit ne concourt-il pas avec le mouvement du bras ?

Au loin dans la plaine, vous distinguez un chasseur. Il ajuste son arme, il vise : aussitôt vous voyez le feu ou la fumée sortir du fusil ; mais le bruit de l'explosion n'arrive à votre oreille que longtemps après : pourquoi ce retard ?

Un nuage orageux couvre le ciel du côté du midi ; tout à coup jaillit un éclair, puis, après un court silence, un coup de tonnerre se fait entendre. Pourtant, au lieu où la foudre fait explosion, au sein du nuage, lumière et bruit éclatent au même instant : pourquoi l'un nous arrive-t-il après l'autre ?

C'est qu'il faut un certain temps aux vibrations sonores pour franchir l'espace et arriver jusqu'à nous. Tandis que la lumière parcourt en un clin d'œil un immense trajet, le son, beaucoup moins rapide dans sa marche, met un temps assez long pour franchir une distance un peu forte. Ce temps a été calculé très exactement par les savants, et ils ont trouvé que la vitesse du son est de 340 mètres par seconde.

Ainsi, si l'on compte le nombre de secondes qui s'écoulent entre la lueur de l'éclair et le bruit du tonnerre, on peut savoir à quelle distance on est du nuage orageux. Supposé que l'intervalle soit de 5 secondes, vous n'avez qu'à répéter 5 fois 340 ou multiplier 340 par 5 : vous trouverez ainsi que l'explosion de la foudre a eu lieu à 1700 mètres de distance.

Pour le dire en passant, le danger d'être frappé de la foudre ne commence que lorsque le bruit du tonnerre suit de très près la lueur de l'éclair ; c'est un signe que le nuage orageux, qui recèle la foudre, n'est pas loin de nous. Une fois qu'on a vu l'éclair, on ne risque plus rien, au moins pour la décharge qui vient de se produire, car la foudre est aussi rapide que la lumière.

Lorsque le son rencontre un corps qui lui fait obstacle, comme un mur, il se réfléchit à sa surface et revient sur lui-même. Dans les endroits clos, tels qu'un appartement, une église, le son est continuellement renvoyé d'un mur à l'autre ; mais ces mouvements sont si rapides que l'oreille ne les distingue pas ; seulement

Il y a résonnance : le son est renforcé. Voilà pourquoi il est moins fatigant de se faire entendre d'un nombreux auditoire dans un appartement qu'en plein air.

Vous vous promenez dans une belle avenue conduisant à un château. Sous l'empire d'un effroi subit, vous jetez un cri : *Ah!* et à l'instant même ce cri vous revient avec le même accent et presque aussi fort que s'il partait du château. C'est ce qu'on appelle un *écho*. Que s'est-il passé? Le son direct émis par vous, votre cri, a été heurter les murs du château; devant cet obstacle, il s'est réfléchi, et revenant sur ses pas, il a frappé votre oreille.

Pour qu'il y ait écho, il faut qu'une certaine distance vous sépare de l'obstacle, afin qu'il s'écoule un intervalle de temps sensible entre l'*aller* et le *retour*, entre le son direct et le son réfléchi; autrement ces deux sons se confondraient et n'en feraient plus qu'un. Il suffit, pour qu'ils soient distincts, d'un intervalle d'un dixième de seconde, ce qui correspond à une distance de 17 mètres; l'aller et le retour donneront 34 mètres, la 10ᵉ partie de 340. Mais à 17 mètres, lors même que vous prononceriez plusieurs mots, l'écho ne ferait entendre qu'une seule syllabe [1]. On entendra donc d'autant plus de syllabes que l'obstacle sera plus éloigné. On cite des échos qui répètent un vers entier de Racine.

Si un second obstacle est placé convenablement, le son pourra se réfléchir une seconde fois et revenir encore à l'oreille. On cite un écho d'Italie qui répète 40 fois un coup de pistolet; il en existe un autre entre deux tours, près de Verdun [2], qui répète ce bruit 12 ou 13 fois

La lisière d'un bois, un rocher un peu élevé, le flanc d'une montagne, peuvent rendre un écho.

Les anciens, par une fiction [3] gracieuse, avaient imaginé une nymphe [4] *Echo*, dont ils plaçaient l'habi-

___

(1) Il les répète toutes cependant, mais la dernière seule est distincte, les autres se confondant avec le bruit direct.

(2) *Verdun*, ville du dép' de la Meuse.

(3) *Fiction*, imagination d'une chose qui n'a pas de réalité.

(4) *Nymphe*, déesse dans les fables de l'ancienne Grèce.

tation dans les antres [5] des bois et des montagnes: divinité toujours invisible, toute voix et tout sentiment, qui semble, disent les poëtes, se transformer en la personne qui lui parle, plaintive avec la bergère qui se plaint, joyeuse avec le jeune enfant dont la joie éclate, menaçante avec l'homme dont le courroux se répand en menaces.

QUESTIONNAIRE : Qu'est-ce que le *son*? — Comment se produit-il ? — Quelle est la vitesse du son ? — Comment peut-on savoir à quelle distance on est d'un nuage orageux? — Comment se transmet le son ? — Qu'entendez-vous par le *ton*, le *timbre*, l'*intensité* d'un son ? — Qu'appelle-t-on *résonnance? écho?* — Que faut-il pour qu'il y ait écho? — Qu'était-ce que la nymphe Écho?

---

18. — Ballons ou aérostats.

L'atmosphère qui entoure notre globe peut être considérée comme une vaste mer au sein de laquelle vivent une multitude d'êtres organisés, tels que les oiseaux et des nuées d'insectes. Cette mer si subtile est-elle accessible aux humains? Leur est-il permis de s'y diriger comme ils se dirigent sur l'Océan? Il n'est pas étonnant qu'il se soit rencontré des hommes assez curieux et assez hardis pour essayer, dans un voyage au milieu des airs, de jouir d'un spectacle aussi imposant. Les premiers qui l'entreprirent ne songèrent qu'à imiter le vol de l'oiseau, en attachant à leurs épaules des ailes plus ou moins semblables aux siennes. Mais le corps de l'homme n'est pas, comme celui des oiseaux, conformé pour le vol, et ses muscles ne sont pas assez puissants pour le mettre en état d'agir sur l'air par une surface et avec une vitesse proportionnées à la masse de son corps. Toutes ces tentatives, renouvelées jusque dans ces derniers temps, n'eurent pas de sérieux résultats.

(5) *Antres,* cavernes.

Les premiers ballons qui s'élevèrent avec succès dans les airs furent construits, vers la fin du siècle dernier, par les deux frères Montgolfier, fabricants de papier à Annonay (Ardèche). Ils consistaient en un immense sac de toile, doublé de papier et rempli d'air chaud. L'air, en s'échauffant, se dilate et diminue de poids tout en conservant le même volume. Les ballons ainsi gonflés se trouvaient plus légers que l'air froid qui les environnait, et flottaient naturellement dans l'atmosphère, exactement comme les nuages. On les appelle *montgolfières*, du nom de leur inventeur.

Aujourd'hui, ce n'est plus avec de l'air chaud qu'on gonfle les ballons ; on les remplit de gaz hydrogène [1], ou de gaz d'éclairage, beaucoup plus léger que l'air.

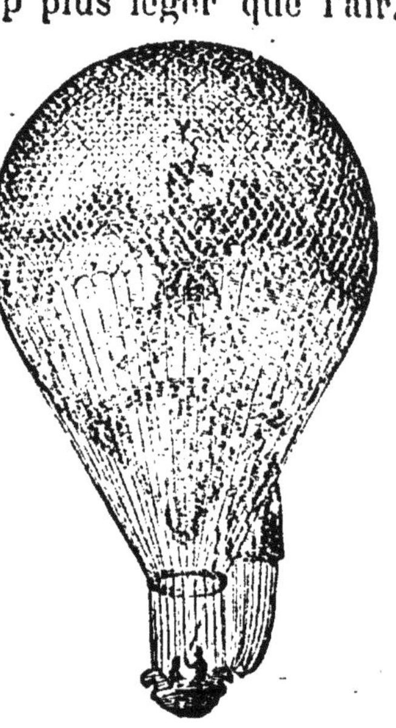

Fig. 7. Aérostat.

On a aussi remplacé l'enveloppe de toile et de papier par du taffetas [2], rendu imperméable [3] par un vernis. Au-dessous se trouve une nacelle [4], suspendue à un grand filet qui enveloppe tout le ballon. De cette façon, le poids se répartit sur une grande surface, et on n'a pas à craindre des déchirures, qui se produiraient infailliblement si l'on attachait la nacelle directement au ballon. La nacelle est destinée à recevoir les personnes qui veulent s'élever dans les airs : on leur a justement donné le nom d'*aéronautes*, navigateurs aériens. Les aéronautes emportent avec eux du lest, c'est-à-dire des sacs de sable, qu'ils jettent quand ils veulent monter plus haut. Pour descendre, on ouvre,

---

(1) *Hydrogène* : l'eau contient beaucoup de ce gaz.

(2) *Taffetas*, étoffe de soie tissue comme de la toile.

(3) *Imperméable*, impénétrable, même pour ce gaz subtil.

(4) *Nacelle*, espèce de petite barque légère.

à l'aide d'une ficelle, une large soupape[1] placée à la partie supérieure de l'appareil. Quand la descente devient trop rapide ou menace de se faire dans un lieu peu favorable, comme un bois ou un étang, on jette du lest, et le ballon allégé[2] remonte, pour aller atterrir[3] plus loin.

Il ne faut pas croire qu'on puisse s'élever, dans un ballon, aussi haut qu'on le voudrait. Sept à huit mille mètres sont la dernière limite qu'il n'est pas permis de dépasser impunément. A cette hauteur, les couches atmosphériques sont beaucoup moins denses et la respiration devient très difficile. Il y a quelques années, deux aéronautes ayant voulu s'élever au delà, payèrent cette imprudence de leur vie.

Les ballons s'appellent aussi *aérostats*[4].

Les ballons peuvent rendre de grands services, particulièrement en temps de guerre. Lorsque, en 1870, l'armée prussienne bloquait si étroitement Paris, c'est à l'aide de ballons que l'immense capitale put communiquer avec la France. La nacelle ne contenait pas seulement des milliers de lettres, on y avait mis aussi des messagers ailés, de jolis pigeons. Une fois le ballon arrivé, on attachait des dépêches au cou de ces oiseaux, qui repartaient aussitôt et s'empressaient d'apporter à Paris les bonnes et les mauvaises nouvelles de la province.

QUESTIONNAIRE : Peut-on voyager dans les airs? — Qui inventa les ballons? — Comment gonfle-t-on aujourd'hui les ballons? — Jusqu'à quelle hauteur peut-on s'élever en ballon? — Quels services les ballons peuvent-ils rendre?

---

10. — La Lumière.

La lumière est la splendeur et la joie de la nature. C'est à elle que nous devons le spectacle brillant de

---

(1) *Soupape*, sorte de languette qui se lève à l'aide d'un ressort pour laisser sortir le gaz.

(2) *Allégé*, rendu plus léger.
(3) *Atterrir*, prendre terre.
(4) *Aérostat*, qui se tient dans l'air.

l'univers, cette jouissance qui se renouvelle sans cesse, et sans laquelle la terre entière serait le séjour des ténèbres et de la mort. Quelle scène plus magnifique et plus vaste que celle qui se développe au moment où la lumière va paraître, où l'obscurité de la nuit se dissipe, où nos yeux, longtemps fermés par un sommeil bienfaisant, s'ouvrent peu à peu et se promènent sur tout ce qui nous environne! On dirait alors qu'il se fait une nouvelle création pour nous : à mesure que nous distinguons de nouveaux objets, ils paraissent renaître. L'éclat de la lumière augmente: les corps les plus éloignés semblent se rapprocher, parce qu'ils deviennent plus visibles; notre domaine s'étend, nos facultés, notre existence elle-même semblent s'étendre. et se multiplier. La terre se pare de couleurs éclatantes; sa beauté frappe les yeux, à l'instant où l'astre qui anime la nature s'élance rapidement de l'horizon et s'élève au-dessus de notre séjour. Quelle majesté dans son ascension! Quelle vivacité dans ces flots de lumière qu'il darde de tous côtés! Les yeux éblouis n'en peuvent supporter l'éclat; ils cherchent à se reposer, tantôt sur les cimes dorées des montagnes, tantôt sur l'azur qui colore le vague des airs, ou sur ces tapis verdoyants, émaillés de mille fleurs naissantes.

Supposez pour un moment la lumière totalement absente, les corps qui nous environnent sont pour nous comme s'ils n'existaient pas; autour de nous règne comme un vide immense. Qu'un rayon de lumière tombe sur eux, aussitôt ils deviennent visibles, c'est-à-dire qu'ils agissent sur l'organe de la vision et nous révèlent ainsi, non seulement leur présence, mais encore leurs formes, leurs volumes, leurs positions et leurs couleurs.

Mais qu'est-ce que ce rayon de lumière doué par le Créateur d'une vertu si merveilleuse? Est-il une émanation des corps que nous appelons lumineux, tels que le soleil et les étoiles? On l'a cru longtemps; les savants attribuaient les effets de la lumière à un fluide très subtil émané des corps lumineux, c'est-à-dire sorti de leur sein et lancé par eux dans toutes les directions, traversant l'espace avec une énorme vitesse, et, par son action sur le nerf de l'œil, produisant la sensation de lumière. C'est le système de *l'émission*. Soutenu par l'autorité de Newton, il a régné presque sans partage jusqu'au commencement de ce siècle.

On admet aujourd'hui que les corps lumineux, comme le soleil, sont animés d'un mouvement vibratoire, analogue à celui qui produit le son dans les corps sonores, mais infiniment plus rapide. Ces vibrations se transmettent avec une vitesse extrême, par l'intermédiaire d'un fluide impondérable, répandu dans tout l'univers, et qu'on appelle l'*éther*; arrivées jusqu'à nous, elles ébranlent les nerfs de la vue, comme les vibrations sonores ébranlent les nerfs de l'ouïe. Dans cette explication, le soleil n'est pas un foyer d'où s'élance le fluide lumineux, comme l'eau jaillit d'une source; c'est un corps dont la surface est mise en vibration par une chaleur énergique; ces vibrations se communiquent à la matière éthérée, où elles se propagent en ondulant jusqu'à nous. C'est le système des *vibrations*, ou des *ondulations*.

La lumière marche avec une vitesse si prodigieuse, que les tentatives faites pour la mesurer sont longtemps restées sans résultat. On sait aujourd'hui qu'elle parcourt en une seconde environ 77 mille lieues métriques[1], ou 308 mille kilomètres. Si elle ne marchait qu'avec la vitesse du son, elle mettrait 14 ans à venir du soleil jusqu'à nous, tandis qu'elle parcourt cet espace[2] à peu près en 8 minutes. Sur la terre, le temps qu'elle met à passer d'un point à un autre est si petit, qu'on n'en tient pas compte : on dit qu'il est nul, c'est-à-dire qu'on voit la lumière, d'un éclair, par exemple, au moment même où elle se produit.

(1) *Lieue métrique*, lieue qui a juste 4 mille mètres.

(2) *Cet espace :* la distance moyenne du soleil à la terre est de 33 millions de lieues.

20. — La Lumière (SUITE).

Les rayons lumineux peuvent traverser certains corps sans s'y arrêter: ainsi les rayons du soleil nous arrivent à travers l'atmosphère qui nous entoure; ils pénètrent une nappe d'eau et nous en montrent le fond; ils entrent dans nos appartements à travers les vitres de nos fenêtres. Ces corps sont appelés *diaphanes* ou *transparents*. Si un corps, tout en laissant passer plus ou moins de lumière, ne permet pas de distinguer nettement les objets situés derrière lui, on le nomme *translucide :* tels sont le verre dépoli, la corne, etc. Enfin les corps qui arrêtent complètement la lumière, et c'est le plus grand nombre, sont dits *opaques*. De là vient qu'ils donnent de l'ombre. Toutefois un grand nombre de corps opaques deviennent translucides si on les amincit suffisamment. Ainsi ces feuilles d'or très minces dont on se sert pour dorer les cadres et les livres, sont translucides.

Quand la lumière tombe sur un corps opaque, comme une pierre, un arbre, elle se réfléchit et les rayons lumineux sont renvoyés dans toutes les directions, de sorte que le corps, ainsi éclairé, est visible de tous les points environnants: c'est ce qu'on appelle *réflexion*.

Quand la lumière tombe sur un corps diaphane ou transparent, comme le verre et l'eau, elle le traverse et continue sa route, mais en s'écartant un peu de la direction primitive: c'est ce qu'on appelle *réfraction*. Plongez dans l'eau un bâton incliné, il paraît brisé au point où il pénètre dans le liquide: pourquoi? parce que les rayons lumineux ont dévié [1] en entrant dans l'eau.

Par une petite ouverture placée au volet, faites pénétrer dans une chambre obscure un faisceau de rayons solaires, et recevez-les sur un prisme de verre triangulaire [2], non seulement ces rayons seront déviés,

---

(1) *Dévier*, changer de voie (en latin *via*), de direction.
(2) Morceau de verre allongé en forme de règle, laquelle, au lieu de 4 faces, n'en a que 3, ce qui donne 3 angles ou côtés et la fait *triangulaire*.

comme nous venons de le dire, mais de plus ils seront décomposés en une série de rayons diversement colorés, de sorte que, au lieu de venir peindre une

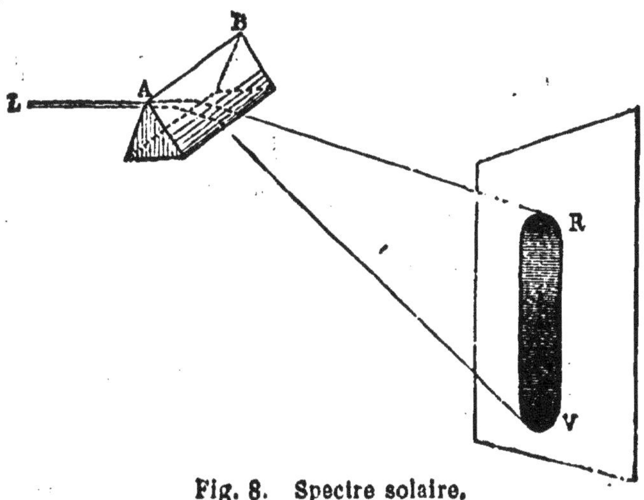

Fig. 8.   Spectre solaire.

image sur un écran [1], ils étaleront en éventail une image allongée dans laquelle on pourra distinguer les couleurs suivantes, que nous comptons de bas en haut :

Violet, indigo bleu, vert, jaune, orange, rouge.

C'est ce qu'on appelle *spectre solaire* [2]. Ces sept couleurs ne sont point nettement tranchés ; on passe de l'une à l'autre par une série de nuances qui se fondent insensiblement, sans qu'on puisse dire où l'une finit et où l'autre commence.

Le gracieux phénomène de l'arc-en-ciel, où nous voyons les sept couleurs, se produit de la même manière. La lumière du soleil se décompose, comme dans un prisme, en traversant les gouttes d'eau suspendues au sein des nuages, et revient à l'œil du spectateur revêtue de splendeurs nouvelles. L'arc-en-ciel se montre d'ordinaire à la fin d'un orage, quand le soleil reparaît. Mais on ne peut le voir que dans

(1) *Écran*, ici, toile étendue sur laquelle la lumière va se peindre.

(2) *Spectre*, figure, apparition extraordinaire.

certaines conditions. Il faut de toute nécessité se trouver entre le soleil et le nuage pluvieux.

Un rayon de lumière est donc un faisceau de sept rayons mêlés ensemble; réunis, ils forment le blanc; divisés, ils donnent les sept couleurs principales qui différencient ' les objets et embellissent toute la nature. De la découlent plusieurs conséquences qui vont sans doute vous surprendre :

1° Le blanc n'est ni une couleur distincte, ni l'absence de couleur; c'est, au contraire, la réunion de toutes les couleurs.

2° Les corps n'ont point de couleur par eux-mêmes; en d'autres termes, les couleurs dont ils nous paraissent revêtus ne leur sont pas inhérentes, c'est-à-dire, ne sont pas attachées à leur surface. Quand la lumière du soleil tombe sur la surface des corps, qu'arrive-t-il? Les uns réfléchissent ou renvoient tous les rayons de cette lumière, et ils nous paraissent blancs; les autres n'en réfléchissent que quelques-uns et absorbent les autres, à peu près comme la terre absorbe, boit, en quelque sorte, l'eau versée à sa surface. Il est clair que les rayons absorbés sont détruits et ne paraissent plus; les rayons réfléchis arrivent seuls jusqu'à notre œil: ce sont eux qui donnent à chaque corps sa couleur. Un corps sera *rouge*, s'il ne renvoie que les rayons rouges et absorbe tous les autres; il sera *vert*, s'il ne renvoie que les rayons verts; sa couleur sera encore verte, s'il réfléchit plusieurs rayons, qui, mêlés ensemble, donnent du vert, le bleu et le jaune, par exemple; enfin il sera noir, s'il absorbe toutes les couleurs et n'en renvoie aucune. Le noir n'est donc point une couleur, c'est l'absence de toutes les couleurs.

Voulez-vous des preuves que la couleur des corps ne leur appartient point en propre? La gorge d'un pigeon, les plumes d'un paon, les étoffes changeantes, varient selon les positions. Si vous regardez les objets qui vous entourent à travers un verre coloré en rouge,

---

(1) *Différencier les objets,* mettre entre eux une *différence,* une distinction.

en bleu, etc., ils prendront la couleur de ce verre. A la
lueur d'une lampe, le jaune pâlit, les nuances du vert et
du bleu se confondent.

QUESTIONNAIRE : Qu'appelle-on corps *transparents*, *translucides*,
opaques? — Qu'entend-on par *réflexion*, *réfraction* de la lumière?
— Quelles sont les 7 couleurs du spectre solaire? — En quoi consiste
un arc-en-ciel? — Qu'est-ce qu'un rayon de lumière? — Le blanc est-
il une couleur? — Les corps ont-ils une couleur par eux-mêmes?

21. — Lentilles. Lunettes.

Tout le monde connaît la petite graine plate, ronde,
un peu bombée au centre, appelée *lentille*. On a donné
ce nom à tout morceau de verre ou de cristal ayant à
peu près la même forme; c'est de ces dernières lentilles
qu'il s'agit ici.

On distingue plusieurs sortes de lentilles : les unes
sont *convexes*, c'est-à-dire bom-
bées, des deux côtés ou d'un
seul côté : elles ont le milieu
plus épais que les bords ; les
autres sont *concaves*, c'est-à-
dire amincies par le milieu, des
deux côtés ou d'un seul côté :
elles ont le milieu moins épais
que les bords.

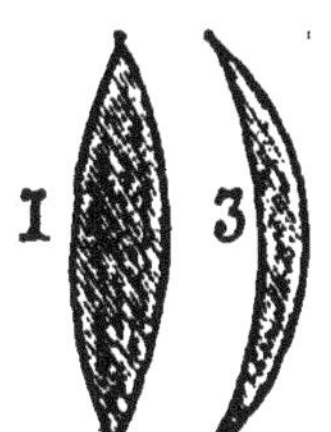

Fig. 9. Lentilles convexes.

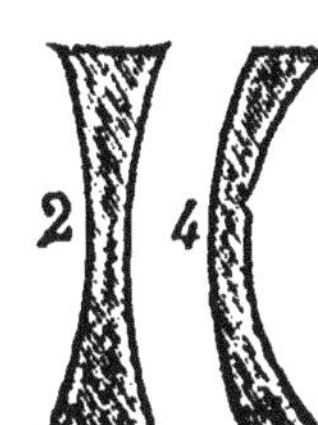

Fig. 10. Lentilles concaves.

Les lentilles convenablement disposées et combinées
ensemble rendent à l'homme les plus grands services. —
Ainsi, quand nos yeux sont affaiblis par l'âge ou par
quelque autre cause, ou quand ils sont naturellement
mal conformés, les lentilles, sous la forme de *lunettes*,
remédient immédiatement à ces inconvénients.

Les deux défauts les plus ordinaires de la vue sont la
presbytie et la *myopie*. Ceux qui sont affligés du premier,
les *presbytes*, ne distinguent bien les objets qu'en les
plaçant à une certaine distance de l'œil; mais alors les

petits échappent à leur vue, et ils ne peuvent que difficilement lire, écrire ou coudre. On corrige ce défaut, assez ordinaire aux personnes âgées, par des lunettes à verres concaves. Ceux qui sont affligés du second, les *myopes*, ne voient que de très près; ils peuvent lire et écrire, mais au risque d'effacer parfois leur écriture avec le bout de leur nez; un beau paysage, un tableau, ne leur offrent que confusion; à la distance de dix mètres, ils reconnaissent à peine leurs amis. On corrige ces défauts par des lunettes à verres convexes.

QUESTIONNAIRE : Qu'est-ce qu'une lentille? une lentille convexe, concave? ··· Quel service nous rendent les lentilles? — En quoi consiste la presbytie? la myopie?

22. — Télescopes. Microscopes.

Nos yeux, lorsqu'ils sont sains et sans défaut, suffisent bien à nos besoins, mais non pas toujours à notre curiosité, au désir que nous avons de connaître. Leur puissance est renfermée dans des limites assez étroites; que d'objets autour de nous sont trop éloignés ou trop petits pour que nous puissions les apercevoir, ou du moins les bien distinguer! La science est venue à notre secours; elle a inventé des instruments qui nous permettent de voir une multitude d'objets que leur extrême éloignement ou leur extrême petitesse mettent hors de la portée de notre vue.

Parmi ces instruments, les uns sont destinés à nous faire apercevoir les objets placés à de grandes distances, et que l'œil nu le plus sain et le mieux conformé ne saurait atteindre. Ils sont formés d'un tuyau dans lequel sont disposées des lentilles convenables. Ceux qui servent à observer les objets terrestres se nomment *lunettes d'approche* [1] ou *longues-vues*; ceux qui servent

(1) Ainsi appelées, parce qu'elles font | paraître les objets plus rapprochés et plus | gros.

à observer les astres s'appellent *télescopes*, de deux mots grecs signifiant : *voir au loin*. C'est par le télescope que

Fig. 11. Télescope.

les merveilles du ciel nous ont été découvertes et que l'astronomie ou science des astres a fait d'immenses progrès.

On a construit de petites lunettes d'approche d'un usage très commode : elles n'ont que 10 à 15 centimètres de long ; on les nomme *lorgnettes de théâtre* ou simplement *lorgnettes*. On en réunit souvent deux ensemble, disposées de façon à pouvoir s'appliquer devant les deux yeux, et on a les *jumelles*.

D'autres instruments ont la propriété de faire voir en grand et distinguer dans toutes leurs parties des objets très petits qui échapperaient à l'œil nu : ce sont les *microscopes*. Il y en a de plusieurs sortes. Le plus simple est la *loupe*, qui consiste en une lentille plus ou moins convexe. En appliquant l'œil sur la loupe, on aperçoit l'objet placé derrière singulièrement grossi. Vient ensuite le *microscope composé*, qui consiste en un assemblage de trois lentilles placées dans un tuyau ; il grossit les objets dans des proportions beaucoup plus fortes que le premier.

Une autre espèce de microscope, dont la construction est toute différente, est le *microscope solaire*. C'est un instrument par le moyen duquel on voit en grand, dans une chambre obscure [1], les images de très petits objets éclairés vivement par le soleil; il offre un des spectacles les plus intéressants à voir. Un cheveu y paraît gros comme un manche à balai; une puce, grosse comme un mouton et même comme une vache. Si l'on y examine une petite goutte d'eau croupie ou de lie de vinaigre, ou bien une parcelle de fromage un peu vieux, on voit se mouvoir dans ces différents objets des milliers d'animaux, les uns reptiles, les autres munis de pattes, ceux-ci gros comme des anguilles, ceux-là gros comme des taupes, et que l'œil nu pourtant ne saurait apercevoir. Les uns ont le corps lisse, les autres sont hérissés de poils, et tous paraissent hideux.

Je me suis amusé un jour, dit Laurent de Jussieu, à observer, au microscope solaire, un singulier combat entre une fourmi et un pou, que j'avais enfermés ensemble. La fourmi était beaucoup plus forte et plus grosse que le pou, dont la taille n'excédait pas celle d'un mouton, et qui, par parenthèse [2], était bien le plus laid et le plus dégoûtant animal qu'on pût voir. A peine se trouvèrent-ils ensemble que, se sentant apparemment incommodés par les rayons du soleil, ils parurent s'en prendre l'un à l'autre. La fourmi, plus alerte et plus vigoureuse, saisit le pou par le milieu du corps avec ses serres [3], et le perça de part en part. Dans cette position gênante et douloureuse, le pou s'agitait en vain, sans pouvoir se débarasser de son ennemie et encore moins l'atteindre. Cependant, après un grand quart d'heure, soit fatigue de la part de la fourmi, soit effort heureux de la part du pou, celui-ci parvint à faire lâcher prise à l'autre. Alors, malgré ses graves blessures, prenant à son tour l'offensive [1], il s'élance sur la fourmi, et a peine l'a-t-il touchée de sa

(1) Sur la muraille blanche, ou sur une toile blanche tendue dans une *chambre obscure*, c'est-à-dire fermée de manière que la lumière n'y pénètre pas.

(2) *Par parenthèse*, pour le dire en passant, comme une chose qui n'est pas essentiel au récit.

(3) *Serres*, griffes, se dit ordinairement des serres des oiseaux de proie.

(4) *Prendre l'offensive*, attaquer; le contraire est *se tenir sur la défensive*, se contenter de se défendre.

trompe [1], qu'elle tombe sans mouvement et meurt comme subitement empoisonnée par un venin violent.

QUESTIONNAIRE : Comment la science a-t-elle perfectionné notre vue ? — Quelles sont les principales lunettes pour voir les objets éloignés ? — Qu'est-ce qu'un microscope ? un microscope solaire ? — Donnez une idée des merveilles que nous révèle le microscope.

23. — La Chaleur.

Lorsque nous sommes exposés à l'action des rayons du soleil ou d'un brasier ardent, nous éprouvons une impression particulière que nous appelons *chaleur*. Cette sensation, comme toutes les autres, a nécessairement hors de nous, et dans les corps qui nous la font éprouver, une cause que nous ne voyons pas. Nous savons bien que la sensation de chaleur est produite par le corps embrasé qui est là devant nous ; mais comment ce corps agit-il sur nos sens ? S'en échappe-t-il quelque fluide subtil ayant la vertu de nous faire sentir cette impression ? Ou bien le corps embrasé ne fait-il, comme la lumière, qu'imprimer à l'éther environnant un mouvement vibratoire, analogue à celui qui produit en nous la sensation du son ? Cette dernière explication est aujourd'hui universellement admise. Il est incontestable que la lumière et la chaleur ont de nombreuses propriétés communes : en général, les corps lumineux, comme le soleil, émettent en même temps de la chaleur, et les corps suffisamment échauffés, comme un morceau de fer rouge, deviennent lumineux. Les deux phénomènes sont donc de la même nature et se produisent de la même manière ; les rayons de chaleur, comme ceux de lumière, se propagent et nous arrivent par *ondulation*

Le soleil est la principale source de la chaleur, source continue, plus ou moins abondante selon la direction

[1] *Trompe*, tuyau recourbé servant de bouche à certains insectes. La trompe de l'éléphant est un prolongement considérable de son museau.

des rayons, sans que les obstacles interposés entre cet astre et nous puissent la supprimer tout à fait. La terre aussi fournit constamment de la chaleur; car sa température croît, comme nous le verrons plus loin, à mesure qu'on pénètre plus avant dans son sein ; d'où l'on conclut que son intérieur est un immense brasier.

Ces grandes sources de chaleur, Dieu les a mises au service de l'homme. Il en est d'autres que l'homme produit lui-même quand il le veut, et qu'il gouverne à son gré. Seul, parmi tous les êtres créés, il sait allumer le feu et le plier à tous ses usages.

Un frottement rapide développe de la chaleur et fait naître le feu. Certains peuples sauvages n'ont pas d'autre moyen de se le procurer. Après avoir creusé un trou dans un morceau de bois tendre, ils mettent dans ce trou un bâton de bois dur, qu'il font tourner entre les deux mains. Après quelques minutes, la cha leur se dégage, on sent une odeur de brûlé, la fumée s'élève, le feu paraît. — Nos *allumettes chimiques* nous donnent le feu d'une manière semblable, mais avec beaucoup moins de travail. Ce sont de petits morceaux de bois léger, dont une extrémité est trempée d'abord dans du soufre fondu, puis dans une pâte de phosphore colorée en bleu ou en rouge. Un léger frottement enflamme le phosphore, la flamme gagne le soufre, et le bois brûle à son tour.

Les mêmes effets sont produits par la percussion, c'est-à-dire par des chocs imprimés à des objets résistants. Le briquet de nos grands-pères nous rappelle une application de ce moyen. Tenant de la main gauche un fragment de silex ou pierre à feu, de la droite ils en frappaient le bord avec un petit morceau d'acier. Ce chocs répétés avaient deux effets : ils détachaien quelques particules de la masse de l'acier, et en même temps ils dégageaient assez de chaleur pour faire rougir ces particules, lesquelles, reçues sur un corps léger tel que l'amadou, l'embrasaient à l'instant.

Après avoir disposé dans le foyer quelques morceaux de bois, ou jeté dans le poêle une pelletée de charbon, vous approchez une allumette. Aussitôt ce bois et ce charbon prennent feu et se consument en produisant de la chaleur : c'est ce que l'on appelle *combustion*. Quelque temps après, vous ne trouvez plus qu'une pincée de cendres. Cette cendre est bien peu de chose en comparaison de la quantité de charbon consumé : où donc s'en est allé le reste ? Rien en ce monde ne s'anéantit, ne retourne à rien après avoir été quelque chose. L'homme, avec tous les moyens dont il dispose, ne pourrait ramener au néant un seul grain de sable. Comme le dit un poète,

> Qui ne sait pas créer ne sut jamais détruire.

Le bois, le charbon consumé ne sont donc pas anéantis. Que sont-ils devenus ? En quoi consiste le travail de la combustion ?

La combustion est une combinaison, comme parlent les savants, c'est-à-dire une alliance qui se forme entre le corps qui brûle et l'air environnant. Tout combustible, c'est-à-dire tout corps susceptible de brûler, cire, bougie, huile, bois, etc., contient du charbon. En prenant feu, il se décompose ; l'air qui passe à l'entour se décompose aussi ; ils se cèdent l'un à l'autre une partie des éléments dont ils sont formés : l'oxygène de l'air s'unit au charbon renfermé dans le combustible, et de cette union naît un nouveau gaz, l'*acide carbonique*, ou vapeur de charbon, qui se répand dans l'air, aussi invisible, mais aussi réel que le morceau de sucre fondu dans l'eau.

Cela vous explique pourquoi, quand nous voulons activer le feu, nous lançons avec un soufflet des bouffées d'air sur le combustible ; pourquoi nos cheminées sont construites de manière à produire un courant d'air continuel ; pourquoi enfin, si le feu vient à prendre dans une cheminée, il suffit, pour l'éteindre, d'en boucher l'entrée avec un drap mouillé : l'air ne pouvant plus y pénétrer, le feu doit bientôt s'éteindre, faute d'un aliment qui lui est indispensable.

QUESTIONNAIRE : Qu'est-ce que la chaleur ? — Comment se propage-t-elle ?

24. — Effets de la chaleur. Thermomètre.

Vous croyez peut-être que c'est le toucher qui doit
nous servir pour apprécier les changements de chaleur
que subissent les corps ; mais ce moyen serait insuffisant,
souvent même trompeur. D'abord, le toucher ne
pourrait s'exercer qu'entre des limites fort restreintes :
le contact d'un corps très chaud ou celui d'un corps
très froid produisent sur nous la même sensation
douloureuse. Ensuite, nos jugements ne sont ordinairement que des comparaisons : un corps nous paraît
plus chaud ou plus froid, s'il est plus chaud ou plus
froid que notre main. En voulez-vous une preuve?
Prenez deux verres, l'un contenant de l'eau glacée et
l'autre de l'eau chaude; plongez un doigt de la main
droite dans l'eau glacée et un doigt de la main gauche
dans l'eau chaude, puis versez le contenu des deux
verres dans un troisième, ce qui vous donnera de l'eau
ni chaude ni froide, et mettez alors vos deux doigts
dans cette eau : celui qui sort de l'eau chaude la trouve
froide, et celui qui sort de l'eau glacée la trouve chaude.
Le jugement que nous porterions dans les deux cas
serait donc faux. C'est pour une raison semblable que
l'eau d'un puits, que l'air d'une cave, dont la température [1] reste à peu près constante pendant toute
l'année, nous semblent chauds pendant l'hiver, et frais
pendant l'été.

Mais il y a un autre moyen que le toucher pour nous
faire apprécier la chaleur. On a remarqué que tout corps
qui s'échauffe *se dilate,* c'est-à-dire augmente de volume,
et tout corps qui se refroidit *se condense,* c'est-à-dire

[1] *Température,* degré de chaleur d'un corps.

diminue de volume. Sous l'action de la chaleur, les molécules qui composent un corps s'écartent un peu les unes des autres, et le corps prend un volume plus considérable, tout en conservant la même quantité de matière; sous l'action du froid, les molécules du corps se rapprochent, et le corps, occupant un moindre espace, a un volume moindre. Ce sont les gaz qui se dilatent le plus, et les corps solides qui se dilatent le moins; les liquides tiennent le milieu.

La force avec laquelle les corps se dilatent est extrême: rien ne peut lui résister. Lorsque, dans la construction d'une maison, on emploie une poutre en fer, il faut lui laisser à chaque bout une petite place pour s'allonger; autrement, en se dilatant, elle se courbera ou écartera un des deux murs. Les rails des chemins de fer ne se touchent pas; on laisse entre eux, à chaque bout, un petit intervalle de quelques millimètres. Les charrons, pour ferrer une roue de voiture, font le cercle de fer qui doit l'embrasser un peu plus petit que la circonférence de la roue; puis ils le font chauffer: la roue peut alors entrer dedans; on l'arrose immédiatement d'eau froide, et le métal refroidi serre le bois avec une grande force.

Le Panthéon ou église Sainte-Geneviève menaçait ruine: ses murailles écartées inclinaient en dehors. Que fit-on? A l'intérieur, d'un mur à l'autre, on établit de fortes traverses de fer qui se terminaient extérieurement par des écrous [1]. Ces traverses fortement chauffées s'allongeaient; on serrait les écrous; le refroidissement les raccourcissait ensuite, et rapprochait doucement les murailles. Répétée plusieurs fois, cette opération sauva de la ruine un des plus beaux édifices de Paris.

Qui ne connaît les thermomètres, ces petits appareils destinés à mesurer la température des corps ou des appartements? Ils sont fondés sur le même principe, savoir, que plus un corps s'échauffe, plus son volume

---

(1) *Écrou*, pièce qui s'ajuste à une vis.

augmente; d'où il suit que l'on pourra juger de sa température par l'accroissement de son volume.

Le thermomètre se compose d'un tube ou tuyau de verre, percé d'un canal très fin, et terminé au bas par un petit réservoir. Il y a dans le réservoir de l'alcool ou esprit de vin coloré en rouge pour être plus visible. Naturellement ce liquide, selon qu'il fait plus chaud ou plus froid, prend plus ou moins de volume, et, par suite, monte ou descend dans le canal du tube. Si vous placez l'instrument dans un vase rempli de glace fondante, la liqueur rouge descend à un certain niveau marqué 0 (zéro); si vous le plongez dans l'eau bouillante, elle s'élève jusqu'à un point marqué 100 L'intervalle compris entre les deux points 0 et 100 est divisé en cent parties égales appelées *degrés*. Au-dessous du zéro, les degrés s'écrivent ordinairement en les faisant précéder du signe —, par exemple : — 8, ce qui se lit *Moins huit degrés*, ou : *Huit degrés au-dessous de zéro*. Quelques-uns disent : *Huit degrés de froid*, ce qui est moins correct, car le froid à proprement parler n'existe pas ; c'est tout simplement une diminution de chaleur. Ces degrés sont marqués sur une planchette à laquelle l'appareil est adapté.

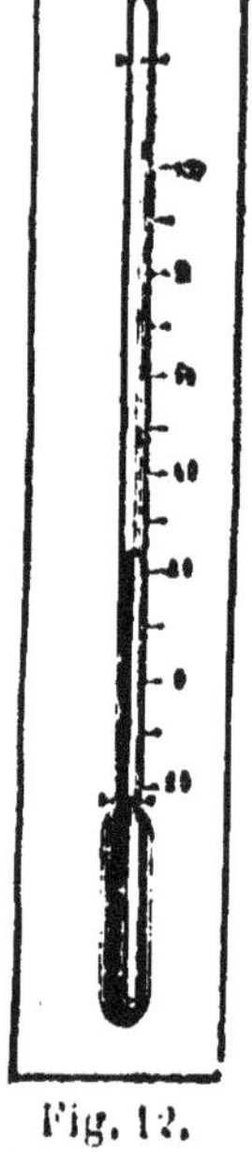

Fig. 12.
Thermomètre.

Dans notre climat du nord de la France, le thermomètre ne dépasse guère en été 30 degrés ; en hiver, .es plus grands froids le font descendre jusqu'à 15 ou 16 degrés au-dessous de zéro (*D'après J. Leclerc*).

25. — Conductibilité.

Vous tenez entre vos doigts, sans vous brûler, un morceau de bois très court dont une extrémité est enflammée, mais vous ne saisiriez pas impunément une barre de fer de même longueur dont un bout serait chauffé jusqu'au rouge. Cet exemple familier vous montre que la chaleur ne se propage pas avec la même vitesse dans toutes les substances. Il y a des corps qui se laissent facilement pénétrer par elle, qui la *conduisent* bien; il en est d'autres qu'elle pénètre difficilement, qui la *conduisent* mal. Les premiers sont appelés *bons conducteurs* : tel est le fer et en général tous les métaux, l'argent surtout. Dans une tasse remplie d'un liquide très chaud, mettez deux cuillers, l'une d'argent, l'autre simplement argentée, vous aurez peine à tenir à la main la première, tandis que vous manierez aisément l'autre. Les seconds sont appelés *mauvais conducteurs* : tels sont le bois, le charbon, les pierres, le verre, surtout les corps pulvérulents [1], comme la cendre, la terre, la neige, ou filamenteux [2], comme la soie, le coton, la laine.

Ainsi la conductibilité est la propriété qu'ont les corps de se laisser plus ou moins facilement pénétrer par la chaleur.

Les substances liquides conduisent mal la chaleur; voilà pourquoi, pour faire bouillir de l'eau, on fait du feu au-dessous ou tout à côté du vase qui la contient. Si l'on s'avisait de ne faire du feu qu'au-dessus du vase, par exemple, sur une feuille de tôle qui en couvrirait l'orifice [3], l'ébullition [4] n'aurait pas lieu; vous allez comprendre la raison de cette différence.

Qu'arrive-t-il quand le foyer est allumé au-dessous du vase? La couche la plus profonde s'échauffe, se dilate, devient plus légère et monte; mais elle est

---

(1) *Pulvérulents*, qui ont la forme de poussière (en lat. *pulvis*).
(2) *Filamenteux*, qui se composent de fils.
(3) *Orifice*, entrée, ouverture.
(4) *Ébullition*, action de bouillir.

aussitôt remplacée par la couche froide de la surface qui, étant plus lourde, descend et vient s'échauffer à son tour au contact du foyer [1]. Il s'établit ainsi un double courant, qui amène successivement toutes les parties du liquide au fond du vase et les expose l'une après l'autre à l'action du feu. L'eau, quoiqu'elle conduise mal la chaleur, finit donc par s'échauffer dans toute sa masse, et bouillir. — Supposez, au contraire, le foyer allumé au-dessus du vase : la couche superficielle [2] de l'eau s'échauffe, il est vrai ; mais comme, en s'échauffant, elle se dilate et devient plus légère, elle reste constamment à la surface. Aucun courant ne s'établit ; les couches inférieures ne viennent pas se mettre en rapport avec le foyer ; la seule chaleur qu'elles reçoivent est celle qui se transmet de proche en proche par l'effet de la conductibilité du liquide. Cette conductibilité étant très faible, l'eau ne s'échauffera donc que très lentement ; elle ne bouillira jamais.

Voici une curieuse application de ce qui précède. Si vous faites chauffer du café dans une cafetière à moitié ensevelie dans la cendre du foyer, le liquide pourra bouillir à la surface, tout en restant froid ou tiède au fond. La personne à qui vous verserez la partie supérieure, trouvera son café brûlant ; celle qui aura le fond du vase, le trouvera tiède. Nouvelle preuve que la chaleur se propage difficilement dans un liquide qui reste immobile.

Mais, de tous les corps, l'air et les autres gaz sont les plus mauvais conducteurs. Si les corps pulvérulents et filamenteux conduisent mal la chaleur, c'est à l'air retenu dans le réseau de leurs particules ou de leurs fils déliés, comme l'eau dans les innombrables cavités d'une éponge, qu'ils doivent principalement cette propriété.

---

(1) *Au contact du foyer,* en s'en approchant, en le touchant.

(2) *Superficielle,* placée au-dessus, à la surface.

conducteurs? — Pourquoi met-on le feu au-dessous du vase, et non au-dessus? — Comment pourrait-on avoir, dans la même cafetière, du café très chaud et du café tiède? — Comment les gaz conduisent-ils la chaleur?

26. — Conductibilité (Suite).

Que de faits ne pourrions-nous pas apporter à l'appui ou comme application des principes qui précèdent !

Le soir, vous couvrez de cendre un morceau de bois à demi consumé, et vous le retrouvez encore embrasé le lendemain. Ce résultat est dû à la cendre, matière pulvérulente. D'abord, en mettant le tison à l'abri de l'air extérieur, elle en a arrêté la combustion, et l'a empêché de se consumer ; ensuite, en s'opposant au rayonnement et par là même à la perte de sa chaleur, elle l'a conservé aussi ardent que la veille.

Dans mon enfance, lorsque les allumettes chimiques n'étaient pas encore inventées, les petites filles de mon village allaient quelquefois emprunter du feu chez le voisin, et rapportaient dans le creux de la main, sur une couche de cendre, un charbon allumé. La cendre, mauvaise conductrice, protégeait la main contre la chaleur du charbon.

Dans les contrées du Nord, la plupart des maisons sont construites, non en maçonnerie, mais en bois ; une double cloison de planches épaisses, dont l'intervalle est rempli de mousse ou de paille, forme les murs. Comme ces matières conduisent la chaleur beaucoup plus mal que la brique ou la pierre, il suffit d'un poêle toujours allumé pour conserver dans les habitations une douce température, malgré le froid rigoureux qui sévit au dehors.

La laine et les fourrures ne sont par elles-mêmes ni chaudes ni froides; un thermomètre plongé dans la plus molle fourrure ne monte pas. En quel sens dit-on que ces matières sont chaudes ? Parce qu'elles empêchent la chaleur naturelle de notre corps de se perdre, et par là même nous garantissent du froid. Elles remplissent d'autant mieux ce rôle, qu'elles emprisonnent plus d'air dans les mailles de leurs fils ou de leurs poils si ténus et si déliés ; elles opposent ainsi une barrière presque infranchissable au passage de la chaleur. L'étoffe qui tient le plus chaud n'est donc pas la plus lourde et la plus serrée, mais la plus moelleuse, celle qui loge et retient le plus d'air dans son épaisseur. Ajoutez que le vêtement doit être d'une ampleur suffisante, mais non exagérée : trop juste, il supprime ou diminue l'enveloppe d'air chaud qui doit se trouver entre lui et le corps ; trop large, il permet à cet air de s'échapper pour faire place à de l'air froid.

Les couvertures de nos lits, les édredons [1], les matelas, jouent le même rôle : ils nous tiennent chaud, non pas en nous procurant de la chaleur, mais en nous conservant celle que nous avons.

Plus on s'avance vers les régions du Nord, plus les plumes des oiseaux et le poil des animaux domestiques s'épaissit et s'allonge en hiver. Enfin nos oiseaux aquatiques [2], tels que l'oie et le canard, ont, sous leurs grosses plumes lustrées, un second vêtement formé du duvet le plus fin, le plus soyeux, le plus divisé en menus filaments, le mieux fait, en un mot, pour contenir un grand volume d'air dont le déplacement est impossible. Qui pourrait, à ces traits, ne pas reconnaître la main de la douce Providence pourvoyant au besoin de ses plus humbles créatures ?

L'observation et la raison nous ont appris la propriété du duvet ; mais les oiseaux, comment la connaissent-ils ? Qui leur a appris les lois de la chaleur [3] ? Pour bâtir la charpente, l'extérieur de leurs nids, ils emploient les méthodes et les matières les plus variées. L'un entrelace des bûchettes [4], l'autre tisse de fines

---

(1) *Édredons*, couvre-pieds remplis de plumes très fines.

(2) *Oiseaux aquatiques*, qui vivent dans l'eau, en latin *aqua*.

(3) Dans les sciences naturelles, on appelle *loi* l'ordre constant suivant lequel les faits s'accomplissent.

(4) *Bûchettes*, petites bûches, petits rameaux.

racines ; celui-ci feutre des mousses [1], celui-là devient maçon et gâche la terre [2]. Tout leur est bon pour le dehors du nid ; chacun, suivant sa spécialité, emploie les matériaux les plus divers et les met en œuvre [3] d'une façon différente. Mais pour l'intérieur, c'est autre chose : comme d'un commun accord, ils ne le composent que d'un petit nombre de matériaux choisis entre mille. Dans le matelas destiné à la jeune couvée, ils ne font entrer que le coton, la bourre, la laine, les plumes, le duvet, c'est-à-dire les corps les plus mauvais conducteurs de tous. Pour entretenir dans le nid la chaleur nécessaire, soit à l'éclosion de leurs œufs, soit à leurs petits nus et frileux, ils ne feraient pas mieux, guidés par la science.

D'où vient ce merveilleux instinct qui dit au pinson les secrets les plus savants de la chaleur, conseille à l'hirondelle de matelasser de duvet le nid de terre maçonné sous le bord du toit ? Si c'est folie que de nier la lumière en plein soleil, ne serait-ce pas une folie tout aussi grande que de mettre en doute l'action de l'Être infiniment bon dont tout nous parle, même le nid du plus petit oiseau ?

(D'après H. Fabre et Laurent de Jussieu.)

---

27. — Chaleur lumineuse, chaleur obscure.

On distingue deux sortes de chaleur : la chaleur lumineuse et la chaleur obscure. La première est celle que la lumière accompagne ; telle est la chaleur du

---

(1) *Feutrer*, fouler et presser ensemble les mousses, pour en faire une espèce d'étoffe appelée *feutre*.

(2) *Gâcher*, délayer dans l'eau.

(3) *Les met en œuvre*, les dispose, en fait une œuvre, savoir la charpente de son nid.

soleil, et celle que rayonnent [1] la flamme et le fer chauffé au rouge. La seconde est celle que la lumière n'accompagne pas; telle est la chaleur du corps, d'un poêle fermé. Or l'air et le verre, qui arrêtent au passage la chaleur obscure, laissent passer la chaleur lumineuse, qui les traverse à peu près sans obstacle.

Placez-vous derrière les carreaux d'une fenêtre où donne le soleil, vous éprouverez la même impression de chaleur que si, ouvrant la fenêtre, vous receviez directement les rayons solaires. Une lame de verre n'arrête donc pas la chaleur de cet astre. Elle arrête fort bien, au contraire, la chaleur obscure. Vous passez dans la rue et vous vous approchez d'une fenêtre donnant sur un appartement fortement chauffé, sans ressentir en rien la chaleur de cet appartement.

Les jardiniers, au printemps surtout, couvrent d'une cloche de verre leurs jeunes plants. Qu'arrive-t-il? La chaleur lumineuse du soleil traverse facilement le verre et s'accumule à l'intérieur; une fois entrée, elle devient obscure, et, ne pouvant plus sortir, s'y conserve la nuit pour faire croître la plante.

Voulez-vous mettre à l'abri des chaleurs de l'été un appartement exposé au soleil ? Si vous fermez les vitres seules, la chaleur entre et ne peut plus sortir: vous avez une véritable étuve [2]; si vous fermez les persiennes seules, vous avez la chaleur du dehors, avec le renouvellement de l'air en moins. Mais fermez les persiennes et les vitres: la couche d'air comprise entre les deux formera une source de chaleur obscure, et cette chaleur ne traversera pas le verre.

L'air, avons-nous dit, arrête la chaleur obscure et laisse passer la chaleur lumineuse, spécialement celle que rayonne le soleil. Vous allez voir qu'il en doit être ainsi, et qu'il y a là un trait de plus de la sagesse infinie de Dieu.

Si l'air arrêtait la chaleur lumineuse du soleil, cette

---

(1) *Rayonner*, ici, lance- autour de sol (verbe actif).

(2) *Étuve*, lieu clos, fortement chauffé.

chaleur commencerait par échauffer les couches supérieures de l'atmosphère, et serait presque déjà refroidie
quand elle arriverait jusqu'à nous. Mais c'est précisément le contraire qui a lieu; l'observation démontre
que la température décroît à mesure qu'on s'élève plus
haut ; les régions élevées de l'atmosphère, quoiqu'un
peu plus rapprochées du soleil, sont toujours extrêmement froides.

Si l'air n'arrêtait pas la chaleur obscure, la terre
fortement échauffée pendant le jour se refroidirait subitement au coucher du soleil; à un jour brûlant succè-
derait une nuit glaciale : ni l'homme, ni les animaux, ni
même les plantes ne pourraient résister à de si brusques
variations de température.

Quand nous disons que l'air *arrête* la chaleur obscure,
l'expression est un peu exagérée ; il ne lui oppose qu'un
obstacle insuffisant, et par conséquent ralentit seulement le refroidissement, sans l'empêcher tout à fait.
Mais c'est là encore un bien pour nous. Car, si l'air
était pour la chaleur obscure une barrière infranchissable,
nous n'aurions plus la fraîcheur des nuits ; la chaleur
envoyée chaque jour par le soleil irait s'accumulant sur
la terre et la changerait bientôt en une fournaise
ardente.

QUESTIONNAIRE : Qu'entend-on par chaleur *lumineuse*, chaleur *obscure?*
— Ces deux sortes de chaleur se propagent-elles également à travers
l'air et le verre ? — Pourquoi la chaleur qui entre sous une cloche de
jardinier n'en peut-elle plus sortir ? — Comment met-on une chambre
à l'abri des chaleurs de l'été ? — Qu'arriverait-il si l'air arrêtait la
chaleur lumineuse et laissait passer la chaleur obscure ?

---

28 — Électricité.

Prenez un bâton de cire d'Espagne ou cire à cacheter;
frottez-le vivement avec une peau de chat ou un morceau
de drap, puis approchez-le d'un corps léger, tel que
des barbes de plume, des brins de paille, de faibles

rognures de papier, de petites balles de sureau : voici que ces objets s'élancent comme s'ils étaient vivants et vont se coller contre la cire d'Espagne. Recommencez l'expérience à plusieurs reprises : chaque fois la barbe de plume ou le brin de paille se soulève seul, part et va se coller contre le bâton.

Ainsi voilà un morceau de cire qui tout à l'heure n'attirait pas le papier et qui l'attire maintenant. Le frottement sur le drap a donc développé en lui une propriété nouvelle, une force qui, pour être invisible, n'en est pas moins très-réelle, puisqu'elle soulève le papier, l'attire sur la cire et l'y maintient quelques instants collé. Les savants ont donné à cette force le nom *d'électricité* ou *fluide électrique* [1].

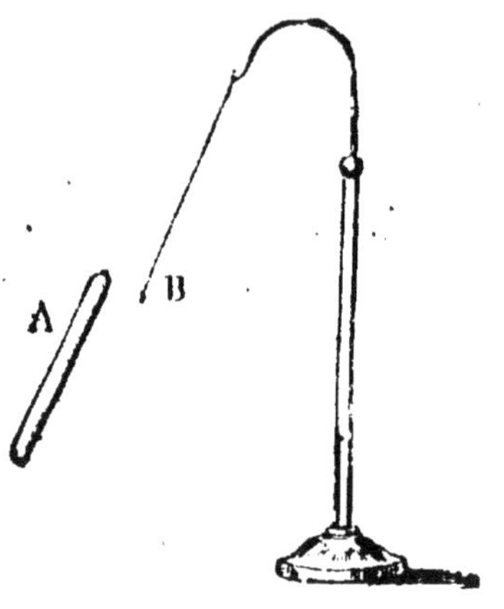

Fig. 13.   A bâton de cire.
B balle de sureau.

Un tube de verre, un bâton de résine ou de soufre se comportent comme la cire. Vous y ferez également naître de l'électricité, si vous les frottez avec un morceau de laine ou de soie.

Mais si vous frottez de la même manière une tige de fer que vous tenez à la main, le phénomène ne se produira pas : les menus objets mis à sa portée resteront immobiles. — Le fer est-il donc rebelle à l'électricité ? Non ; car si vous tenez la tige par un manche de verre ou une poignée de soie, aussitôt morceaux de papier et barbes de plume se précipitent sur elle comme sur le bâton de cire.

Toutes les substances, quelles qu'elles soient, peuvent donc développer de l'électricité ; mais il arrive, par rapport à ce phénomène, quelque chose de semblable à ce que nous avons vu au sujet de la chaleur : pour

(1) Les anciens savaient que l'ambre, quand il a été frotté, attire les corps légers. L'ambre en grec s'appelle *electron ;* de là le nom d'*électricité* donnée à la cause inconnue de ce phénomène.

l'électricité aussi il y a des corps bons conducteurs et des corps mauvais conducteurs. Au nombre des premiers figurent les métaux, les liquides, le corps de l'homme et celui des animaux, la pierre, etc.; les seconds sont le verre, la cire d'Espagne, le soufre, la soie, l'air quand il est sec, etc. Dans les corps qui la conduisent bien, l'électricité circule avec une vitesse prodigieuse, qui surpasse même celle de la lumière; ainsi, à mesure que le frottement la développe dans une tige de fer, elle passe de la tige dans le bras de celui qui la tient, et de là va se perdre dans le sein de la terre. Au contraire, les corps qui la conduisent mal, la retiennent et la conservent quelque temps accumulée à leur surface.

De ces observations et de plusieurs autres que nous ne pouvons rapporter ici, les savants ont déduit la théorie suivante [1] :

Il existe dans tous les corps deux fluides électriques qui, combinés ou unis ensemble, se neutralisent, c'est-à-dire s'annulent réciproquement et ne produisent aucun effet : ils sont comme s'ils n'existaient pas. Dans cet état, qu'on appelle état naturel des corps, l'électricité est neutre ; elle n'attire ni ne repousse. Mais cette électricité neutre ou combinée vient-elle, par une cause quelconque [2], à être décomposée en ses deux éléments, ces derniers cessent de se faire équilibre, de s'annuler; le corps qui a été soumis à la cause décomposante manifeste des propriétés électriques ; il est, comme on dit, *électrisé*. De ces deux fluides, l'un a reçu le nom de *fluide positif*, l'autre celui de *fluide négatif*.

Tout corps peut être électrisé positivement ou négativement, c'est-à-dire que, par des moyens convenables, on peut amener à sa surface tout le fluide négatif ou tout le fluide positif qu'il possède. Une fois séparés, ces deux fluides ont une tendance d'une extrême violence à se combiner, à se réunir de nouveau. Mettez en contact, ou seulement en présence, deux corps chargés

---

[1] *Théorie*, système, ensemble d'idées ou de principes qui résultent des faits et les expliquent.

[2] Outre le frottement, beaucoup d'autres causes développent l'électricité.

d'électricité contraire, aussitôt le fluide positif de l'un et le fluide négatif de l'autre se précipitent pour s'unir. Si, au contraire, vous mettez en présence deux corps chargés de la même espèce d'électricité, ils se repoussent immédiatement.

QUESTIONNAIRE : Qu'est-ce que l'électricité? Indiquez quelques moyens de la produire? — Tous les corps conduisent-ils également l'électricité? — Qu'appelle-t-on fluide électrique positif? négatif? — Comment ces deux fluides se comportent-ils l'un vis-à-vis de l'autre.

29 — L'étincelle électrique. La foudre.

Si vous approchez une tige de métal d'un corps électrisé positivement, le fluide négatif de la tige et le fluide positif du corps électrisé se trouveront en présence, s'attirant mutuellement. Cette attraction pourra devenir plus forte que la résistance de l'air qui les sépare : alors ils se combineront à travers l'air, en produisant un petit bruit sec et un trait lumineux très vif et très brillant, d'un blanc tirant sur le bleu, en forme de zigzag. C'est *l'étincelle électrique.*

Ce bruit sec, qui rappelle en petit celui du tonnerre, ce trait lumineux semblable aux zigzags éblouissants des éclairs, inspirèrent aux savants du dernier siècle l'idée que la foudre pourrait bien n'être que de l'électricité développée en grande abondance au sein des nuages. Le célèbre Franklin [1] s'en assura par une expérience aussi curieuse que hardie. Il avait découvert peu de temps auparavant que l'électricité s'écoule plus facilement par les corps terminés en pointe, et par suite que ces corps ont une vertu plus grande pour attirer l'électricité contraire. Partant de ce principe, il lança dans un nuage où grondait le tonnerre, un cerf-volant terminé par une pointe de métal et attaché au sol par une corde. Bientôt le fluide électrique du nuage se communique à la pointe

____

(1) *Franklin* savant et homme d'État d'Amérique, mort en 1790.

descend le long de la corde et fait jaillir de nombreuses étincelles La nature de la foudre était découverte: la foudre a pour cause l'électricité.

Quand deux nuages chargés, l'un d électricité positive, l'autre d'électricité négative, se trouvent en présence, aussitôt ces deux électricités contraires accourent au-devant l'une de l'autre pour se rejoindre et se combiner, et jaillissent avec fracas sous la forme d'un trait de feu, qui jette une vive lueur. Cette lueur, c'est l'*éclair;* ce trait de feu, c'est la *foudre;* ce fracas qui accompagne l'explosion, c'est le *tonnerre.*

D'autres fois, c'est entre un nuage et la terre que la foudre jaillit. Qu'un nuage orageux, c'est-à-dire fortement chargé de fluide électrique, passe à une faible hauteur, aussitôt, sous son influence, se développe à la surface du sol l'électricité contraire. Comme désireuse de se rapprocher du nuage qui l'attire, cette dernière gagne les points les plus saillants du sol, la cime d'un arbre, le sommet d'un édifice, et s'y accumule. Enfin le rapprochement a lieu: les deux électricités se rencontrent; un trait de feu foudroie l'arbre ou l'édifice, et un coup de tonnerre annonce au loin ces terribles convulsions de la nature.

Vous connaissez le dicton: *Rapide comme l'éclair.* C'est la comparaison la mieux choisie pour donner l'idée d'une chose qui apparaît et disparaît aussitôt. Un éclair lance parfois son jet embrasé sur une étendue de deux à trois lieues; eh bien, la durée de cette brillante apparition est si courte, qu'elle compte à peine dans le temps; au dire des savants, elle est moindre qu'un millionième de seconde. Un fait peut vous le faire comprendre. Si, dans une nuit sombre, un éclair illumine tout à coup un train rapide de chemin de fer, roues et wagons paraissent immobiles. La lueur est si prompte que, pendant sa durée, il ne se produit aucun mouvement appréciable.

Les effets de la foudre sont aussi variés que terribles; mais ce sont les parties du sol les plus rapprochées du nuage orageux qu'elle frappe ordinairement. Voilà pourquoi elle porte le plus souvent ses coups sur les montagnes, sur les animaux et les arbres isolés au milieu des plaines, sur les clochers des églises, etc. Si elle tombe sur des matières combustibles, elle y met ordinairement le feu et détermine des incendies, lesquels, contrairement à une opinion répandue, quoique allumés par le *feu du ciel*, s'éteignent aussi facilement et par les mêmes moyens que les autres. Les métaux étant les meilleurs conducteurs du fluide électrique, sont frappés de préférence par la foudre. Elle les rougit, les fond ou même les réduit en vapeurs. Une grosse chaîne de fer qui servait dans un moulin à monter les sacs de blé, fut tellement échauffée et ramollie, que ses anneaux, soudés ensemble, formèrent une tige rigide. Pendant un orage, une dame étend les mains pour fermer sa fenêtre : un coup de tonnerre lui enlève son bracelet et le volatilise si complètement, qu'on n'en retrouva aucune trace. On a vu des pièces de monnaie fondues dans une bourse de soie, sans que la bourse fût endommagée.

Lorsque la foudre tombe sur les hommes ou sur les animaux, elle les tue ou se contente de les étourdir et de les frapper de paralysie. La personne foudroyée porte souvent des marques de brûlure; d'autres fois elle n'a aucune blessure apparente, ses vêtements seuls sont détruits; tantôt elle meurt sur place, tantôt elle est lancée au loin.

Malgré les terribles, mais rares accidents que les orages occasionnent, gardons-nous bien de les considérer comme des phénomènes funestes, soit à la terre, soit aux animaux. Ils sont, au contraire, un des puissants moyens que Dieu emploie pour assainir l'atmosphère. Aussi, à peine ces feux éblouissants qui nous faisaient pâlir de frayeur se sont-ils éteints, que nous éprouvons un sentiment de bien-être; la nature semble reprendre une vie nouvelle; toutes les poitrines se dilatent pour respirer un air plus pur; les plantes boivent avidement les eaux bienfaisantes tombées du sein de la nue; le doux éclat d'un soleil radieux nous fait trouver nos campagnes plus belles et comme parées d'une nouvelle jeunesse. La grande voix de l'orage proclame donc, non seulement la puissance, mais aussi la bonté du Maître de l'univers.

30. — Précautions contre la foudre. Paratonnerre.

Dans nos climats, les risques d'être frappés par le feu du ciel sont tout à fait insignifiants ; nous pouvons les diminuer encore par de sages précautions.

Êtes-vous dans une maison pendant l'orage, il sera prudent d'en fermer les fenêtres. Vous serez moins exposé au milieu des appartements que près des murs et autres corps solides, surtout en métal, tels que les fils de sonnettes. Tenez-vous éloigné des portes et des cheminées ; c'est presque toujours par la cheminée que la foudre entre dans un appartement.

Le danger d'être frappé est beaucoup plus grand en rase campagne. Si vous êtes surpris par un orage au milieu des champs, gardez-vous bien d'aller chercher, sous les arbres ou les meules de blé ou de foin, un abri contre la pluie. Tous ces points saillants, où l'électricité s'accumule de préférence, sont plus exposés que les autres. On cite chaque année de nombreux exemples de personnes foudroyées sous des arbres.

Malheur au sonneur imprudent qui sonnerait les cloches quand il tonne ! Les clochers, par leur élévation et par les métaux qui s'y trouvent, attirent aussi la foudre. Si elle tombe sur un village, ce sera le plus souvent sur le clocher.

Quelques-uns vous défendront peut-être de courir

pendant l'orage, parce que le mouvement imprimé à l'air pourrait attirer la foudre. Mais le mouvement de l'air ne paraît avoir aucune influence sous ce rapport. La preuve en est que les convois de chemins de fer, qui courent si vite et déplacent l'air avec tant de violence, ne sont jamais frappés.

Les édifices élevés, plus menacés que les autres, sont protégés contre les dangers de la foudre par les *paratonnerres*, cette merveilleuse invention de Franklin. Le paratonnerre est une grande aiguille de fer fixée au sommet de l'édifice que l'on veut préserver, et communiquant au sol par une tringle du même métal, qui descend le long du toit et des murs, et vient plonger dans le sol humide ou mieux dans un puits profond.

Supposons maintenant qu'un nuage orageux, électrisé positivement, arrive au-dessus de l'édifice. Sous l'influence du fluide positif du nuage, l'électricité neutre du sol et de l'édifice se décompose : tandis que le fluide positif est repoussé dans le sol, le fluide négatif, attiré au sommet de la tige du paratonnerre, s'écoule par la pointe pour se réunir au fluide positif du nuage, qu'il neutralise peu à peu. Ces deux courants, l'un vers la terre, l'autre vers le nuage, n'éprouvant aucun obstacle, l'électricité ne s'accumulera pas sur la tige métallique, il n'y aura pas de tension, et par conséquent pas de décharge : la foudre ne tombera pas. C'est le cas ordinaire. Elle ne tomberait que si l'écoulement n'était pas assez rapide ; mais l'édifice n'en éprouverait aucun dommage, car elle suivrait le chemin qui lui est offert le long de la tige métallique et irait se perdre dans les profondeurs de la terre.

31. — Aimant. Boussole.

Il existe dans la nature des corps qu'on appelle *aimants*. Ce sont des pierres rougeâtres, ferrugineuses, c'est-à-dire contenant du fer en grande quantité, et douées de la propriété d'attirer à elles le fer. On a donné à cette propriété le nom de *magnétisme* [1].

Il y a dans l'île d'Elbe [2] une montagne, appelée le mont Calamita, qui est une grosse pierre d'aimant dont on détache sans cesse des morceaux.

En frottant un barreau d'acier sur une pierre d'aimant, on lui communique la vertu de cette dernière. Alors le barreau d'acier devient ce qu'on appelle un aimant artificiel [3], et il agit absolument comme l'aimant naturel : il enlève des aiguilles, des morceaux de fer plus ou moins gros, selon sa propre grosseur. On donne ordinairement aux aimants artificiels la forme d'un fer à cheval.

Ce n'est pas la seule propriété de l'aimant.

Suspendez à un fil ou fixez sur un pivot un barreau d'acier aimanté, de manière qu'il puisse se mouvoir librement, il tourne et se meut jusqu'à ce qu'un de ses bouts soit dirigé vers le nord et l'autre vers le sud.

Cette propriété qu'a l'aimant de se diriger dans le sens des pôles de la terre a donné naissance à la

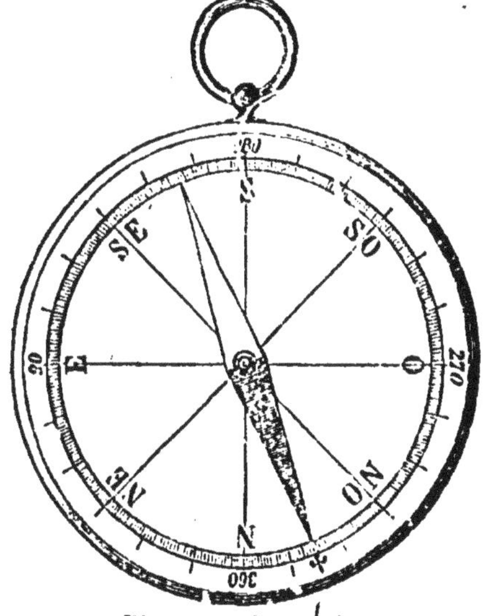

Fig. 14. Boussole.

boussole. Cet instrument si précieux pour les marins consiste en une boîte renfermant une aiguille aimantée

(1) Les anciens Grecs appelaient l'aimant *magnès*, d'où *magnétisme*.
(2) *Ile d'Elbe*, dans la Méditerranée à l'O. de l'Italie.
(3) *Artificiel*, fait par l'art ou l'industrie de l'homme.

qui tourne librement sur un pivot. Le pivot est placé au milieu d'un cercle sur lequel sont marqués les points cardinaux et tous les points intermédiaires. Un regard fixé sur l'aiguille, toujours dirigée du sud au nord, avertit le pilote de la direction qu'il suit, et lui fait connaître s'il doit en changer pour arriver au but qu'il se ut atteindre.

Ce sont les Chinois, dit-on, qui ont découvert la propriété de l'aiguille aimantée de se tourner toujours vers le nord. Au moyen âge, les Arabes la firent connaître aux Italiens, et l'un de ces derniers, au XIII° siècle, créa la boussole en plaçant la merveilleuse aiguille sur un pivot et en renfermant le tout dans une petite boîte, *bossolo* en italien, d'où le nom de *boussole*.

Dans l'antiquité, les navigateurs n'ayant pour se diriger sur l'immensité de l'Océan que le ciel souvent obscur, que les étoiles souvent cachées, osaient à peine se hasarder en pleine mer. Ceux des temps modernes, avec l'inappréciable secours de la boussole, quittent hardiment le rivage, visitent des contrées inconnues et découvrent des mondes nouveaux.

QUESTIONNAIRE : Qu'appelle-t-on *aimant?* aimant *artificiel?* — Quelle est la propriété de l'aimant ? — Qu'est-ce qu'une boussole ? A quoi sert-elle ? Faites-en l'histoire.

TROISIÈME PARTIE

LA TERRE ET L'EAU

---

32. — Le Globe terrestre.

La planète que nous habitons présente trois parties distinctes, dont l'une est solide, l'autre liquide et la troisième gazeuse.

La partie solide est celle que l'on désigne plus particulièrement sous le nom de terre. La partie liquide, ou l'eau, est répandue sur la partie solide dont elle remplit les anfractuosités, c'est-à-dire les déchirures et les enfoncements; elle couvre environ les trois quarts de la terre. Enfin la partie gazeuse, l'air ou l'atmosphère, constitue autour des deux autres une enveloppe transparente dont l'épaisseur est d'environ 70 kilomètres; c'est là que se forment les nuages. On donne le nom de globe terrestre à ces trois parties réunies.

La terre offre la figure d'une boule. Dieu aurait pu lui en donner une autre, celle d'un cube par exemple [1] : pourquoi l'a-t-il créée en forme de globe ? Afin qu'elle pût, sur tous les points de sa surface, être habitée par des créatures vivantes. Dieu n'aurait point atteint ce but, si les habitants de la terre n'avaient pas trouvé partout un degré suffisant de chaleur et de lumière, et si l'eau n'avait pu facilement se répandre en tous lieux. Grâce à la rondeur de la terre, aucun de ces inconvénients n'existe ; l'eau, la lumière et la chaleur, ces

---

(1) *Cube*, corps solide qui a six faces carrées égales, par ex. un dé à jouer.

trois choses indispensables à la vie, se distribuent et circulent partout à sa surface.

La terre nous apparaît, tantôt hérissée de hautes montagnes, tantôt creusée en vallées profondes ; mais ces inégalités, quelque considérables qu'elles nous semblent, lorsque nous les comparons aux objets qui nous entourent habituellement, ne sont en réalité que des rides insignifiantes, si nous tenons compte des dimensions de notre globe. Elles altèrent beaucoup moins la régularité de sa surface, que les rugosités [1] de son écorce n'altèrent la forme d'une orange.

Ce n'est qu'au siècle dernier qu'on a songé à étudier la masse même de la terre. Cette science encore nouvelle se nomme *Géologie* [2], et les savants qui s'en occupent *Géologues*. Non contents de décrire les divers matériaux qui constituent la masse de notre globe, ils en ont observé la distribution et l'arrangement, et, ces premiers résultats une fois acquis, ils ont tenté d'expliquer la formation même de la terre. Leurs recherches nous ont révélé des faits intéressants, auxquels nos jeunes lecteurs ne doivent pas rester étrangers.

QUESTIONNAIRE : De quoi se compose le globe terrestre? — Quelle est la forme de la terre? — Pourquoi Dieu a-t-il voulu lui donner cette forme? — La terre est-elle parfaitement unie? — Qu'est-ce que la *Géologie?*

---

33. — Structure de la terre. Chaleur centrale.

La première chose que nous apprend la géologie, c'est que les matériaux dont se compose la terre ne sont pas entassés pêle-mêle, en masse confuse, mais qu'ils sont disposés avec des marques évidentes

---

(1) *Rugosité*, inégalité qui fait qu'une surface, au lieu d'être *unie*, est *raboteuse :* du latin *ruga, ride.*

(2) *Géologie* du grec *gé*, terre, et *logos*, science : science de la terre.

d'ordre et d'arrangement. Il suffit, pour nous en convaincre, de contempler un instant les parois d'une carrière[1] ou le flanc dénudé[2] d'une montagne. Ainsi, dans une carrière, nous voyons communément, d'abord un lit de calcaire[3], au-dessus un lit de sable, et plus haut encore un lit d'argile, que recouvre un lit de terre végétale appelée *humus*. Le calcaire lui-même ne forme pas une masse compacte, mais il est distribué en lits successifs, assez semblables aux assises de maçonnerie dans les constructions. Une grande partie de l'écorce terrestre est distribuée ainsi en couches successives. Ces couches se composent de diverses substances, telles que l'argile, la craie[4], le calcaire, le sable, les cailloux, les grès, les marbres, les ardoises, la houille ou charbon de terre, etc. Elles paraissent avoir été lentement déposées par les eaux. Dans chacune d'elles se trouvent des restes de végétaux et d'animaux qu'on nomme *fossiles*[5]. Ce sont des troncs d'arbres, ou simplement des empreintes de fleurs ou de fruits, des os, des coquilles, et quelquefois, mais seulement dans les couches supérieures, des animaux tout entiers et bien conservés, plus ou moins semblables à ceux qui vivent avec nous. Au-dessous de ces assises, viennent des roches plus dures, telles que le granit, qui ne sont plus distribuées par couches régulières, mais qui forment des blocs de formes et de volumes divers. Ces roches paraissent venir de matières réduites à l'état de fusion par une chaleur intense[6], et solidifiées[7] ensuite par le refroidissement ; elles ne renferment aucun fossile.

Un autre fait constaté par les géologues, c'est la chaleur centrale du globe terrestre.

Quand on pénètre dans une de ces excavations,

---

(1) *Carrière*, excavation d'où l'on extrait des pierres, des cailloux, etc.

(2) *Dénudé*, mis à nu, d'où l'on a enlevé le gazon et la petite couche de terre végétale qui recouvre partout la terre.

(3) *Calcaire*, pierre à bâtir, à faire de la chaux, *calx* en latin.

(4) *Craie*, calcaire tendre.

(5) *Fossile*, chose enfouie. Comparez *fosse*.

(6) *Chaleur intense*, vive, forte. État *de fusion*, état où un corps solide est fondu, rendu liquide.

(7) *Solidifiées*, durcies, redevenues solides.

appelées mines, creusées dans le but d'extraire les richesses que Dieu a mises en réserve dans les entrailles de la terre pour le service de l'homme, on s'aperçoit que la température s'élève [1] à mesure que l'on descend plus bas : l'accroissement est d'un degré environ par 30 mètres ; à 1200 mètres, c'est-à-dire à la plus grande profondeur où l'homme soit jamais parvenu, le thermomètre marque 40 degrés : c'est la température des régions les plus chaudes du monde. Si cette progression est toujours la même, et s'il était possible de creuser jusqu'à 3 kilomètres, on trouverait la température de l'eau bouillante. A 2 ou 3 lieues de profondeur, la chaleur serait celle du fer rouge ; à 10 lieues, tous les corps connus seraient en pleine fusion. D'après cela, la plupart des savants se représentent la terre comme formée d'un globe de matières liquéfiées par le feu et d'une mince écorce solide, d'une faible enveloppe, qui, par rapport à la masse centrale, pourrait se comparer à la coque d'un œuf.

L'existence de la chaleur centrale du globe est confirmée par la température de l'eau des *puits artésiens* et celle des *eaux thermales*.

On appelle puits artésien [2] un trou cylindrique [3] percé dans le sol, à l'aide de fortes barres de fer ajustées bout à bout, jusqu'à la rencontre de quelque nappe d'eau souterraine [4]. Le forage achevé [5], l'eau remonte à la surface du sol avec la température qu'elle avait dans ces profondeurs. L'un des plus remarquables de ces puits est celui de Grenelle [6], qui descend à un peu plus d'un demi-kilomètre : or l'eau qu'il fournit a constamment 28 degrés de chaleur.

Les eaux ou sources *thermales*, c'est-à-dire *chaudes*, sont des sources naturelles qui, au sortir du sol,

(1) Cette élévation ne se fait sentir qu'à partir de 30 mètres de la surface du sol. Jusque-là, la température, soumise à l'influence de la chaleur du soleil, varie selon les saisons.

(2) Les premiers de ces puits ont été percés en Artois.

(3) *Cylindrique*, en forme de cylindre, de tuyau de poêle.

(4) Il existe des fleuves souterrains, qui promenent leurs eaux sur des couches imperméables (que l'eau ne pénètre pas), telles que l'argile.

(5) *Forage* percement : de *forer*, percer.

(6) *Grenelle*, autrefois bourg près de Paris, maintenant dans Paris.

possèdent une température plus ou moins élevée ; quelques-unes atteignent le degré de l'ébullition. On les trouve ordinairement dans les pays de montagnes, par exemple dans les départements du Cantal et du Puy-de-Dôme. Il règne donc, à la profondeur d'où elles viennent, une chaleur capable de les rendre tièdes ou même bouillantes.

QUESTIONNAIRE : Comment les matériaux qui composent la terre sont-ils disposés? — Qu'appelle-t-on fossiles? — La température augmente ou diminue-t-elle à mesure qu'on s'enfonce dans le sein de la terre? — Qu'appelle-t-on *puits artésien? eaux* ou *sources thermales?*

---

34. — Montagnes. Tremblements de terre, Volcans.

Les matériaux en fusion au sein de la terre ont plus d'une fois rompu, disloqué et soulevé la mince écorce refroidie qui les sépare de nous. Ce sont ces soulèvements qui ont donné naissance aux montagnes.

Les tremblements de terre ont la même cause. On appelle ainsi des secousses, des ébranlements plus ou moins intenses que l'action du feu central imprime à la croûte terrestre. En général, un tremblement de terre ne dure que quelques secondes, et les effets ne s'en font sentir que sur un espace assez restreint ; mais il arrive aussi, surtout dans les pays de hautes montagnes, que les secousses durent plusieurs semaines et se propagent à d'assez grandes distances. Il y a des tremblements de terre à peine sensibles ; d'autres, au contraire, sont d'une violence prodigieuse. Ces derniers sont accompagnés de grondements souterrains qu'on a comparés à de lointaines détonations d'artillerie ou au fracas de voitures roulant sur un pavé inégal. La violence des secousses est parfois telle, que, non seulement elles renversent les édifices, mais encore elles bouleversent le sol jusque dans ses profondeurs, changent le cours des rivières, engloutissent des montagnes ou en font surgir de nouvelles.

L'année 1755 est célèbre pour avoir vu le plus terrible tremblement de terre qu'ait éprouvé l'Europe. Le 1er novembre, à neuf heures du matin, on entendit à Lisbonne [1] un bruit souterrain semblable à celui du tonnerre, et immédiatement après une secousse des plus violentes renversa la plus grande partie de la ville. Les secousses se succédèrent pendant six minutes, et, dans ce court espace de temps, plus de 60 mille individus trouvèrent la mort sous les ruines des églises et des maisons.

On entend par *volcans* des montagnes d'où s'élèvent des flammes, des vapeurs, des cendres, des matières embrasées ou à l'état de fusion, avec accompagnement de bruit, de chaleur et souvent de secousses plus ou moins fortes. Un volcan n'est autre chose qu'une fissure [2] qui met en communication l'intérieur de la terre avec l'extérieur, un soupirail par lequel s'échappe le trop-plein d'une force qui, sans cela, pourrait bouleverser la croûte solide de notre globe. La preuve en est que les tremblements de terre cessent aussitôt que les volcans voisins entrent en éruption [3].

Fig. 15.   Volcan.

La bouche par où le volcan vomit les matières nommées plus haut a la forme d'un cône, c'est-à-dire d'un entonnoir renversé, et s'appelle *cratère* ; les matières en fusion qu'il vomit se nomment *laves*. La lave, comme un fleuve de feu, roule le long des flancs de la montagne, consumant tout sur son passage ; refroidie, elle forme des roches plus ou moins dures.

---

(1) *Lisbonne*, capitale du Portugal.
(2) *Fissure*, fente, crevasse.

(3) Un volcan *entre en éruption* quand il se met à vomir, à lancer au dehors des flammes, des cendres, etc.

Les volcans ne lancent pas des feux continuels ; il
n'en sort pas toujours des laves. Pendant des siècles
entiers ils restent dans l'inaction et dans une sorte de
sommeil ; puis ils se réveillent tout à coup, se rallument
et engloutissent sous des torrents de lave les habitations
ou les villes construites dans le voisinage pendant
le temps de leur repos. Ainsi le Vésuve [1] était éteint
depuis longtemps, lorsque, sous le règne de Titus
(an 79 après J.-C.), il se ralluma subitement et ensevelit
sous une pluie de cendres et de boues liquides les villes de
Pompéia, aujourd'hui Pompéi, et d'Herculanum, dont on
a récemment découvert les curieuses ruines.

Il existait autrefois de nombreux volcans dans les
montagnes du centre de la France ; on voit encore leurs
cratères, connus sous le nom de *puys* ; mais ils sont
éteints depuis des siècles, et ils semblent fermés pour
toujours.

QUESTIONNAIRE : Comment les *montagnes* se sont-elles formées? —
Qu'est-ce qu'un *tremblement de terre?* — Parlez-nous de celui de
Lisbonne. — Qu'est-ce qu'un *volcan?* — Qu'appelle-t-on *cratère,*
lave? — Les volcans sont-ils toujours en éruption? — La France
a-t-elle des volcans?

---

35. — Origine et formation du globe terrestre.

La chaleur intérieure de la terre est si grande et la
croûte terrestre est si mince, qu'on est naturellement
amené à penser que cette croûte n'a pas toujours existé,
et qu'à une époque très reculée notre globe a dû être
une masse en fusion, circulant dans l'espace suivant
la route que Dieu lui avait marquée. Toute l'eau qu'il
renferme à présent, et qui compose ses mers et ses
fleuves, volatilisée alors, c'est-à-dire réduite en vapeur,
se trouvait, avec beaucoup d'autres gaz, mêlée à l'air

(1) *Vésuve,* volcan près de Naples (Italie).

et formait autour de la terre un épais rideau nuageux qui interceptait les rayons du soleil.

Après un nombre incalculable d'années et de siècles, la chaleur de ce globe errant dans les froides régions de l'espace céleste commença à s'abaisser ; sa surface se figea, devint solide et forma autour de la masse en fusion une pellicule [1] ou croûte peu épaisse. Les eaux, tenues jusque-là en suspension dans l'atmosphère à l'état de vapeur, purent enfin se liquéfier par le refroidissement ; elles se précipitèrent en pluies chaudes sur la terre naissante et la recouvrirent entièrement.

Aucun être vivant, aucune plante n'existait encore. « La terre, dit l'Écriture, était informe et nue [2] ; » « mais sur la surface de cet abîme planait l'Esprit de Dieu, » comme l'oiseau sur sa couvée, pour le rendre fécond et y préparer l'éclosion de la vie, et déjà, dégagé des lourds nuages qui l'obscurcissaient, l'air laissait passer les rayons du soleil : à la voix de Dieu, la lumière avait apparu à notre globe.

Cependant les vapeurs intérieures, cherchant à se frayer un passage à travers la croûte terrestre devenue plus ferme, soulevèrent cette croûte en divers points et formèrent les montagnes, les îles et les continents. Ainsi « la terre fut séparée des eaux, » qui s'écoulèrent dans les vastes bassins de la mer, dans les vallées profondes des fleuves et des rivières.

Dieu commande, et ce sol naissant, dans toute la fécondité de sa première jeunesse, se couvre de plantes gigantesques, d'algues et de fougères [3] qui, enfouies encore humides, entassées et pressées en masses compactes dans de mystérieuses profondeurs, deviendront plus tard le précieux combustible appelé *houille* ; en même temps les eaux se peuplent de zoophytes, de

---

(1) *Pellicule,* petite peau, du lat. *pellis,* peau.

(2) *Informe,* sans forme, à l'état de chaos, *et nue,* n'ayant pas encore reçu la riche parure dont la création du monde végétal et du monde animal devait bientôt la couvrir.

(3) *Algue,* plante qui croît dans la mer et que le mouvement des flots rejette sur le rivage. *Fougère,* plante dont les grandes feuilles sont très découpées.

mollusques, de crustacés [1], dont on retrouve chaque jour
les débris dans les couches les plus anciennes de
l'écorce terrestre. Les terrains où tous ces êtres ont
vécu, soulevés à des époques postérieures par la force
prodigieuse de la chaleur centrale, sont venus des profondeurs à la surface, et c'est ainsi que l'on a pu
étudier et connaître, par d'innombrables débris, ce qu'il
y avait dans ces assises primitives de notre globe.

D'autres bouleversements, d'autres créations successives suivirent ces premières créations et ces premiers
bouleversements : Dieu préparait ainsi la demeure de
sa créature privilégiée. Obéissant à la parole créatrice,
les poissons se multiplient au sein de l'Océan, les
oiseaux traversent et animent les plaines de l'air ; sur
la terre bondissent les animaux les plus parfaits, destinés à être les auxilliaires et les serviteurs de l'homme.
Enfin, quand tout est prêt pour le recevoir, que le sol
qu'il doit fouler est suffisamment affermi, que l'air qu'il
doit respirer est devenu assez pur, que le spectacle
d'une nature ravissante doit charmer son premier
regard, l'homme lui-même sort des mains divines et
reçoit du Tout-Puissant l'empire de l'univers.

Ce sont ces bouleversements et ces créations que
Moïse a consignés dans le récit de l'œuvre des six
jours [2]. Seulement, par le mot *jour*, il faut entendre de
longues périodes de temps pendant lesquelles le globe
terrestre, par des changements et des embellissements
successifs, a pris peu à peu l'aspect qu'il nous présente
aujourd'hui.

(1) *Zoophytes*, c'est-à-dire *animaux-plantes*, animaux très imparfaits, qui ont quelque chose de la forme et de la vie des plantes. *Mollusques*, animaux au corps mou, comme les huîtres et les moules : du latin *mollis*, mou. *Crustacés*, animaux revêtus d'une enveloppe pierreuse, comme les écrevisses, les crabes, les cloportes : du latin *crusta*, croûte.

(2) Le premier livre de la sainte Écriture, la *Genèse*, écrit par Moïse, raconte dans son premier chapitre comment Dieu créa le ciel et la terre en six jours.

los animaux ? l'hommo ? — Que faut-il entondre par le mot *jour* dans le récit que Moïse nous a laissé de la création ?

---

36. — L'eau.

L'eau est la substance la plus utile, et en même temps la plus commune et la plus répandue. Qui pourrait dire ses nombreux usages? Nécessaire à la vie de tous les êtres, des animaux comme des végétaux, elle fournit à l'homme la boisson la plus naturelle et la plus salutaire. Elle entretient la propreté du corps, celle de nos vêtements et de nos habitations. Elle figure au premier rang parmi les agents de l'industrie, fournissant par ses chutes une force mécanique [1] qui fait marcher nos moulins et nos usines. Réduite en vapeur, et, sous cette forme, douée d'une force prodigieuse, elle emporte avec rapidité nos trains de chemins de fer et met en mouvement les plus lourdes machines. L'eau enfin prête au commerce, pour le transport à bas prix des marchandises, son précieux concours; les rivières et les fleuves ont été appelés justement des chemins qui marchent ; à côté des cours d'eau naturels, il y a encore les canaux qui, creusés par la main et dirigés par le génie de l'homme, unissent l'un à l'autre des bassins que la nature avait séparés [2].

L'eau est un corps transparent, sans odeur et sans saveur [3]. Elle se présente sous trois formes : à l'état liquide : c'est l'eau proprement dite, telle qu'elle s'agite au sein des mers ou coule dans les rivières et les fleuves ; à l'état solide, lorsqu'elle est congelée par le froid : elle porte alors le nom de neige ou de *glace* ; enfin à l'état gazeux ou de vapeur : ce sont les nuages, les brouillards, etc.

L'eau se compose de deux substances gazeuses,

---

(1) *Chute d'eau*, eau qui, en tombant d'un certain niveau, fournit une *force mécanique*, c'est-à-dire capable de faire mouvoir une machine.

(2) Ainsi le canal du Midi ou du Languedoc joint le bassin du Rhône à celui de la Garonne.

(3) *Saveur*, goût.

savoir : l'*oxygène*, qui entre aussi dans la composition
de l'air, et l'*hydrogène*.

Comme tous les corps, l'eau se dilate par la chaleur
et se condense [1] par le froid. Mais elle présente, à
l'état liquide, une anomalie [2] singulière, c'est d'être
plus dense à 4 degrés au-dessus de zéro qu'à toute
autre température ; un litre d'eau pèse alors un kilogramme : c'est le poids de 770 litres d'air. A partir de
4 degrés, la chaleur et le froid la dilatent également
et son poids diminue. En passant à l'état de glace,
elle se dilate d'environ un dixième de son volume ;
comme alors elle pèse moins que l'eau liquide, elle
surnage. Et cela est fort heureux ; car, la glace se tenant
toujours à la surface, l'eau qui reste au-dessous se
trouve abritée et ne gèle pas, ce qui permet aux poissons de vivre. Si la glace était plus pesante que l'eau
liquide, elle descendrait au fond à mesure de sa formation,
et pour peu que le froid continuât, toute l'eau d'un
étang serait bientôt transformée en glace, ce qui amènerait la mort de tous les poissons.

QUESTIONNAIRE : Quelle est l'utilité de l'eau ? — Qu'est-ce que l'eau ? —
Sous quelles formes se présente-t-elle ? — Quels sont les deux gaz
dont elle se compose ? — A quelle température l'eau est-elle le plus
dense ? — Est-ce un bien que l'eau se dilate en passant à l'état de
glace ?

37. — La Mer.

On donne le nom de *mer* ou d'*océan* à l'immense
assemblage d'eaux salées qui environnent les continents,
et qui, en plusieurs endroits, pénètrent dans l'intérieur
des terres, où elles forment ce qu'on appelle des *mers
intérieures* [3].

Si l'on fait quatre parts égales de la surface entière

---

(1) *Se condense :* voyez l'explication de ce mot, p. 71.

(2) *Anomalie*, manière d'être ou d'agir qui diffère de ce qui se passe ordinairement.

(3) Comme la Méditerranée, la mer Rouge, etc.

du globe terrestre, la terre ferme occupe environ une de ces parties, et l'ensemble des mers occupe les trois autres.

La profondeur des mers varie entre 4 mille et 8 mille mètres ; c'est la hauteur des montagnes les plus élevées. Voulez-vous avoir une idée de la quantité d'eau que renferme la mer ? Vous connaissez le Rhône, le plus grand fleuve de la France ; un savant a calculé qu'aux époques où il roule avec plus d'abondance ses eaux limoneuses [1], il verse dans la Méditerranée cinq millions de litres d'eau par seconde. Eh bien, s'il conservait toujours cette majestueuse ampleur, il faudrait au grand fleuve plus de vingt millions d'années pour remplir tous les bassins de la mer.

La mer est dans un perpétuel mouvement. Outre les tempêtes qui soulèvent les flots comme des montagnes liquides, il y a le flux et le reflux, ou la marée. Tous les jours on voit les eaux de l'océan se gonfler, élever leur niveau et s'avancer sur nos rivages, puis s'abaisser et se retirer peu à peu. Ce double mouvement dure environ 12 heures, et se répète par conséquent deux fois par jour. Il est dû à l'influence combinée [2] de la lune et du soleil. Comme la mer est le réceptacle des immondices de tout l'univers, si ses eaux n'étaient pas dans une perpétuelle agitation, elle deviendrait bientôt, malgré les sels qu'elle contient en dissolution [3], un foyer pestilentiel [4].

L'eau de la mer n'est pas potable [5], à cause de sa saveur à la fois amère et salée. Cette saveur provient des substances dissoutes, dont notre sel de table forme la plus grande partie. Le degré de salure varie d'une mer à l'autre. Un litre d'eau de la Méditerranée contient

(1) *Limoneuses*, où se trouve beaucoup de *limon*, de vase.

(2) *Combinée*, réunie, agissant ensemble.

(3) Par ex. le sel de cuisine et d'autres substances du même genre. Ces sels y sont *en dissolution*, c'est-à-dire *dissous*, fondus, comme un morceau de sucre dans un verre d'eau.

(4) *Foyer pestilentiel*, point central d'où partent des odeurs infectes, pouvant amener la *peste*, comme les rayons de chaleur partent d'un *foyer lumineux*.

(5) *Potable*, buvable.

44 grammes de matières salines[2] ; un litre d'eau de l'océan Atlantique n'en contient que 32.

Le fond de la mer présente les mêmes inégalités qu'on remarque à la surface de la terre. On y trouve des gouffres profonds, des plaines, des vallées, des chaînes de montagnes dont les plus hautes cimes dépassent le niveau et forment les îles.

La mer est un monde peuplé d'un nombre prodigieux d'habitants. Aussi variés dans leurs espèces que les animaux terrestres, ceux de l'océan les surpassent par la taille, et leur vie est plus longue que celle des habitants de la terre et de l'air. Que sont l'éléphant et l'autruche auprès de la baleine, qui mesure de 20 à 40 mètres de longueur, et qui vit aussi longtemps que le chêne ?

Fig. 16. Algue.

Comment vivent les habitants de la mer ? La plupart se mangent entre eux ; le plus faible devient la proie d'un autre plus fort, qui trouve à son tour son maître et lui sert de pâture. Mais, si les hôtes de l'océan n'avaient d'autre ressource que de s'entre-dévorer, ils finiraient par manquer de nourriture et périraient. Certaines espèces vivent donc de plantes, lesquelles croissent au fond de la mer aussi bien que dans nos prairies. Seulement les plantes marines diffèrent beaucoup des plantes terrestres. Jamais elles n'ont de fleurs, jamais rien de comparable aux feuilles, jamais de racines. C'est l'eau qui les nourrit, et non le sol, où elles ne sont que collées. Il y en a qui ressemblent à des lanières, à des rubans plissés, à de longues crinières ; il y en a qui prennent la forme de petits buissons touffus, de houppes, de panaches ondoyants. Ces plantes bizarres s'appellent des *algues.*

(D'après H. Fabre.)

---

38. — Évaporation. Brouillards. Nuages.

Voyez-vous, étalé sur des cordes, ce linge qu'on vient de laver ? Il y a quelques heures il était tout imbibé d'eau, et maintenant il est sec : cette eau, qu'est-elle devenue ? Elle s'est évaporée, insinuée dans l'air, elle est devenue une vapeur invisible.

Il y a trois jours, vous aviez oublié dans le jardin une assiette pleine d'eau, exposée au soleil ; allant aujourd'hui chercher l'assiette, vous l'avez trouvée vide : qu'est devenue l'eau qu'elle contenait ? Elle aussi s'en est allée dans l'air en invisible vapeur.

Ce qui se fait aux dépens de l'eau d'une assiette ou d'un linge mouillé, se fait aussi, mais dans des proportions immenses, sur la surface du monde entier. L'air est en contact avec le sol humide, avec d'innombrables nappes d'eau, lacs, marécages, fleuves, rivières, avec la mer surtout, la mer immense, qui à elle seule occupe trois fois l'étendue de toutes les terres, et, comme un buveur insatiable, il absorbe sans cesse la vapeur d'eau qui s'échappe de ces surfaces humides.

Que cet air invisible où l'œil ne distingue rien, contienne de l'eau, rien n'est plus certain, et la preuve, c'est que vous pouvez faire apparaître cette eau. Par une chaude journée d'été, descendez à la cave, prenez une bouteille pleine de n'importe quel liquide, essuyez-la bien, et remontant au plus vite, placez-la sur une assiette : qu'apercevez-vous ?

Voici que la bouteille se couvre d'une espèce de brouillard ; puis des gouttelettes apparaissent, ruissellent sur ses flancs et descendent dans l'assiette. Un quart d'heure ne s'est pas écoulé, qu'il s'est amassé dans l'assiette assez d'eau pour remplir un dé à coudre Or, ces gouttes d'eau ne viennent pas de l'intérieur de la bouteille, car le verre ne se laisse pas traverser par l'eau. Elles proviennent de l'air environnant. Dans son contact avec la bouteille, cet air se refroidit et se condense, et en se condensant ramène à l'état liquide la vapeur invisible qu'il contenait exactement comme une éponge imbibée d'eau, si on la réduit par la pression à un moindre volume, laisse échapper l'eau dont elle était remplie.

Les vapeurs d'eau une fois formées s'élèvent dans l'air et s'y maintiennent invisibles tant que la chaleur est suffisante ; car plus l'air est chaud, plus il peut contenir de vapeur. Lorsque, pour une cause quelconque, la chaleur diminue, les vapeurs se condensent, s'épaississent en petits globules transparents [1], et forment un brouillard ou un nuage.

Dans les matinées humides de l'automne et de l'hiver, des brouillards couvrent la terre, surtout dans les vallées où se trouvent des marécages et des cours d'eau ; une espèce de voile de fumée grise cache le soleil et nous empêche de voir à quelques pas devant nous. Ces brumes sont produites par le froid du matin, qui fait éprouver aux vapeurs de l'air un commencement de condensation. Eh bien, les nuages et les brouillards sont même chose. Seulement ceux-ci s'étalent autour de nous et se montrent tels qu'ils sont,

____

[1] *Globule* toute petite masse ronde, petit globe.

gris, humides, froids, tandis que les nuages, formés
dans les couches supérieures de l'air, prennent, avec
l'éloignement et sous les rayons du soleil, de riches
apparences. Il y en a de blancs, il y en a de couleur d'or
et de feu, il y en a de cendrés, de noirs : c'est l'illumina-
tion du soleil qui leur donne ces diverses teintes.

Quand, à la suite d'un refroidissement survenu dans
les hauteurs de l'air, la brume des nuages atteint un
certain degré de condensation, des gouttelettes d'eau se
forment et tombent en pluie. D'abord fort petites, elles
augmentent de volume en route par la réunion d'autres
gouttelettes pareilles, de sorte que la pluie nous arrive
d'autant plus grosse qu'elle vient de plus haut. Du reste,
elle ne nous arrive jamais de bien haut, car la région
où se trouvent communément les nuages est comprise
entre 500 et 1500 mètres. Le voyageur qui gravit de
hautes montagnes les voit rouler à ses pieds. Au delà
de deux ou trois lieues, le ciel est d'une perpétuelle séré-
nité. Là, jamais les nuages ne montent; là, jamais ne
gronde le tonnerre; là, jamais ne se forment la neige, la
grêle, la pluie. — (*D'après II. Fabre.*)

39. — Neige. Grêle. Glace et Glacier.

La *neige* doit, comme la pluie, son origine aux
vapeurs atmosphériques [1]. Lorsque le refroidissement
de l'atmosphère est assez vif, les vapeurs, au lieu de
se liquéfier et de se rassembler en gouttes de pluie, se
congèlent et deviennent de la neige.

La neige tombe plus souvent et avec plus d'abondance sur les sommets des montagnes, à cause du

___

(1) *Atmosphériques*, de l'atmosphère, de l'air.

froid qui y règne. Sur les cimes très élevées, la pluie est même inconnue : tout nuage qui y passe y verse de la neige ou du *grésil* [1]. On entend par *grésil* une variété de neige composée de petits grains opaques [2], de fines pelottes, qui tiennent le milieu entre les flocons de neige ordinaire et les noyaux de glace durs et transparents de la grêle [3]. Aussi, à partir d'une certaine élévation, on arrive à la région des neiges éternelles. Le sol, le roc, ne s'y montrent jamais à découvert; un perpétuel manteau de frimas les recouvre.

On nomme *avalanches* de grandes masses de neige qui s'éboulent des montagnes dans les vallées. Elles ont quelquefois une étendue de plusieurs kilomètres. Sur leur passage, les sapins sont déracinés et broyés comme des fétus de paille, les rochers sont arrachés du sol et entraînés, les vastes prairies sont englouties avec leurs habitations.

Dans nos champs cultivés, la neige forme, en hiver, un manteau d'une admirable efficacité pour protéger les racines délicates et le grain confié à la terre, contre l'action mortelle d'un froid trop vif.

Les noyaux de glace appelés *grêle* ou *grêlons* se forment à la suite d'un refroidissement qui survient dans les hauteurs de l'air. Ils ont, en général, la grosseur d'un pois ou d'une noisette; dans quelques cas, heureusement fort rares, ils atteignent la grosseur d'un œuf de poule et même celle du poing. Leur poids peut s'élever alors de 100 à 500 grammes. La grêle précède ou accompagne les pluies d'orage, mais ne vient jamais après. Sa chute est presque toujours accompagnée de tonnerre, et souvent précédée d'un bruit sourd particulier [4], qu'on attribue au choc mutuel des grêlons chassés par la violence du vent. Ce bruit est parfois tellement fort, qu'on croirait entendre le galop retentissant d'un esca-

---

(1) *Grésil :* prononcez en mouillant *l* (grésille).

(2) *Opaques*, qui n'est point transparent, c'est-à-dire ne laisse point passer la lumière.

(3) Dans le nord de la France, le grésil tombe surtout au commencement du printemps et constitue les *giboulées*, qui sont, dit-on, la *queue de l'hiver*.

(4) *Particulier*, propre à cette circonstance, qui ne se produit dans aucune autre.

dron [1] de cavalerie sur le pavé d'une rue. Les averses de grêle sont de courte durée: dans les plus violents orages, elles durent à peine un quart d'heure. Mais, dans cet espace si court, quels désastres épouvantables ne causent-elles pas ! Les récoltes, foulées, hachées, jonchent le sol; les jeunes pousses, les fleurs, les fruits, sont arrachés, jetés à terre, écrasés. Pour rendre stériles les travaux agricoles [2] d'une année entière, quelques moments suffisent au nuage orageux, chargé de rappeler à notre oubli que tous nos soins, si le Ciel ne les seconde, sont insuffisants pour mûrir la récolte et l'amener à bien.

Lorsque la température descend à zéro, l'eau se solidifie et devient de la glace. Presque toutes les substances se contractent en se solidifiant ; elles occupent à l'état solide moins de place qu'à l'état liquide. Par exception, l'eau fait tout le contraire : en se congelant, elle se dilate, c'est-à-dire augmente de volume. Ainsi un litre d'eau produit un litre et 88 millilitres de glace. Lorsque la glace se forme dans un espace clos dont les parois s'opposent à son expansion [3], elle exerce contre ces parois une poussée indomptable. Non seulement une carafe pleine d'eau se brise, les tuyaux des fontaines se fendent, les bassins en maçonnerie se crevassent, si leur contenu vient à geler ; mais des canons en bronze remplis d'eau et solidement bouchés se déchirent, comme de minces tuyaux, quand on les expose à la rigueur du froid ; les rochers les plus durs, s'ils emprisonnent de l'eau dans quelque fente, se brisent par la gelée et démontrent toute l'exactitude de ce dicton populaire : « Il gèle à pierre fendre. »

Dans les hautes vallées des Alpes et de toutes les grandes chaînes de montagnes s'entassent d'immenses quantités de neige, roulée par les avalanches. Ces neiges, durcies par la pression de leur propre poids, se

(1) *Escadron* se dit d'une petite troupe de cavaliers, comme *bataillon* se dit d'une petite troupe de fantassins ou de soldats à pied.

(2) *Agricole*, ayant pour objet la culture des champs.

(3) *Expansion*, action de s'étendre, de se gonfler en augmentant de volume.

fondant et se congelant tour à tour sous l'action du soleil et du froid, finissent par se convertir en glace et constituent ce qu'on nomme des *glaciers*. L'épaisseur d'un glacier varie de 40 à 200 mètres; quelques-uns ont 4 à 5 lieues de long. La plupart présentent l'aspect d'une mer subitement immobilisée par le froid, congelée au milieu du bouleversement de la tempête. — (*D'après H. Fabre.*)

QUESTIONNAIRE : Comment se forme la *neige?* — Qu'appelle-t-on *grésil, région des neiges éternelles, avalanches?* — Quelle est l'utilité de la neige? — Comment se forme la *grêle?* — Quels ravages fait la grêle? Comment se forme la glace? — Expliquez ce dicton : *Il gèle à pierre fendre.* — Qu'est-ce qu'un glacier ?

40. — Rosée. Lune rousse. Murs qui suent. Verglas.

Qui n'a vu le matin de petites gouttelettes pures et brillantes comme le diamant, déposées à la surface des feuilles et dans le calice des fleurs? Pour les anciens, ces globules argentés étaient les *larmes de l'Aurore* [1], et cette idée gracieuse représente merveilleusement les formes de la *rosée*. Mais laissons ces fictions poétiques [2], et tâchons de comprendre comment la rosée se produit

Pendant la nuit, les objets placés à la surface du sol et le sol lui-même se refroidissent ; la chaleur que leur avait procurée le soleil rayonne, c'est-à-dire s'en va, se perd, en se communiquant aux couches d'air qui les entourent. C'est ce qu'on appelle *rayonnement nocturne.* La terre et les plantes deviennent donc plus froides que l'air, et il arrive alors ce qui se produit toujours en pareil cas: les vapeurs invisibles de l'air en contact avec ces corps refroidis se condensent et se déposent

---

(1) Les anciens représentaient l'Aurore comme une déesse aux doigts de roses, etc.   (2) *Fictions poétiques,* invention des poètes.

en gouttelettes sur les brins d'herbe du sol, sur le tronc et les feuilles des arbres, etc. La rosée ne tombe donc pas des nuages, comme le fait la pluie. Il est même à remarquer qu'elle ne se forme pas quand le ciel est sombre. La raison en est évidente : les nuages interposés [1] dans l'atmosphère entre le ciel et les espaces célestes supérieurs, empêchent le rayonnement de la chaleur et, par suite, le refroidissement. La rosée se forme, au contraire, avec abondance pendant les nuits sereines, parce que le rayonnement nocturne se fait sans obstacle. Les arbres, les haies, les abris de tout genre agissent de la même manière que les nuages. Le vent est aussi un obstacle à la rosée, parce qu'il chasse les couches d'air qui touchent la surface du sol, avant qu'elles aient eu le temps de se refroidir.

Au printemps, quand les plantes entr'ouvrent leurs bourgeons, il arrive que, pendant une nuit sereine où la lune et les étoiles brillent dans tout leur éclat, les jeunes pousses, encore tendres, sont saisies par le froid et périssent. Les jardiniers accusent souvent la lune de ce dégât, et ils lui donnent alors le nom de *lune rousse*, parce qu'elle roussit, disent-ils, et brûle les feuilles. La lune n'est pour rien en cette affaire ; le rayonnement nocturne, rendu plus actif par un ciel serein, a tout simplement refroidi les feuilles jusqu'à les détruire.

Si le refroidissement nocturne est suffisant, la vapeur de l'atmosphère, au lieu de se liquéfier en rosée, produit la *gelée blanche*, ou bien se dépose sous la forme de petites aiguilles de glace qu'on appelle *givre*. C'est ce qu'on voit fréquemment dans les matinées humides d'hiver. Les arbres sont alors couverts d'innombrables houppes blanches, comme si, pendant la nuit, quelque étrange floraison avait eu lieu : tristes fleurs d'hiver que le froid a fait épanouir et qu'un rayon de soleil fera évanouir !

Quand l'air du dehors est plus froid que celui du dedans, les vitres de nos fenêtres se couvrent de

goutfelettes qui les obscurcissent. Souvent ces gouttelettes sont assez abondantes pour former, en se réunis-
sant, des gouttes qui circulent le long des carreaux.
Pendant les nuits sereines de l'hiver, où le froid est
plus rigoureux, vous voyez se déposer sur les vitres,
au lieu de gouttelettes, une couche de glace offrant
toutes sortes de dessins, quelquefois de la plus exquise
élégance. Ces phénomènes sont analogues à celui de la
rosée. Ce sont les vapeurs contenues dans l'appartement qui, mises en contact avec les vitres froides,
se condensent, se congèlent et produise.t ces admirables dessins.

Dans les temps de dégel, les murs se mouillent, l'eau
ruisselle sur la surface d'une façon extraordin··re. On
dit alors que *les murs suent*, et beaucoup de gens s'ima-
ginent que cette eau sort en effet des murs. Or il n'en
est rien, et voici comment le fait s'explique : à la suite
d'une longue gelée, les murs, qui ont pris la température de l'air, sont, quand vient le dégel, plus froids que
l'atmosphère, qui s'est échauffée rapidement par une
cause quelconque. La vapeur contenue dans l'air doit
donc se condenser au contact de ces surfaces plus froides
qu'elle : c'est une véritable rosée qui se dépose sur les
murs. Quelquefois même ces derniers sont tellement
froids, que cette vapeur s'y gèle et y forme du givre,
que la chaleur de l'air ne tarde pas à fondre.

C'est encore la même cause qui produit le *verglas.*
Le verglas se forme quand, par l'effet d'un adou·isse-
ment rapide des hautes régions de l'air, il tombe de la
pluie qui rencontre encore. un sol très froid. Les
gouttes de pluie se congèlent alors et forment une petite
couche de glace qu'un commencement de fusion rend
fort glissant. On voit pourquoi le verglas est ordinairement suivi du dégel. — (*D'après H. Fabre.*)

glace qui se dépose sur les vitres ? — Quand et pourquoi arrive-t-il
que *les murs suent ?* — Qu'est-ce qui produit le *verglas ?*

---

41. — Sources. Rivières. Fleuves.

Placées communément dans des vallons, ombragées
par des arbres qui croissent sur leurs bords, animées
par le chant des oiseaux qui viennent y ch rcher un
abri contre l'ardeur du soleil, et une eau limp de pour
s'y désaltérer et s'y baigner, les sources et le s fontaines
sont pour l'ordinaire des endroits charmants. Arrêtons-
nous-y, et mollement assis sur le tapis de gazon et de
fleurs qui bordent leur enceinte, demandons-nous d'où
elles viennent et comment elles se transforment en
fleuves majestueux.

Le soleil et la pluie, en tombant sur les neiges et les
glaciers qui couronnent les hautes montagnes, y
opèrent une fusion lente, mais continuelle. Parmi les
eaux qui proviennent de cette fusion, les unes roulent,
de rocher en rocher, en *cascades* toutes blanchissantes
d'écume et forment des *torrents* ou des *gaves*[1]. Les
autres, au lieu de couler à l'air libre, pénètrent dans le
sol par des crevasses, s'y font des routes souterraines
et en sortent par des ouvertures appelées *sources* ou
fontaines.

L'eau de la source, en suivant sa pente, forme un
ruisseau, mince filet qu'un caillou embarrasse dans sa
course et qui n'a pas encore de nom. Mais bientôt le
ruisseau gagne la plaine ; il rencontre un autre ruisseau
ou bien une autre source : leurs eaux se joignent, et,
coulant sur un lit plus large et plus profond, forment
une *rivière.*

Les rivières suivent aussi leur pente et finissent
par se rencontrer. L'endroit où leurs flots s'unissent
se nomme *confluent.* La plus petite des deux est

---

[1] *Gave*, torrent des montagnes.

l'*affluent* de l'autre; confondue désormais dans la plus grande, elle perd jusqu'à son nom.

A leur tour, les rivières se confondent et se perdent dans d'autres rivières, et ainsi se forment d'autres cours d'eau aux flots plus abondants, qui, sous le nom de *fleuves*, portent jusqu'à la mer toutes ces ondes réunies.

Ainsi fleuves, rivières, ruisseaux, sources et fontaines, toute l'eau de la terre retourne à la mer : nous disons *retourne*, car c'est de là qu'elle est venue. Elle en vient par l'évaporation. « La surface de la mer, nous l'avons vu, échauffée par les rayons du soleil, lance continuellement dans l'espace des quantités énormes de vapeur, qui forment les nuages, lesquels donnent la pluie et la neige. La mer est donc l'immense réservoir d'où les eaux viennent et où elles retournent; elle donne autant qu'elle reçoit, et reçoit autant qu'elle donne. Dans cette incessante circulation, rien ne se perd, rien n'échappe au regard de l'Être infiniment puissant et sage qui a mesuré les océans dans le creux de sa main et sait le nombre de leur góuttes d'eau [1]. »

QUESTIONNAIRE : D'où viennent les torrents ou gaves? les sources ou fontaines? — Comment se forment les ruisseaux, les rivières, les fleuves? — Que nomme-t-on *confluent, affluent?* — Montrez que toute l'eau de la terre vient de la mer et y retourne.

------

[1] H. Fabre.

QUATRIÈME PARTIE

LES TROIS RÈGNES DE LA NATURE

42. — Les trois règnes de la nature.

Tous les êtres que nous présente la nature sont rangés par les savants en trois groupes, que l'on appelle *règnes*, parce que chacun d'eux forme comme un royaume à part, ayant sa constitution et ses lois propres.

Le *règne minéral* comprend tous les corps bruts ou inertes, c'est-à-dire privés de vie. Le fer, l'argile, la pierre, l'air, sont des minéraux.

Le *règne végétal* comprend tous les êtres vivants, c'est-à-dire qui naissent d'un germe, se nourrissent, se reproduisent et meurent, mais privés de la faculté [1] de se mouvoir et de sentir. Les arbres, les fleurs, toutes les plantes sont des végétaux.

Le *règne animal* comprend tous les êtres vivants qui, non seulement se reproduisent, mais encore se meuvent et sentent, c'est-à-dire qui ont la faculté de changer de place et d'éprouver des sensations agréables ou pénibles. Un cheval, une souris, un moucheron, sont des animaux.

L'homme appartient, par son corps, au règne animal ; mais il diffère essentiellement des animaux par son

____

(1) *Faculté*, puissance de faire une chose.

Âme, créée à l'image de Dieu, douée d'une volonté intelligente et libre.

On nomme *minéralogie* [1] la science des minéraux ; *botanique* [2], la science des végétaux ; *zoologie* [3], la science des animaux. Les trois sciences réunies forment *l'histoire naturelle* ou de la nature. On y joint ordinairement la *géologie*, qui étudie la formation du globe terrestre et les différentes parties dont il se compose.

L'illustre Linné [4] a exprimé dans une vive et brève formule les caractères essentiels qui distinguent chacun des trois règnes de la nature : « Les minéraux croissent ; les végétaux croissent et vivent ; les animaux croissent, vivent et sentent. » On pourrait ajouter : l'homme croît, vit, sent et raisonne.

Les êtres vivants, végétaux et animaux, sont aussi appelés *organiques*, parce qu'ils ont des organes [5], dont chacun remplit une des fonctions nécessaires à la vie. Ainsi les racines, la tige et les feuilles sont les organes par lesquels les végétaux se nourrissent ; les os et les muscles sont pour les animaux les organes du mouvement. Les êtres bruts ou privés de vie sont aussi appelés *inorganiques*, c'est-à-dire sans organes. Toutes les parties qui les composent se ressemblent ; de plus, aucun lien nécessaire ne les unit : elles peuvent se séparer sans que le minéral cesse d'exister. Prenez un morceau de fer et coupez-le en deux, en dix, en cent, vous aurez deux, dix, cent morceaux de fer ; si nombreux, si petits que soient les fragments, vous aurez toujours du fer. Il n'en est pas de même pour les plantes et les animaux. Les organes qui les composent diffèrent les uns des autres : l'œil est autre chose que l'oreille, le cœur autre chose que l'estomac, les nerfs autre chose que les os. Si un membre, un organe vient

---

(1) *Minéralogie :* dans les mots formés de radicaux empruntés au grec, la désinence *logie* indique ordinairement une science.
(2) Du grec *botané*, herbe.
(3) Du grec *zoon*, animal.

(4) *Linné*, naturaliste (savant en histoire naturelle) suédois (xviiie siècle).
(5) *Organe*, instrument, appareil pour remplir une fonction, par ex. l'*organe de la vue*, pour voir.

à être détaché du corps, ou bien il meurt seul, ou bien il entraîne la mort du corps tout entier.

D'autres différences distinguent encore les minéraux des êtres organiques. Les premiers n'ont pas de forme déterminée ; ce lingot d'argent [1], vous pouvez le façonner de mille manières, en faire des pièces de monnaie, des objets d'art [2], des ornements quelconques : sous toutes ces formes, l'argent existera toujours. Au contraire, vous ne pourriez, sans les détruire, donner à une plante, à un animal, une autre forme que celle qu'il a reçue du Créateur. Quelqu'un, par exemple, pourrait-il donner au chameau la forme de l'éléphant, au lilas celle du rosier ?

En outre, les minéraux augmentent de volume quand on leur ajoute d'autres parties semblables, quand, par exemple, à un morceau de plomb on ajoute un autre morceau de plomb. Et par là ils deviennent aussi grands que nous le voulons : nous pourrions faire un bloc de fer plus gros qu'une maison. Ce n'est pas en ajoutant un morceau de chair à leur corps que les animaux grossissent ; les herbes, les fruits, la chair qu'ils mangent, deviennent du sang par de mystérieuses opérations et se transforment en leur propre substance. D'autre part, ils ont une grandeur limitée, et la taille de chaque espèce n'admet que des différences assez légères. Quoiqu'il y ait des chiens plus grands que d'autres, on n'en a jamais vu de trois mètres de haut, pas plus qu'on ne rencontre des tiges de blé de la taille d'un peuplier.

Enfin, tandis que les corps bruts peuvent durer indéfiniment, si des causes extérieures ne viennent pas les détruire, les êtres vivants, par cela seul qu'ils sont doués d'activité et composés d'organes toujours en exercice, ont une existence d'une durée limitée. Après s'être développés, après avoir rempli leur rôle au sein de la création, ils s'usent et deviennent incapables de fonctionner davantage : ils meurent

____

(1) *Lingot*, morceau de métal. | (2) Par ex. une statue.

Les éléments matériels qui les composaient se désagrègent [1] pour s'associer à des minéraux ou servir à l'alimentation d'autres êtres vivants.

QUESTIONNAIRE : En combien de classes peut-on ranger tous les êtres de la nature ? — Que comprend le règue minéral ? le règne végétal ? le règne animal ? — Qu'est-ce que la *minéraiogie*, la *botanique*, la *zoologie*, l'*histoire naturelle*, la *géologie ?* — Quels sont les caractères essentiels qui distinguent les 3 règnes ? — Qu'appelle-t-on êtres *organiques*, *inorganiques ?* — Quelle différence y a-t-il entre eux quant à la forme, à la croissance, à la durée ?

---

43. — Règne minéral. Les Cristaux.

Le règne minéral comprend non seulement les métaux, les pierres, les terres, la houille, mais encore les liquides et les gaz, tels que l'eau et l'air, en un mot tous les êtres qui n'ont point de vie, toutes les substances inorganiques dont se compose notre globe. La minéralogie, ou science des minéraux, a donc un immense domaine.

Les propriétés générales des minéraux sont, sans parler de la couleur:

1° L'*éclat*, c'est-à-dire la propriété de briller en réfléchissant la lumière; cette propriété est surtout remarquable dans les métaux, tels que l'or et l'argent, et dans les pierres précieuses ;

2° Le *poids*. Les corps ne renferment pas sous le même volume la même quantité de matière, et par conséquent n'ont pas le même poids. Pour connaître ce qu'un corps pèse par rapport à un autre, on a comparé le poids de chaque corps à celui de l'eau, et le nombre qui exprime ce rapport s'appelle *densité*. On trouve, par exemple, qu'un décimètre cube de fer pèse 7 kilogrammes 800 grammes; le fer est donc 7 fois et 8

---

(1) *Se désagréger*, se séparer.

dixièmes de fois plus lourd que l'eau [1] : on dit que la densité du fer est 7, 8 dixièmes ;

3° La *dureté* : c'est la résistance plus ou moins grande qu'offre un minéral à être rayé, soit avec l'ongle, soit avec une pointe d'acier. Ainsi on dit que le diamant est le plus dur de tous les corps, parce qu'il les raye tous, même le verre, et qu'il n'est rayé par aucun ;

4° La *ductilité* : c'est la propriété qu'ont certains minéraux, appelés métaux, d'être étirés en fils plus ou moins fins : fils d'or, d'argent, de cuivre;

5° La *malléabilité* : c'est la propriété qu'ont les métaux de s'aplatir sous le marteau [2] en lames ou en feuilles plus ou moins minces : feuilles de zinc, d'or, de plomb, etc. ;

6° L'*élasticité* : c'est la propriété que possède un corps de revenir à la forme qu'il avait et qu'on l'a forcé de quitter un instant : ainsi une lame d'acier que l'on courbe, se redresse aussitôt qu'on l'abandonne à elle-même.

Quoique les minéraux n'aient pas une forme nécessaire, comme les animaux et les plantes, il ne faudrait pas cependant les considérer comme un amas de molécules entassées au hasard. Le plus grand nombre d'entre eux est susceptible, en certaines circonstances, de prendre des formes régulières, présentant des facettes [3] très nettes, qu'on dirait faites avec des instruments, et qui sont naturelles.

Jetez une poignée de sel dans un vase d'eau ; agitez le mélange jusqu'à ce que le sel soit bien dissous, et exposez le vase à l'air et au soleil. Au bout de quelque temps, l'eau se sera évaporée, et il ne restera plus dans le vase que le sel, déposé lentement au fond. Maintenant examinez de près ce dépôt : le sel ne forme pas une masse compacte, semblable à une poignée d'argile qu'on aurait pétrie avec la main. La masse du sel se compose de petits morceaux en forme de

---

(1) On sait qu'un décimètre cube ou un litre d'eau pure pèse 1 kilogramme.

(2) *Marteau* se dit en latin *malleus*, d'où *malléable*, qui se laisse étendre par le marteau, et *malléabilité*.

(3) *Facettes*, petites faces.

cubeş ou dés à jouer, qui semblent collés les uns aux autres, et qu'on peut détacher, en effet, avec un peu de précaution.

Qui ne connaît le sucre candi? C'est du sucre purifié, qu'on a laissé se refroidir lentement. Eh bien, un morceau de sucre candi se compose d'une foule de petits morceaux semblables, ayant tous cinq faces parfaitement polies. Cet arrangement, qui se fait tout seul, s'appelle *cristallisation*, et ces petits morceaux de forme régulière se nomment des *cristaux*.

Rien de plus curieux, sous ce rapport, que la neige. Que croiriez-vous trouver dans un flocon de neige? Un frêle duvet de glace, et voilà tout sans doute. Mais recevez ce flocon au moment où il tombe, par un temps calme, sur un objet noir et bien refroidi; prenez une loupe et regardez. A peine ose-t-on en croire ses yeux: le flocon se compose d'une foule d'étoiles cristallines [1] à six pointes, d'une régularité,

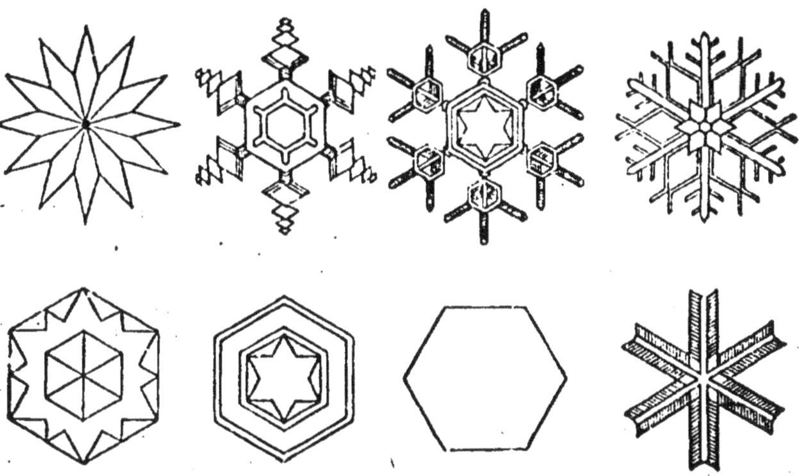

Fig. 17.   Cristaux de neige.

d'une élégance inimitables. Entassées pêle-mêle avec un abandon prodigue, elles se groupent par dix, par cent, pour former un petit flocon.

---

[1] *Cristallines*, en forme de cristaux.

Questionnaire : Que comprend le règne minéral ? — Expliquez les propriétés générales des métaux : l'éclat, le poids, la dureté, la ductilité, la malléabilité, l'élasticité, etc. — Qu'appelle-t-on *cristallisation*, *cristaux* ? — La neige est-elle cristallisée ?

---

44. — Carrières et mines.

Nous avons besoin de pierres pour bâtir nos maisons, d'ardoises pour les couvrir, de marbres pour les orner, de combustibles pour nos foyers [1], de fer, de cuivre, de plomb, etc., pour faire des armes et mille autres instruments, d'or et d'argent pour le commerce et les arts [2]. Tous ces matériaux nécessaires à la civilisation [3], Dieu ne les a pas répandus à la surface de la terre : ils l'auraient entièrement couverte, et à peine y serait-il resté une place pour la culture des plantes ; il ne les a pas non plus enfouis dans son sein à d'inaccessibles [4] profondeurs : l'homme n'en aurait pas soupçonné l'existence ou n'aurait pu les extraire ; mais, dans sa paternelle et sage providence, il les a déposés un peu au-dessous de la surface, pour nous permettre de descendre jusqu'à eux et de faire servir à nos usages ces précieuses richesses.

On appelle *carrières* les excavations [5] creusées pour extraire le sable, les ardoises, les pierres, et *mines* celles où l'on va chercher les métaux, la houille, le sel [6].

Les carrières sont moins profondes que les mines, parce que les pierres et les ardoises sont généralement situées plus près de la surface de la terre. Quelquefois on peut extraire les pierres à *carrière ouverte* [7] ; on

---

(1) *Combustible*, ce qui a la propriété de brûler.

(2) *L'art* est la méthode pour faire de beaux ouvrages, dont le but est surtout de plaire.

(3) *Civilisation*, pour un *peuple civilisé* : l'abstrait pour le concret. Un peuple civilisé est un peuple poli, qui a de sages lois et de bonnes mœurs, où fleurissent les sciences et les arts. Le contraire est un *peuple sauvage*.

(4) *Inaccessibles*, dont l'accès, l'approche est impossible.

(5) *Excavations*, creux, trous.

(6) *Le sel* vient, en partie, de mines renfermées dans le sein de la terre.

(7) On dit aussi : *à ciel ouvert*.

enlève alors les couches de terre et de sable qui recouvrent la pierre, et celle-ci est extraite par assises
successives. D'autres fois, les couches qui recouvrent
la pierre étant fort épaisses, on les traverse au moyen
de puits dans lesquels descendent les ouvriers ; ils
creusent en bas, dans toutes les directions, des galeries [1]
souterraines, et remontent, par l'ouverture des puits,
la pierre ou les ardoises qu'ils ont extraites.

C'est presque toujours de cette dernière manière que
sont pratiquées les mines, beaucoup plus profondes
que les carrières. Les puits ont à traverser des sables
qui s'éboulent, des roches dures qui ne se laissent
entamer qu'avec beaucoup d'efforts, quelquefois des
nappes d'eau très considérables qui menacent de noyer
tous les travaux entrepris. Des pompes à vapeur servent
à enlever l'eau des galeries et à y faire entrer l'air.

QUESTIONNAIRE : Où Dieu a-t-il mis en réserve les matériaux nécessaires
pour bâtir nos maisons, etc.? — Qu'appelle-t-on *carrières, mines?*
— Qu'est-ce qu'une carrière à ciel ouvert, à galeries souterraines?

---

45. — Minéraux servant aux constructions.

Parmi les substances minérales qui forment l'écorce
terrestre, un grand nombre ont été utilisées par
l'homme pour se construire des habitations.

Le granit [2] se recommande surtout par sa dureté,
qui le rend difficile à tailler ; de là l'expression vulgaire:
dur comme le granit ; sa durée est presque indéfinie.
C'est en granit que l'on fait habituellement les dallages,
les piédestaux, les bornes, les bordures de trottoirs [3],
etc. On le trouve en Auvergne, en Normandie et en
Bretagne.

(1) *Galeries*, allées horizontales.
(2) *Granit* (on prononce et quelques-uns écrivent *granite*), ainsi appelé à cause des grains qui le composent.
(3) *Dallage*, de *dalle*, tablette de pierre ou de marbre de peu d'épaisseur, destinée à paver une église, une rue, etc. *Piédestal*, support qui soutient une statue, une colonne, etc. : de *pied*. *Trottoir*, chemin plus élevé, pratiqué le long des rues, pour la commodité des piétons.

La *lave* que rejettent les volcans, une fois refroidie, devient souvent une pierre noire, très résistante, que l'on emploie dans les constructions et le pavage des rues. Telle est la *pierre* dite *de Volvic*, près Riom (Puy-de-Dôme).

Le *grès* est formé de grains de sable agglutinés, c'est-à-dire réunis par un ciment invisible. Il y en a de gris, de blancs, de colorés en rouge. On s'en sert quelquefois pour les constructions, mais plus souvent pour le pavage ; on en fait aussi des meules à aiguiser. — Les meules à moudre le grain, ou *pierres meulières*, sont une variété de grès, qu'on trouve surtout dans les carrières de la Ferté-sous-Jouarre (Seine-et-Marne).

Les *calcaires* [1] se divisent en calcaires grossiers, ou *pierres à bâtir*, et en calcaires à grain fin, susceptibles d'un beau poli, ou *marbres*.

Les pierres à bâtir, par leur dureté moyenne, se prêtent à tous les besoins de l'architecture [2]. Taillées sous des formes régulières, elles prennent le nom de *pierres de taille*; employées en blocs irréguliers, liés entre eux avec du mortier ou du plâtre, elles s'appellent *moellons*.

Le nombre des variétés de *marbres* est immense : on en compte plus de cinq cents. Chaque pays, chaque carrière, chaque lit même d'une carrière en fournit plusieurs qui diffèrent par la nuance, la vivacité, le mélange des couleurs. Les uns sont unicolores [3] : blancs, noirs, rouges jaunes, etc. ; les autres réunissent plusieurs couleurs, distribuées par veines ou par taches. Les plus beaux marbres blancs sont ceux de Paros, île de l'Archipel grec, et de Carrare, près de Modène (Italie) ; ils servent aux sculpteurs à faire des statues, des vases, etc. Le marbre noir le plus recherché s'exploite aux environs de Dinant et de Namur, en Belgique : on s'en sert principalement pour la construc-

---

(1) *Calcaires :* ces pierres sont ainsi nommées parce qu'elles contiennent de la chaux, en latin *calx*.

(2) *Architecture,* art de bâtir.
(3) *Unicolore,* d'une seule couleur.

tion des monuments funéraires[1]; Les autres sont employés pour la décoration des édifices et l'ameublement.

L'*ardoise* est une pierre d'un gris bleu, qui se laisse diviser en feuillets très minces, servant à couvrir les édifices. Les principales carrières d'ardoises sont à Angers (Maine-et-Loire) et à Charleville (Ardennes).

La *craie* est un calcaire très tendre ; quelques espèces se durcissent à l'air et peuvent servir aux constructions. Broyée et mêlée avec de l'eau, elle forme le *blanc d'Espagne*, dont on se sert pour écrire au tableau noir.

Dans des fours construits à cet effet, on fait cuire les calcaires communs et l'on obtient ainsi la *chaux vive*. Cette chaux, trempée dans l'eau et mêlée avec du sable, constitue le *mortier* employé par les maçons.

Le *gypse*, ou pierre à plâtre, brûlé dans des fours et réduit en poudre, donne le *plâtre*.

L'*argile*, mélangée avec du sable, forme une pâte qui, mise dans des moules et soumise à l'action du feu, acquiert une grande dureté. C'est ainsi que se font les briques et les tuiles.

QUESTIONNAIRE : Dites un mot des matériaux qui servent aux constructions : granit, lave, grès, calcaires, marbres, ardoises, craie, chaux, gypse et plâtre, argile.

---

46. — Métaux communs : fer, cuivre, zinc, plomb, etc.

Les métaux sont des corps opaques, ou non transparents, c'est-à-dire qui ne se laissent pas traverser par la lumière ; ils sont brillants et susceptibles de poli. On les divise en deux classes: les métaux communs et les métaux précieux.

Parmi les métaux communs vient en premier lieu

(1) *Monuments funéraires*, monuments en l'honneur des morts et placés sur leur tombe.

le fer, le plus utile de tous : aussi la Providence l'a-t-elle répandu abondamment dans la nature. Le fer est le plus puissant auxiliaire du travail de l'homme. Depuis l'épée du soldat et la charrue du laboureur jusqu'à la fine et pénétrante aiguille de la brodeuse, il prend toutes les formes et se plie à tous les usages. Qu'il disparaisse de la surface de la terre, avec lui disparaîtrait également tout ce qui fait la puissance, la richesse, le bien-être des peuples civilisés.

Dans le sein de la terre, le fer est mêlé à des substances étrangères et porte le nom de *minerai*. On transporte le minerai dans des *fonderies;* là, au moyen de diverses opérations, on le débarrasse d'une grande partie de ces matières étrangères, puis on le jette dans le *haut fourneau*, espèce de haute et large cheminée. On y entasse des charges de minerai et des charges de charbon. Sous l'action d'un feu ardent, le minerai se fond, et, refroidi, devient de la *fonte*; avec cette fonte coulée dans des moules, on fait divers objets, tels que boulets de canon, marmites, poêles, etc.

La fonte recuite et épurée dans des forges devient du *fer forgé*, ou simplement du fer, qui, rougi au feu, et par là même dilaté et amolli, prend toutes les formes qu'on veut lui donner.

Réduit en lames minces, le fer prend le nom de *tôle;* le *fer-blanc* est de la tôle dont les deux surfaces sont couvertes d'étain.

L'*acier* est du fer très épuré, auquel on adjoint un peu de charbon. Il sert à fabriquer toutes sortes de machines et d'ustensiles, tels que des armes, des couteaux, des ciseaux.

Au contact de l'eau ou de l'humidité, le fer s'altère et se couvre d'une substance rougeâtre, que l'on nomme *rouille.*

Le *cuivre* est un métal rougeâtre, ductile et malléable, c'est-à-dire qui se réduit facilement en feuille et en fil. Comme le fer, il s'altère facilement au contact de l'air humide et se couvre alors d'une matière verdâtre, qui est le vert-de-gris, un des plus violents poisons. Il est donc utile de se laver souvent les mains quand on manie du cuivre.

Ce métal se prête à un grand nombre d'alliages. Allié au zinc, il forme, selon les proportions, le *laiton* ou cuivre jaune, avec lequel on fait les épingles, et le *chrysocale* ou *clinquant*. Allié à l'étain, il forme le *bronze* ou *airain*, employé pour faire des cloches, des canons [1], des objets d'art.

Le *zinc* est un métal gris bleu qui se ternit rapidement à l'air, mais sans s'altérer. On l'emploie aux usages les plus divers.

Le *plomb* est un métal mou, qui s'étend facilement en lames très minces. Brillant lorsqu'on vient de le couper, il se ternit rapidement à l'air. On en fait des tuyaux pour conduire l'eau et le gaz d'éclairage; on l'emploie aussi pour couvrir des terrasses et des bassins.

Allié à un autre métal moins connu, nommé *antimoine*, il sert à fabriquer les caractères d'imprimerie.

L'*étain* est un métal blanc qui perd facilement son éclat. On *étame*, c'est-à-dire on couvre d'une faible couche d'étain, les ustensiles de cuivre, de fer, etc., pour les garantir du vert-de-gris ou de la rouille. Allié au mercure, l'étain forme le *tain*, que l'on applique derrière les glaces pour en faire des miroirs.

QUESTIONNAIRE : Quels sont les usages du fer? — Qu'appelle-t-on minerai, fonderie, haut fourneau, fonte, tôle, fer-blanc? — Parlez de l'acier, du cuivre, laiton, chrysocale, du zinc, du plomb et antimoine, de l'étain, du tain.

47.—Métaux précieux. Pierres précieuses.

L'*or* étant inaltérable se présente toujours pur. On le rencontre presque à la surface du sol, en

---

(1) Aujourd'hui les canons se font le plus souvent en acier.

fragments plus ou moins gros, nommés *pépites*, ou mêlé au sable de certaines rivières, sous la forme de *paillettes*, ou en poudre. C'est le métal le plus malléable et le plus ductile. Sous le marteau de l'ouvrier, appelé *batteur*, les feuilles d'or peuvent devenir tellement minces, qu'on en superpose 10 mille sur un millimètre de hauteur. Une statue équestre [1] de grandeur naturelle peut être dorée avec une pièce de 20 francs ; de même on obtient des fils d'or dont l'épaisseur est d'environ un millième de millimètre.

L'or serait trop mou pour la bijouterie et les monnaies ; on l'allie avec une faible quantité de cuivre. Il en est de même de l'argent.

L'*argent* est d'un blanc éclatant, très légèrement bleuâtre. Il est presque aussi ductile et aussi malléable que l'or. Ce qu'on appelle *vermeil* est de l'argent doré. L'argent se noircit au contact des œufs et du poisson, à cause du soufre que ces aliments contiennent.

Le *platine* n'est connu que depuis le xviiie siècle. C'est le plus lourd de tous les métaux et le plus difficile à fondre. Il ressemble à l'argent, mais avec moins de brillant et de blancheur.

L'*aluminium* est un métal récemment découvert, et le plus léger de tous. On l'extrait de l'argile. Il est d'un blanc terne et s'altère difficilement. On le travaille comme l'argent.

Le *mercure* ou *vif-argent* est le seul métal qui soit habituellement liquide ; il ne devient solide qu'à la température de 40 degrés au-dessous de zéro C'est avec lui qu'on fait les baromètres et les thermomètres [2].

On nomme *pierres précieuses* les pierres employées comme objet d'ornement et de parure : on en fait des *bijoux*. Ceux qui les polissent et les travaillent s'appellent *lapidaires* [3].

---

(1) *Une statue équestre* (prononcez *écuestre*) représente un homme monté sur un cheval : du mot latin *equus*, cheval.

(2) Voyez plus haut, page 53 et 73.
(3) *Lapidaire*, du mot latin *lapis*, pierre.

Le *diamant* réunit au plus haut degré toutes les qualités qui font rechercher les pierres précieuses: il est dur, brillant, d'une limpidité parfaite. Le plus dur de tous les corps connus, il peut les rayer tous et n'est rayé par aucun. On ne le taille et ne le polit qu'à l'aide de sa propre poussière. C'est avec un éclat de diamant que les vitriers coupent le verre.

Le diamant n'est que du charbon cristallisé par la nature [1]. Des savants ont essayé d'en produire en cristallisant le charbon: ils ont réussi, dans ces derniers temps, à former quelques petits cristaux, mais qui manquent d'éclat et de limpidité.

Le prix du diamant est très élevé. Dans le commerce, son poids s'exprime en *carats;* un carat est le poids de 2 décigrammes environ. Un des plus beaux diamants qui existent, *le Régent*, qui appartient à la France, pèse 137 carats, un peu moins de 30 grammes, et vaut 8 à 10 millions. Ce qui fait rechercher le diamant comme objet de luxe et ce qui lui donne un prix exorbitant [2], c'est son incomparable éclat à la lumière, quand il a été poli et taillé à facettes.

Les diamants les plus estimés sont incolores [3]; mais il y en a de jaunes, de verts, de bleus, de roses et même de noirs.

Après le diamant, les pierres les plus belles et les plus précieuses sont : l'*émeraude*, d'un vert foncé très brillant; le *saphir*, d'un bleu très pur; le *rubis*, d'un rouge éclatant; le *topaze*, qui est jaune; l'*opale*, d'un blanc laiteux avec des reflets d'un rouge ardent. Puis viennent l'*améthyste*, qui est violette; la *turquoise*, d'un bleu clair tirant sur le vert; le *grenat*, ordinairement d'un rouge brun foncé; l'*escarboucle*, ou grenat rouge feu.

QUESTIONNAIRE : Sous quelle forme l'or se trouve-t-il dans la terre? — Est-il très malléable? — Pourquoi l'allie-t-on avec du cuivre? — Parlez de l'argent et de ses usages, du platine, de l'aluminium, du

(1) Voyez page 117.
(2) *Exorbitant*, excessif, qui sort de l'orbite, de la voie ordinaire.

(3) *Incolore*, blanc, sans couleur particulière.

mercure. — Qu'appelle-t-on pierres précieuses ? — Qu'est-ce que le diamant ? — Quelle propriété le distingue ? — Quel en est le prix ? — Quelles sont les autres pierres précieuses ?

48. — Minéraux combustibles : houille, tourbe, soufre, etc.

Parmi les richesses que la main de la Providence a déposées dans le sein de la terre pour les usages de l'homme, la *houille* ou charbon de terre tient le premier rang. « Elle est en quelque sorte l'âme de l'industrie moderne. C'est elle qui fait mouvoir la locomotive des chemins de fer traînant sa lourde file de wagons ; c'est elle qui alimente les foyers à haute cheminée de nos usines ; c'est elle qui permet aux navires à vapeur de braver les vents et la tempête ; c'est avec elle que nous travaillons les métaux, que nous fabriquons nos instruments, nos étoffes, nos poteries, notre verrerie et une foule innombrable d'objets les plus nécessaires [1]. »

Il est aujourd'hui reconnu que les dépôts de houille sont d'origine végétale : ils résultent de végétaux enfouis encore humides, pressés en masse compacte [2], et provenant soit de vastes forêts qui croissaient dans la localité, soit de débris transportés par les eaux. Par

Fig. 18. Débris de végétaux de la houille.

(1) H. Fabre.   (2) *Compacte*, serré.

suite de soulèvements du sol, fréquents dans ce temps-là, la mer d'abord, puis des amas de roches et de terrains déposés par les eaux ont recouvert ces restes de forêts et leur ont donné les caractères et les propriétés qui distinguent la houille. Certains morceaux de charbon portent des empreintes de feuilles et de branches qui révèlent son origine.

On trouve la houille dans le sol à des profondeurs diverses, depuis le niveau de la mer jusqu'à 500 mètres au-dessous ; elle y forme des couches d'une étendue variable, dont la plus grande épaisseur est de 5 à 7 mètres.

Un amas considérable de houille se nomme *bassin houiller*. Il en existe dans le monde entier ; mais les contrées les plus favorisées sous ce rapport sont l'Angleterre, la Belgique, la France, l'Allemagne et les États-Unis de l'Amérique du Nord.

Pour extraire la houille des profondeurs de la terre, les mineurs doivent s'éclairer avec des lampes ; mais de là résulte un éminent danger. En effet, il se dégage dans les houillères de grandes quantités d'un gaz très inflammable, appelé *grisou*. Au moindre contact de la flamme, ce gaz prend feu et éclate avec violence. Non seulement tous les ouvriers présents sont tués, mais la secousse se communiquant au loin, les galeries s'écroulent et ensevelissent parfois des centaines de victimes. Une lampe particulière, inventée par l'anglais Davy, rend ces accidents impossibles. Malheureusement d'autres causes produisent encore de temps en temps des explosions du terrible grisou.

C'est de la houille qu'on tire le gaz servant à l'éclairage ; l'opération faite, on a pour résidu [1] le charbon léger et poreux [2] appelé *coke*.

La *tourbe* s'est formée et continue à se former par l'accumulation de diverses plantes et même d'arbres déposés au fond des marais Ces végétaux réduits en pourriture se transforment en une masse brune,

---

terreuse, qui, une fois séchée, s'embrase facilement et donne une assez grande chaleur, mais avec beaucoup de fumée et une odeur désagréable. Les tourbières les plus considérables de France occupent la vallée de la Somme, entre Amiens et Abbeville.

Le *soufre* est une substance d'un jaune éclatant, qui s'enflamme au contact d'un corps embrasé. Voilà pourquoi, entre autres usages, on l'emploie dans la fabrication des allumettes.

On désigne sous le nom de *bitumes* des substances noires ou brunes, tantôt liquides, tantôt molles comme la poix, tantôt solides. L'*asphalte*, dont on recouvre les trottoirs dans les villes, en le mélangeant avec une dose[1] convenable de sable, est une espèce de bitume. Le *pétrole*[2] en est une autre espèce ; c'est un liquide très inflammable ; purifié, il sert à l'éclairage. On a récemment découvert dans l'Amérique du Nord des sources abondantes de pétrole.

QUESTIONNAIRE : Qu'est-ce que la houille? — Quels sont ses usages? — Comment s'est formée la houille? — Où se trouve-t-elle? — Qu'est-ce qu'un bassin houiller? — Qu'est-ce que le feu grisou? — D'où vient le gaz d'éclairage, le coke? — Qu'est-ce que la tourbe? le soufre? — Qu'appelle-t-on bitume? asphalte? pétrole?

49. — Le Sel.

Le sel est une des substances dont l'usage est le plus répandu. Non seulement il communique à nos aliments une saveur agréable, il en facilite encore la digestion ; il a aussi la propriété de conserver les viandes et le poisson, en les empêchant de se corrompre ; mêlé à la nourriture des bestiaux, il rend leur chair plus succulente ; on s'en sert enfin pour amender certaines terres peu fertiles

(1) *Dose*, quantité.

(2) *Pétrole* signifie *huile qui vient de la pierre.*

Le sel provient de trois origines différentes :

1° On le trouve en couches ou bancs solides dans le sein de la terre : il porte alors le nom de *sel gemme* [1]. Quelques-uns de nos départements ont des mines de sel gemme ; les plus riches sont celles de la vallée de la Seille, dans la Meurthe, où elles offrent 13 couches superposées, ayant une épaisseur totale de 68 mètres. Mais la mine de sel la plus considérable du monde entier se trouve aux environs de Cracovie, en Pologne. Elle occupe une longueur souterraine de plus de 200 lieues, sur 20 à 40 de large ; on l'exploite à une profondeur de 400 mètres au-dessous de la surface du sol. « C'est, dit un savant qui l'a visitée, une succession de vastes souterrains, une ville immense avec ses rues et ses places publiques. Les cabanes pour les mineurs et les écuries pour les chevaux nécessaires à l'exploitation sont taillées dans le sel. La population y est nombreuse, et des centaines d'ouvriers y naissent et y meurent sans être jamais sortis de leurs souterrains, sans avoir jamais vu la clarté du soleil. Il y a des chapelles pour le service du culte, et plusieurs des galeries sont plus élevées et plus larges que des églises. Un grand nombre de lumières y sont toujours entretenues, et leur flamme, réfléchie de toutes parts sur les murs de sel, les fait paraître, tantôt clairs et étincelants comme le cristal, tantôt brillants des plus belles couleurs. »

2° Le sel est produit par des sources salées, dont les eaux, avant d'arriver à la surface de la terre, ont rencontré des bancs ou roches de sel gemme. Lorsque les eaux sont suffisamment chargées de sel, on les fait évaporer immédiatement dans de grandes chaudières, très larges et peu profondes, chauffées sur le feu ; quand l'évaporation est complète, le sel seul reste alors au fond de la chaudière. Mais si elles en contiennent très peu, on leur fait subir une première évaporation à l'air, ce qui se fait en les élevant au

(1) *Gemme* signifie *pierre précieuse*. Le sel des mines est ainsi appelé à cause de son éclat.

moyen de pompes, et en les laissant retomber en fines gouttelettes sur un tas de fagots disposés en étages. Dans ce trajet, plusieurs fois parcouru, l'eau salée subit une forte évaporation ; quand elle est devenue assez riche en sel, on achève l'opération dans des chaudières. Il y a en France une trentaine de sources salées, dont quelques-unes seulement sont exploitées.

3° Enfin le sel se tire des eaux de la mer par évaporation. On établit sur le rivage une suite de bassins peu profonds et communiquant entre eux, où l'eau de la mer arrive par de grandes rigoles. C'est ce qu'on appelle *salins* ou *marais salants*. Chauffée par le soleil et caressée par le vent, l'eau s'évapore dans l'air en laissant au fond des bassins une couche de sel que des ouvriers, nommés sauniers, recueillent chaque soir avec des rateaux. Ce sel se présente sous la forme de petits cristaux grisâtres, d'où son nom de *sel gris*. Cette coloration est due à des particules de terre venant des bassins. Pour devenir du *sel blanc*, le sel gris doit subir une opération qui le purifie de ces matières terreuses.

Voulez-vous reproduire en petit ce qui se passe dans les marais salants ? Exposez au soleil, pendant quelques jours, une assiette pleine d'eau salée ou d'eau de mer : l'eau s'en ira, réduite en vapeur par le soleil, et le sel restera seul au fond de l'assiette.

Questionnaire : Quels sont les usages du sel? — D'où vient-il? — Qu'est-ce que le sel gemme? — Décrivez une mine de sel ? — Qu'appelle-t-on sources salées? — Comment en retire-t-on le sel? — Qu'est-ce qu'un marais salant? — Qu'est-ce que le sel gris? le sel blanc?

50. — Règne végétal. Nutrition des plantes.

Les végétaux ou plantes sont des êtres organisés [1], ayant la faculté de se nourrir, de croître et de se reproduire, mais privés de sentiment et de mouvement.

(1) *Organisés*, ayant des organes propres à remplir certaines fonctions, comme de se nourrir, de se reproduire.

Le blé est un végétal : il se nourrit, il grandit et se reproduit ; ce n'est pas un animal : il ne sent pas, il n'a pas de mouvements volontaires, il vit et meurt sur le point du sol où ses racines l'ont fixé.

Les plantes se nourrissent par le moyen de trois organes, savoir : la racine, la tige et les feuilles.

La *racine* est la partie du végétal qui s'enfonce dans la terre. Elle remplit une double fonction : elle fixe le végétal dans le sol ; elle y puise les liquides et tous les sucs nourriciers dont il a besoin. La racine est dite *fibreuse*, si elle se compose d'un grand nombre de filaments déliés ; *pivotante*, si elle forme une espèce de long pivot, comme dans la carotte.

De la racine s'élève la *tige*. Chez la plupart des arbres de nos contrées, la tige porte des branches et se nomme *tronc* ; si, comme celle du roseau et du blé, elle est droite, creuse et divisée par des nœuds, elle s'appelle *chaume*. Si elle est tendre et verte, comme de l'herbe, on la nomme *herbacée* ; si elle est dure, comm celle des arbres, on la nomme *ligneuse* [1].

Si vous coupez transversalement [2] la tige ou le tronc d'un arbre, vous apercevrez au centre un petit canal rempli d'une matière molle, nommée *moelle*. Cette moelle occupe tantôt un grand espace, comme dans le sureau, tantôt un très petit, comme dans le chêne. Autour de la moelle est le *bois*, composé d'un certain nombre de couches figurant des cercles. Chaque couche est le produit de la croissance d'une année : il y en a autant que de cercles ; souvent on peut les compter et savoir ainsi l'âge de l'arbre. Les couches les plus centrales sont les plus anciennes et les plus dures : c'est le *cœur de l'arbre ;* les plus éloignées du centre sont les dernières formées, et par conséquent les plus

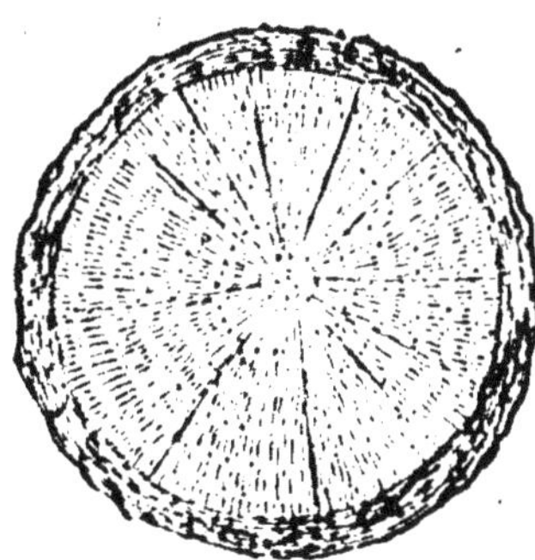
Fig. 15. Couches de bois.

(1) Du latin *lignum*, bois.   (2) *Transversalement*, en travers.

tendres, parce qu'elles n'ont pas encore eu le temps de se durcir : c'est l'*aubier*, qu'on n'emploie pas dans les constructions. L'*écorce*, qui vient ensuite, est comme le vêtement ou la peau de l'arbre.

La couleur des *feuilles* est généralement verte, et leur forme aplatie. Le plus souvent elles se fixent à la branche par l'intermédiaire d'une petite tige. La partie plate a reçu le nom de *limbe;* la petite tige, celui de *pétiole* !. Si le limbe est formé d'une seule pièce, comme dans le tilleul, la feuille est *simple* ; elle est *composée* quand le limbe se divise, comme dans la vigne vierge, en plusieurs limbes partiels ou petites feuilles. Quelquefois le limbe n'a aucune échancrure, comme dans le lilas ; mais souvent ses bords sont plus ou moins dentelés, comme dans l'orme et la vigne. A la surface des feuilles, surtout en dessous, se trouvent des milliers de petits trous appelés *stomates*, c'est-à-dire *bouches*, qu'on ne peut voir qu'au moyen du microscope. C'est par les stomates que la plante respire, c'est-à-dire absorbe l'air et lui emprunte les éléments dont elle a besoin. La fonction des feuilles est donc analogue à celle des poumons [2] chez les animaux.

Les racines, la tige et les feuilles sont les organes à l'aide desquels se nourrissent les plantes.

Les racines puisent au sein de la terre les sucs nourriciers, qu'elles transforment en *sève*. La sève, qu'on pourrait appeler le sang du végétal, parcourt la tige en deux sens opposés.

La *sève ascendante* [3] s'élève en suivant les parties centrales de la tige. Arrivée dans les feuilles, elle s'y purifie au contact de l'air et s'y enrichit de nouvelles substances, principalement de carbone. Elle redescend alors sous le nom de *sève descendante*, en coulant près de la surface, le long de l'écorce intérieure, et en laissant sur son passage les éléments propres à nourrir le végétal.

---

(1) Nom masc. Prononcez *pessiole*.
(2) *Poumons :* voyez la Ve partie

(3) *Ascendante*, montante. Comparez *ascension*.

Dans les pays froids ou tempérés, le travail de la sève se ralentit pendant l'hiver ; il redevient actif au printemps.

QUESTIONNAIRE : Qu'est-ce qu'un végétal ? — Par quels organes se nourrissent les plantes ? — Qu'est-ce que la *racine* ? — Quelles fonctions remplit-elle ? — Sous quelles formes diverses se présente la *tige* ? — Qu'est-ce que la *moelle*, le *bois*, l'*aubier*, l'*écorce* ? — Comment nomme-t-on les diverses parties de la feuille ? — Quelles sont ses diverses formes ? — Qu'entend-on par *stomates* ? — Qu'est-ce que la sève, la sève *ascendante*, *descendante* ?

---

51 — Fleur. Graine. Reproduction des plantes.

Pour se reproduire [1], la plante donne des *fleurs* ; les fleurs, des *fruits*, et le fruit renferme la *graine* ou la semence.

La fleur est supportée par une petite tige ou queue, appelée *pédoncule*, qui l'attache à la branche. Quatre parties principales la composent :

1° Le *calice*, évasé en forme de coupe [2], ordinairement de couleur verte [3] : c'est l'enveloppe extérieure qui recouvre la fleur quand elle est encore cachée dans le bouton, et qui la soutient quand elle s'épanouit et déploie ses riches couleurs ;

2° Les *pétales*, diversement colorés, par exemple, une feuille de rose ou d'œillet. L'ensemble des pétales forme la *corolle*, qui est la fleur proprement dite, la rose, l'œillet, etc. ;

3° Au centre de la fleur se trouve une partie charnue qui fait suite au pédoncule en l'élargissant : c'est l'*ovaire*, ainsi nommé parce qu'il a la forme d'un œuf [4] ;

(1) Ce qui suit s'applique à la plupart des plantes ; il existe, pour quelques-unes, d'autres modes de reproduction.

(2) *Coupe*, vase à boire, en latin *calix*.
(3) Le calice du fuchsia est coloré.
(4) *Œuf*, en latin *ovum*.

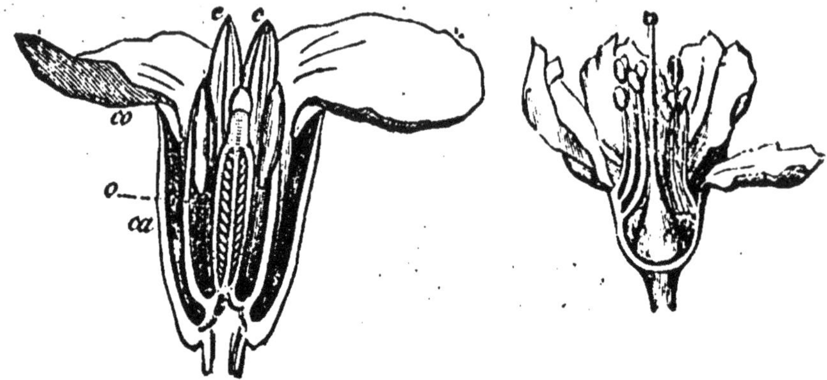

Fig. 20. Coupe de la fleur de giroflée.   Fig. 21. Fleur ouverte de
ca, calice; *co*, corolle; *e e*, étamines; *o*, l'abricotier.
ovaire surmonté du style et du stigmate.

A l'intérieur de l'ovaire sont rangés de petits corps arrondis qui doivent devenir des *graines*. Au-dessus de l'ovaire, s'élève une petite colonne, mince et légère, appelée *style* [1], et terminée par un renflement appelé *stigmate*. L'ensemble de ces trois parties : ovaire, style, stigmate, se nomme le *pistil* [2] ;

4° Autour du pistil se dressent d'autres colonnes, portant à leur sommet de petites masses arrondies pleines d'une poussière jaunâtre [3] : ce sont les *étamines* de la fleur. On a donné le nom d'*anthères* aux petites loges, celui de *pollen* à la poussière qui y est contenue.

C'est cette poussière, le pollen, qui, reçue par le stigmate du pistil, descend dans l'ovaire et donne aux graines la vertu de reproduire d'autres plantes semblables [4].

Bientôt la fleur se flétrit et tombe ; alors l'ovaire se développe, en même temps que la graine qu'il renferme. Ce développement donne le *fruit*.

Tantôt l'ovaire grossit et devient une espèce de chair succulente, comme dans la pêche, la poire, la pomme; tantôt c'est la graine qui devient la partie prédominante,

---

(1) *Style*, en grec, signifie *colonne*.
(2) Le lys n'a qu'un pistil; d'autres fleurs en ont plusieurs.
(3) Voyez la fleur du lys.

(4) Nous avons décrit une *fleur complète*. Dans un grand nombre de fleurs, ces parties sont moins visibles ou manquent tout à fait.

comme dans la noix, la noisette, les haricots. Dans la pêche ou la prune, l'ovaire a formé la peau, la chair et le noyau ; l'amande renfermée dans le noyau est la graine. Dans la noix, l'ovaire forme le *brou* ou partie verte, et la coque ou partie dure ; la graine forme la partie nutritive [1] ; dans l'orange, la poire, etc., ce sont les pépins qui sont la graine.

La plupart des graines ne sont pas semées par la main de l'homme ; elles échappent même à ses regards : c'est la nature qui se charge de ce soin Quelques-unes sont garnies de volants, d'aigrettes, de panaches, qui leur servent d'ailes, au moyen desquelles le vent les emporte à des distances prodigieuses. Celles qui n'ont ni panaches, ni ailes, et qui, par leur pesanteur, semblent condamnées à rester au pied du végétal qui les a produites, sont souvent celles qui font les plus longs voyages : elles volent avec les ailes des oiseaux. C'est par eux que se ressèment une multitude de fruits, soit à pépins, soit à noyau, dont les semences, renfermées dans des croûtes pierreuses et indigestibles, sont avalées par les habitants de l'air, qui vont les planter sur les corniches [2] des tours, dans les fentes des rochers, sur les troncs des arbres, au delà des fleuves et des mers.

52. — Diverses sortes de végétaux.

A la simple vue, les végétaux peuvent se diviser en trois grandes familles : les petits, les moyens et

---

(1) *Nutritive,* qui sert à la nutrition, en latin *nutrire.*

(2) *Corniches,* pierres en saillie, sur lesquelles se posent les oiseaux.

les grands, en d'autres termes, les herbes, les arbris·
seaux [1] et les arbres.

Relativement à la durée de leur existence, on les
partage aussi en trois classes : 1° les plantes *annuelles*,
dont les racines et les tiges se développent et meurent
dans la même année, par exemple le blé et un grand
nombre de fleurs ; les plantes *bisannuelles* [2], qui
périssent au bout de deux ans, comme les carottes
et les betteraves ; 3° les plantes *vivaces*, qui vivent
un nombre indéterminé d'années : tels sont les
arbustes, les arbres et un certain nombre de fleurs.

Les botanistes [3] ont déjà reconnu plus de cent
mille espèces différentes de plantes, et tous les jours
on en découvre encore de nouvelles. Pour mettre de
l'ordre dans une si grande multitude, ils ont réparti
tous les végétaux, d'après leurs caractères distinctifs,
en différents groupes, appelés classes, familles, etc.

A un point de vue plus simple et plus pratique, tous
les végétaux peuvent se ramener à l'une de ces trois
sortes : plantes *alimentaires*, c'est-à-dire fournissant un
aliment, une nourriture, à l'homme ou aux animaux ;
plantes *industrielles*, c'est-à-dire, servant à l'industrie,
comme le lin, les arbres dont on tire le bois de
chauffage, le bois de construction, etc. ; plantes *d'ornement*, c'est-à-dire servant à embellir nos demeures, à
réjouir nos yeux.

53 — Plantes alimentaires : Céréales, tuber-
cules, etc.

Parmi les plantes alimentaires viennent en premier

(1) *Arbrisseaux et arbustes* sont des diminutifs : petits arbres.
(2) *Bisannuelles*, formé de *annuel* et du préfixe *bis*, deux fois.
(3) *Botanistes*, ceux qui étudient les plantes (p. 114).

lieu les *céréales* [1] : on nomme ainsi les plantes qui produisent un grain farineux, comme le blé, le seigle, l'orge, etc.

A peine le grain de *blé* a-t-il été jeté en terre que, sous l'influence de l'humidité, le germe se développe, les racines se forment, déchirent leur enveloppe et s'étendent pour chercher dans la terre l'aliment qui convient à la plante. Bientôt une petite pointe d'herbe sort du sillon, et la tige s'élève. Avec quel art cette tige n'est-elle pas construite! Elle est creuse et bien frêle en apparence; mais quatre nœuds très forts l'affermissent sans lui ôter de sa souplesse. Enfin l'épi qui couronne la tige commence à grossir; il fleurit, il se remplit de grains, qui jaunissent sous les rayons du soleil, et appelleront bientôt la faucille du joyeux moissonneur. Ce grain précieux sera porté au moulin pour être broyé sous des meules et réduit en farine; cette farine nous donne le pain, notre aliment par excellence et l'un des plus grands bienfaits du Créateur. L'enveloppe du grain de blé se nomme *balle*.

Le *seigle*, céréale des sols pauvres, donne un grain petit et un pain un peu brun, mais rafraîchissant.

L'orge croît dans les climats les plus rudes, jusqu'en Laponie. Elle entre comme élément principal dans la fabrication de la bière. *L'orge mondé* est de l'orge dépouillée de sa peau. *L'orge perlé* est de l'orge privée de ses extrémités et réduite en petits grains.

L'avoine est donnée en nourriture aux chevaux.

Sur une tige de plusieurs mètres de haut, s'étalent les fleurs en panache du *maïs* ou *blé de Turquie*: c'est la céréale des pays méridionaux. Avec la farine de maïs on fait une bouillie excellente et des gâteaux. Il sert aussi à engraisser les oiseaux de basse-cour.

Le *sarrasin*, ou *blé noir*, fournit aux habitants de l'ouest de la France de la bouillie et des galettes.

Le riz ne croît que dans les terrains bas et facilement submergés. C'est la principale nourriture des Orientaux, surtout en Chine et aux Indes.

---

[1] *Céréales*, de Cérès, déesse des moissons dans les fables des Grecs.

Après les céréales viennent les *tubercules*[1], qui sont de riches dépôts de fécule[2], et les *racines*, dont la chair souvent agréable renferme des sucs abondants.

Le plus précieux des tubercules est la *pomme de terre*, dont la tige porte des feuilles d'un vert sombre et de petites fleurs à corolles violettes et blanches. Rapportée d'Amérique en Angleterre, au XVI° siècle, la pomme de terre fut longtemps inconnue ou dédaignée en France. Ce fut sous le règne de Louis XVI que *Parmentier*, né à Montdidier (Somme), la fit accepter et la propagea dans notre pays.

A l'aide de la râpe, on réduit les pommes de terre en pulpe[3] et on obtient une précieuse fécule. Cette fécule, mêlée avec d'autres farines, est vendue sous les noms de vermicelle, de semoule, de tapioca, etc.; elle sert aussi à fabriquer l'amidon. — La pomme de terre ne se reproduit pas au moyen de la graine; on coupe le tubercule en morceaux, qui doivent renfermer un œil ou bourgeon, et de ce bourgeon mis en terre sort une plante nouvelle.

Les principales racines qui fournissent à l'homme un aliment sont : les *raves*, les *radis*, les *carottes*, les *navets*, les *panais*, les *salsifis*, et surtout la *betterave*, dont on a trouvé le moyen, au commencement de ce siècle, d'extraire le sucre.

D'autres plantes servent à nourrir nos bêtes de somme[4] et nos troupeaux: on les appelle plantes *fourragères*. Qu'il nous suffise de nommer la *luzerne*, le *sainfoin*, le *trèfle*, la *vesce*. Le produit de ces plantes, vert ou sec, se nomme *foin* ou *fourrage*.

QUESTIONNAIRE : Qu'appelle-t-on *céréales* ? — Parlez du *blé*, du *seigle*, de l'*orge*, de l'*avoine*, du *sarrasin*, du *riz*. — Quel est le plus précieux des *tubercules* ? — Nommez les principales *racines* alimentaires, les principaux *fourrages*.

---

(1) *Tubercule*, excroissance en forme de bosse, qui se fait à la racine ou à la tige de certaines plantes.

(2) *Fécule*, espèce de farine.

(3) *Pulpe*, chair de certains végétaux réduite en une sorte de pâte.

(4) *Somme* a ici le sens de *charge*, *fardeau*. Les chevaux, les mulets, etc., qui portent ou qui traînent des fardeaux, sont des *bêtes de somme*.

54. — Le Potager : légumes.

Le potager est le jardin utile, destiné à la culture des plantes qui doivent être servies sur nos tables.

On partage les plantes potagères en sept ou huit classes : les racines, les verdures, les salades, les fournitures, les plantes fortes, les herbes odoriférantes[1], les légumes proprement dits, et les fruits de terre. Le nom de *légumes* ne convient proprement qu'aux graines qu'on recueille dans des gousses ou cosses, comme les pois, les haricots, les fèves, etc.; mais, dans l'usage commun, on le donne à toutes les plantes potagères.

Une plante très singulière est la *truffe*, qui ne pousse ni tige ni racines. Elle se nourrit par ses pores[2]; après avoir pris la grosseur d'une petite pomme de terre, elle se dessèche et se perpétue par des graines qui sont imperceptibles. Fort avides de ce mets, les pourceaux, quand ils trouvent des truffes en fouillant la terre, annoncent leur joie par des cris qui en informent le berger; celui-ci les écarte d'un coup de houlette et réserve ce trésor pour les tables les plus délicates.

Les verdures, telles que *l'oseille*, le *persil*, *épinards*, les *choux-fleurs*, sont assez connues.

Quoiqu'on fasse mille usages divers des *laitues*, des *chicorées*, du *céleri*, etc., ces plantes sont toujours le fond principal des salades. On y mélange, mais avec modération, quelques fournitures : la *pimprenelle* et le *cerfeuil*, qui sont de tous les temps; le *pourpier*, le *cresson*, les *mâches*, selon les saisons.

Les plantes fines et odoriférantes sont l'*estragon*, la *menthe*, l'*anis*, le *fenouil*, etc.

Les plantes fortes tiennent toutes de la nature de l'*oignon*, qui est la plus estimée. Les autres sont: le *poireau*, la *ciboule*, l'*échalotte* et l'*ail*, qui a de quoi contenter le palais le plus difficile à émouvoir.

---

(1) *Odoriférantes*, qui répandent une odeur forte.

(2) *Pores*, petits trous imperceptibles la peau. *Imperceptibles*, que l'œil ne peu apercevoir.

Le potager met le comble à ses libéralités en nous donnant les fruits de terre : les *melons*, les *concombres*, les *potirons*, etc.

Dans *l'asperge*, on mange la tige, c'est-à-dire la plante elle-même développée. Dans *l'artichaut*, nous mangeons le calice d'une fleur ; ce qu'on nomme *foin* est cette fleur avant son épanouissement.

QUESTIONNAIRE : Qu'est-ce que le potager ? — Qu'appelle-t-on *légumes*? Qu'est-ce que la *truffe* ? — Nommez les principales *verdures*, les principales *salades* avec leurs *fournitures*, les plantes *fines* et *odoriférantes*, les plantes *fortes*, les fruits de terre. — Que mange-t-on dans l'*asperge*, dans l'*artichaut*?

55.—Le Verger : fruits. Plantes exotiques.

Le *verger* est le jardin destiné à la culture des fruits. Les fruits sont à *pépins*, comme la pomme, ou à *noyau*, comme la pêche, ou à *coque*, comme l'amande et la noix, ou à *baies*, comme la fraise et le raisin.

Le plus précieux de tous les fruits est celui de la *vigne*, le *raisin*, qui constitue une des principales richesses de notre pays. La vigne ne se cultive pas seulement dans les vergers, mais en plein champ, sur des côteaux bien exposés [1]. Le vin est le suc extrait par la pression des raisins mûrs et qu'on a laissés fermenter. La récolte du raisin se nomme *vendanges*. Du vin s'obtiennent le vinaigre, ou *vin* devenu *aigre* au contact de l'air, et l'alcool qui, selon sa force, donne l'esprit de vin ou l'eau-de-vie.

Le *pêcher*, l'*abricotier*, le *prunier* et le *cerisier* nous donnent des fruits à noyau. Les amandes de la pêche et de l'abricot servent à fabriquer la liqueur appelée *eau de noyau*. Les prunes de *reine-claude* [2] et de *mirabelle* sont les plus estimées. Séchées alternati-

(1) *Exposés* aux rayons du soleil.   (2) Ainsi appelée de la reine Claude, femme de François Ier.

vement au feu et au soleil, les prunes forment les *pruneaux*. Une variété de cerises de la Forêt-Noire et des Vosges [1] est employée dans la fabrication de la liqueur blanche nommée *kirsch* ou *kirsch-wasser*, c'est-à-dire *eau de cerise*.

Les fruits du *poirier* et du *pommier* ne sont pas seulement consommés en nature. Les pommes fournissent la boisson appelée *cidre*, et les poires le *poiré*.

De l'*amandier* et du *noyer*, ce sont les graines que l'on mange; la chair du fruit, charnue et verte, se nomme *brou*. Il en est de même du *noisetier*.

On distingue, parmi les *groseilliers*, le blanc, le rouge, le noir ou cassis, et le groseillier à maquereau. La *framboise* a un parfum doux et pénétrant ; par sa forme elle rappelle la *fraise*, fruit délicieux d'une plante herbacée, le *fraisier*.

La *figue* est un fruit d'une digestion facile ; elle n'acquiert toute sa grosseur que dans les provinces du Midi.

L'*oranger* demande plus de chaleur encore. Son fruit est l'*orange*, et ses fleurs donnent l'*eau de fleurs d'oranger*.

Certaines plantes cultivées dans les contrées étrangères [2] fournissent aussi des produits qui, sans être absolument nécessaires, sont devenus d'un usage si habituel, que la privation nous en serait bien pénible.

La *canne à sucre*, originaire de l'Inde, est aujourd'hui très cultivée en Amérique. C'est un grand roseau dont la tige, haute de 2 à 4 mètres, a des nœuds comme celle du blé. Cette tige broyée laisse découler le suc si doux que nous nommons le *sucre*. Avant l'invention du sucre de betterave, on n'en connaissait pas d'autre que celui de canne. Une partie du suc de la canne reste toujours liquide : c'est la *mélasse*, dont on fait le *rhum*.

---

(1) *Forêt-Noire*, dans le grand-duché de Bade. *Vosges*, montagnes entre la France et l'empire d'Allemagne.

(2) C'est la signification du mot *exotique*, c'est-à-dire qui vient du dehors.

Le *caféier*, petit arbrisseau toujours vert, produit un fruit semblable à une belle cerise ; dans
chaque fruit se trouvent deux
grains collés l'un contre l'autre :
c'est le café. Les cafés les plus
renommés sont ceux de Moka,
en Arabie, de l'île Bourbon et de
la Martinique.

Le *thé* est la feuille d'un arbuste nommé *arbre à thé*, qui croît
dans la Chine et au Japon. La
différence de préparation fait le
thé *noir* et le thé *vert* ; celui-ci a
des effets plus énergiques.

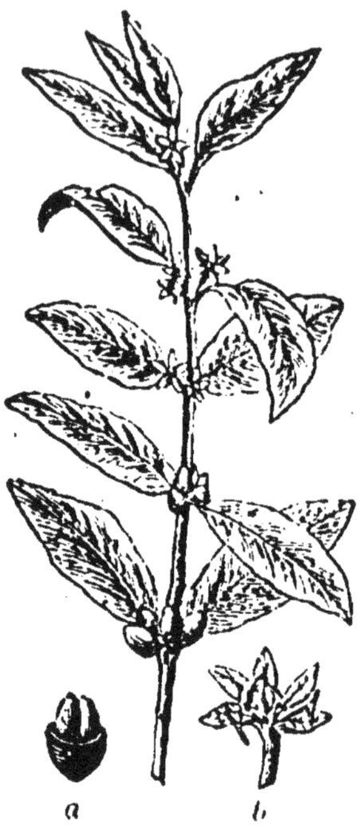

Fig. 22. l'ameau de ca
féier, avec son fruit *a*,
sa fleur b.

Le *cacaoyer* est un ar-
bre d'Amérique dont le
fruit, semblable à un petit
melon, contient de 30 à
40 amandes brunes, ap-
pelées *cacao*. On les brûle,
on les broie, et la farine
qu'on obtient, mêlée avec
du sucre, forme le *cho-
colat*.

Les *épices* sont des substances végétales dont on
se sert pour relever le
goût des aliments. La
plus connue est le *poi-
vre*, fruit d'un arbris-
seau d'Asie, le *poivrier*.

Fig. 23. Branche de cacaoyer. *a*,
fruit ouvert.

Le *giroflier* donne les *clous de girofle*, boutons de cet

arbuste, cueillis avant leur épanouissement ; l'écorce des jeunes branches du *cannelier* donne la *cannelle* ; la gousse du *vanillier* donne la *vanille*, qui sert à parfumer les crèmes, le chocolat, les liqueurs, etc. ; enfin le *muscadier* donne une amande parfumée, la *muscade*.

Questionnaire : Qu'est-ce qu'un verger ? — Quels sont les diverses espèces de fruits ? — Parlez du *raisin* et du *vin*, des fruits à noyau. — Comment se font les *pruneaux*, le *kirsch* ? — Quelle boisson fait-on avec le fruit du pommier et du poirier ? — Nommez les fruits dont on mange l'amande. — Que savez-vous du *groseillier*, du *framboisier*, du *fraisier* ? — Quelles sont les plantes alimentaires exotiques : *canne à sucre*, *caféier*, *thé*, *cacaoyer*, plantes donnant des *épices* ?

56. — Plantes industrielles.

1° Bois

Chaque arbre a un usage spécial qui tient aux propriétés particulières de son bois.

Les uns sont plus spécialement destinés aux *constructions* : ce sont le *chêne*, le plus dur de tous, dont les fruits, nommés *glands*, servent à la nourriture des pourceaux ; le *hêtre*, à l'écorce unie et blanchâtre, dont les fruits, nommés *faînes*, donnent de l'huile ; les *châtaigniers* et les *marronniers*, à qui nous devons les châtaignes et les marrons ; le *peuplier*, avec lequel on fait les poutres légères et les minces planches nommées *feuillets* ; le *pin* et le *sapin*, dont la tige élancée fournit des mâts[1] à nos vaisseaux ; le *cèdre* majestueux, trop rare dans nos pays ; l'*aune*, dont le bois inaltérable résiste à l'humidité.

D'autres, susceptibles de recevoir un beau poli, sont employés dans les arts et les métiers ; on les appelle *bois d'œuvre*. Ce sont : le *chêne*, dont nous avons déjà

(1) *Mâts*, hautes pièces de bois auxquelles on suspend les voiles.

parlé ; l'*érable*, l'*orme* et le *frêne*, utilisés soit par les tourneurs, soit par les charrons ; le *noyer*, avec lequel on fait des meubles aussi beaux que solides ; l'*acajou*, abondant au Brésil, et si recherché pour l'ameublement. Ajoutez l'*osier*, dont les rameaux flexibles servent à la vannerie [1] ; le *bouleau*, au tronc blanc, qui nous donne les balais ; le *chêne-liège*, dont l'écorce imperméable et légère fournit les bouchons de liège; le *tilleul*, dont l'écorce intérieure, nommée *tille*, donne d'excellents cordages, etc.

Enfin certains arbres sont souvent employés, en tout ou en partie, au chauffage et à la fabrication du charbon de bois; ce sont l'*orme*, le *chêne*, le *charme*, le *hêtre*, etc.

2° PLANTES TEXTILES.

Les plantes *textiles* sont celles qu'on peut *tisser*. Il y en a trois principales : le *lin*, le *chanvre* et le *coton*.

« Le lin est une petite plante délicate dont la fleur, à cinq pétales, est d'un gris foncé. L'écorce de sa tige renferme ces fibres déliées, souples et tenaces, dont on fait des tissus si variés. On commence par *rouir* le lin, c'est-à-dire qu'on plonge les tiges dans l'eau, un mois environ, afin que l'eau dissolve une espèce de gomme qui lie les fibres entre elles, ainsi qu'avec la paille de l'écorce. En frappant ensuite ces tiges bien séchées, avec un instrument de bois, on sépare la paille des filaments : c'est ce qui s'appelle *teiller*. Les filaments réunis en bottes constituent la *filasse*. On peigne la filasse pour en séparer la partie grossière ou *étoupe*, avec laquelle on fait des toiles d'emballage Ce qui reste est le *fil*. Avec le fil ordinaire on fait des toiles ; avec le plus fin et le plus soyeux [2], des toiles fines, des batistes, des dentelles. Le lin se file en fils d'une telle finesse,qu'il peut acquérir quinze cents fois la valeur qu'il

---

(1) *Vannerie*, le métier de *vannier*, consistant à faire des vans, des corbeilles, des paniers, des mannes, etc.

(2) *Soyeux*, doux au toucher comme la soie.

avait en filasse : ainsi le fil avec lequel on fait la dentelle se vend douze cents francs la livre, et il ne vaut pas vingt sous avant d'être filé [1]. »

Le chanvre, dont les fibres sont moins souples que celles du lin, sert à fabriquer de grosses toiles et des cordages. Sa graine, nommée *chènevis*, nourrit les oiseaux et donne de l'huile.

Le *cotonnier* est un arbuste dont le fruit est une capsule ou coque arrondie, divisée intérieurement en 3 ou 4 loges, contenant chacune de 4 à 6 graines enveloppées dans un flocon de duvet, long, très fin, de couleur blanche. Ce duvet est le *coton*, ce précieux produit qui, grâce aux mille transformations que l'industrie lui fait subir, devient *indienne, calicot, percale, rouennerie, velours, mousseline*, etc., etc. Le cotonnier ne vient que dans les pays les plus chauds de l'Asie et de l'Amérique. On l'a transplanté depuis quelque temps en

Fig. 24. Coton dans sa gousse.

Algérie. On appelle *ouate* [2] du coton cardé, fin et soyeux, qui sert à garnir les vêtements. Il y a aussi de l'ouate de soie, de lin, etc.

3° PLANTES OLÉAGINEUSES, TINCTORIALES, ETC.

On appelle plantes *oléagineuses* celles dont les graines ou les fruits fournissent de l'huile [3].

La première de ces plantes est l'*olivier*, petit arbre

---

(1) F. Hément.
(2) Quelques-uns disent : *De la ouate,* double de ouate : ce n'est pas une faute, | ou jouant quelquefois le rôle de consonne.
(3) Huile se dit en latin *oleum.*

dont le fruit, nommé *olive*, donne une huile très douce et très pure. L'olivier est cultivé dans le midi de la France.

Le *colza*, la *navette*, et la *cameline* fournissent des huiles pour l'éclairage et pour la fabrication des savons communs. Ce qui reste de la graine après l'extraction de l'huile est utilisée sous le nom de *tourteaux*, pour engraisser le bétail ou pour fumer les terres.

L'*œillette* donne une huile assez fine, employée dans la peinture.

Une partie des couleurs qui servent à la teinture est fournie par la racine, par la tige, par les feuilles ou les fruits de certaines plantes : ces plantes se nomment *tinctoriales* [1]. La *garance*, cultivée en Provence, et le *bois de campêche*, qui vient d'Amérique, donnent la couleur rouge ; *l'indigo* et le *pastel*, la couleur bleue ; le *genêt* et le *safran*, la couleur jaune.

Du tronc de certains arbres découlent naturellement, ou après une incision, une matière transparente qui durcit à l'air : on la désigne sous le nom de *gomme*. Une des principales est la *gomme arabique*.

Le *caoutchouc* est une espèce de gomme produite par des arbres qui croissent dans l'Amérique du Sud. On l'a, dans ces derniers temps, employé à toutes sortes d'usages.

PLANTES MÉDICINALES.

Enfin un très grand nombre de plantes renferment des principes bienfaisants que la médecine utilise. Les unes, comme le *pavot*, d'où l'on extrait l'opium et le laudanum, calment nos douleurs ; d'autres, comme le *quinquina*, d'où l'on extrait la quinine, font cesser la fièvre ; l'*aloès*, et l'huile de *ricin* fournissent de salutaires purgatifs ; l'*ipécacuana*, un vomitif énergique ; la *digitale* ralentit les mouvements désordonnés du cœur ; la *menthe*, la *mélisse* et la *camomille* raniment les

____

(1) Du latin *tinctorius*, qui sert à teindre.

forces et l'appétit; le *bouillon blanc*, la *bourrache*, le *lichen* et les *mauves* donnent des infusions pectorales [1] ; les fleurs de *tilleul*, des infusions sudorifiques [2] et excitantes.

QUESTIONNAIRE : 1° Quels sont les arbres dont le bois est destiné aux constructions? — A quoi servent les glands du chêne, les faînes du hêtre? — Quels sont les arbres employés dans les arts et métiers? — Quels arbres nous fournissent de quoi faire des mannes et des paniers, des balais, des bouchons? — Quels sont ceux qui sont employés au chauffage et à la fabrication du charbon de bois? 2° Nommez les plantes textiles. — Comment prépare-t-on le lin? — Qu'est-ce que le chanvre, le chènevis. — D'où vient le coton? — Qu'est-ce que l'ouate? 3° Qu'appelle-t-on plantes *oléagineuses* ? — Parlez de l'olivier, du colza, de l'œillette. — Nommez les plantes tinctoriales. — Qu'est-ce que la gomme, le caoutchouc? 4° Nommez les principales plantes médicinales, en indiquant leurs propriétés.

---

57. — Le Parterre [3] : plantes d'ornement.

Dieu, en créant les végétaux, n'a pas voulu seulement pourvoir à nos besoins ; à l'utile, il a joint l'agréable : il nous a donné les fleurs, dont les brillantes couleurs et les doux parfums semblent n'être que pour la joie et le plaisir, afin de ne laisser à l'homme aucun moyen d'être ingrat.

En effet, ces fleurs si magnifiquement parées sont visiblement faites pour nous plaire ; elles n'ont même d'agrément que pour nous ; nos yeux sont les seuls qui en jouissent. Les animaux, à leur vue, ne paraissent goûter aucun plaisir : ils ne s'y arrêtent jamais, ils les confondent avec l'herbe commune; ils foulent aux pieds les plus belles et n'ont pour cet ornement de la terre que la plus entière indifférence. L'homme seul démêle et recherche les fleurs avec complaisance.

Et voyez jusqu'où Dieu a porté l'attention à nous

(1) *Pectorales*, bonnes pour la poitrine (en latin *pectus*).

(2) *Sudorifiques*, qui provoque la sueur, (du latin *sudor*, sueur, avec le suffixe *fique*).

(3) *Parterre*, jardin où l'on ne cultive que les fleurs et plantes d'agrément.

réjouir par la beauté et par la multitude des fleurs !
On dirait qu'elles ont reçu l'ordre de naître sous nos
pas : nulle partie, dans la nature, qui ne nous en offre
tour à tour. Elles croissent en haut des arbres, et sur
l'herbe qui rampe ; elles embellissent les vallées et les
montagnes ; les prairies en sont émaillées [1] ; nous les
cueillons au bord des bois et jusque dans les déserts ;
le printemps, l'été et l'automne les font succéder les
unes aux autres avec profusion.

Mais la variété qui règne parmi les fleurs est peut-
être plus surprenante encore. S'il existait entre elles
une ressemblance parfaite relativement à leur structure [2], à leur forme, à leur grandeur, à leur parure,
cette uniformité fatiguerait nos sens et amènerait
l'ennui ; ou si l'été ne présentait de plantes et de fleurs
que celles du printemps, nous nous lasserions bientôt
de les contempler. C'est donc un effet de la bonté
divine d'avoir ajouté à tous leurs autres charmes celui
d'une variété toujours nouvelle.

Chaque fleur paraît au moment qui lui a été prescrit.
Le Créateur a exactement déterminé le temps où l'une
doit développer ses feuilles, l'autre fleurir, une autre
se faner : par cette succession, elles nous donnent comme
une fête continue et variée.

Même au sein de l'hiver, lorsque toute la nature
semble engourdie par le froid, quelques fleurs, comme
la *rose de Noël*, viennent encore çà et là parer la terre.

Le froid commence-t-il à s'adoucir, vous voyez sortir
la *perce-neige*, qui semble donner le signal à ses gracieuses compagnes. Bientôt la fleur de safran, le *crocus*,
ouvre sa jaune corolle ; la *giroflée* de muraille fleurit
dans les vieux murs ; les *pâquerettes* foisonnent parmi
les gazons.

Voici le printemps : avec lui se montrent la brillante
primevère et le *narcisse* aux fleurs odorantes ; la
violette, bien que cachée aux yeux par les feuilles
sèches de l'automne, se révèle par son parfum ; la

---

(1) *Émaillées*, Ornées.

(2) *Structure*, arrangement des parties
qui les composent.

pervenche à la corolle d'azur, les *jacinthes* blanches, roses ou d'un bleu violet, les *silènes*, la *couronne impériale*, la *pensée* avec ses mille variétés, la belle *anémone*, la *renoncule* et la *tulipe* aux riches couleurs, l'*iris*, le *muguet* aux petites fleurs blanches en forme de clochettes, le *pied-d'alouette*, la *julienne* aux longs rameaux blancs ou rouges, le *lilas*, le *chèvrefeuille* aux bouquets capricieux, s'empressent à décorer le parterre. Dans le lointain, les arbres fruitiers mélangent les couleurs les plus tendres avec la verdure naissante et relèvent de toutes parts la beauté des jardins.

Juin voit s'épanouir la reine des fleurs, la *rose*, qui compte aujourd'hui plus de deux mille variétés. Autour d'elle, que de fleurs rivalisent d'éclat et de parfum ! Ce sont les *œillets*, les humbles *résédas*, les *géraniums* aux couleurs si vives et si variées, les *fuchsias*, les *verveines*, les *thlaspis*, les *glaïeuls* dont les feuilles se dressent en épi au milieu de feuilles aiguës, le *lis* si pur et si éclatant, qui élève sa blanche corolle au-dessus de toutes les plantes du parterre. Puis viennent le petit *héliotrope*, qui exhale le parfum de la vanille ; la *scabieuse*, piquetée de points blancs sur un rouge sombre ; l'*œillet d'Inde*, à la corolle d'un jaune foncé ; l'*amarante*, aux longues grappes cramoisies.

La *reine-marguerite* précède et accompagne l'automne. Les fleurs de cette saison ont peu ou point de parfum. Nommons l'*amaryllis*, d'un rouge pourpre velouté ; la *véronique* ; le *dahlia*, dont les nombreuses variétés suffiraient à couvrir un parterre ; le *chrysanthème* et l'*aster*, qui affrontent sans se flétrir les premiers frimas.

58. — Règne animal.

L'animal est un être vivant, organisé, c'est-à-dire ayant des organes ou instruments pour remplir certaines fonctions nécessaires à la vie, doué enfin de la faculté de sentir et de se mouvoir spontanément [1]. Les végétaux sont aussi des êtres organisés : ils naissent, ils se développent, ils meurent; mais ils ne peuvent se donner aucun mouvement par eux-mêmes; en outre, ils sont insensibles : ils ne voient ni n'entendent ; vous cueillez une rose, vous coupez une branche de lilas : l'arbuste mutilé [2] ne sent pas la blessure.

Toute la nature est peuplée d'êtres vivants et animés. Quelle innombrable foule d'espèces, quelle étonnante multiplicité d'individus nous présentent les airs, les champs, les prairies, les forêts, les rivières, les abîmes de l'Océan, les entrailles même de la terre! Depuis l'invention du microscope [3], un nouveau monde d'animaux est venu frapper nos regards : une seule goutte d'eau, à peine sensible à l'œil, en offre un nombre considérable, qu'on distingue très bien les uns des autres.

Tous ces animaux sont pourvus d'organes. Mais il y a entre eux, sous ce rapport, de grandes différences. Ces organes ne sont pas les mêmes pour tous : le cœur, l'estomac, les pattes d'un chien, par exemple, diffèrent de ceux d'un oiseau ou d'un poisson, plus encore de ceux d'une chenille ou d'une mouche. Et non seulement ils n'ont pas dans tous les animaux la même forme ou la même perfection, plusieurs font totalement défauts à certaines espèces. Beaucoup d'animaux, par exemple, n'ont pas de pieds; il en est qui n'ont pas d'yeux, pas même de cœur ou de tête.

En étudiant la multitude d'individus de toute forme et de toute espèce qui compose le règne animal, les

---

(1) *Spontanément*, librement, de soi-même.

(2) *Mutilé*, privé d'un membre, d'une partie quelconque.

(3) *Microscope* : voyez page 66.

savants ont trouvé qu'il existe quatre types ou modèles principaux d'après lesquels tous les animaux semblent avoir été créés.

Les animaux du premier type, par la simplicité de leur organisation [1], diffèrent à peine des plantes Aussi les appelle-t-on *zoophytes*, c'est-à-dire animaux-plantes. Ils servent comme de transition entre les végétaux et les animaux : tels sont les éponges, les coraux, les madrépores, etc.

En montant un degré dans l'échelle animale [2], nous trouvons les *mollusques*, ou animaux mous, dont tous les organes sont enveloppés dans une peau molle, comme dans une espèce de sac. Les uns, comme le limaçon, ont le corps nu ; celui des autres, par exemple des escargots et des huîtres, est protégé par une coquille.

A un degré plus élevé viennent les *annelés* ou *articulés*, dont le corps se compose ordinairement d'une série d'articles ou anneaux plus ou moins durs, destinés à loger les organes : tels sont les insectes, les araignées, les vers, les écrevisses, etc.

Enfin les *vertébrés* occupent le sommet de l'échelle. Ces animaux, comme leur nom l'indique, ont des vertèbres, c'est-à-dire des os qui s'emboîtant les uns dans les autres, forment l'épine dorsale [3], et un squelette, c'est-à-dire un ensemble d'os formant comme une charpente intérieure. Tels sont les quadrupèdes ou animaux à quatre pieds, les oiseaux, les poissons.

Ces quatre types se nomment *embranchements*, parce qu'ils forment comme les quatre branches principales de l'arbre zoologique [4]. Chacun d'eux renferme d'innombrables variétés.

QUESTIONNAIRE : Qu'est-ce qu'un animal? — En quoi l'animal diffère-t-

(1) *Organisation*, ensemble des organes. Leur organisation est simple, parce qu'ils ont peu d'organes (ni cœur, ni estomac, ni yeux, etc.) et que ces organes sont peu compliqués.

(2) *Échelle animale*, série des animaux considérés au point de vue de leur organisation plus ou moins parfaite.

(3) *Épine dorsale* ou du dos, appelée aussi *colonne vertébrale*.

(4) *L'arbre zoologique* désigne ici, par figure, le règne animal, tous les animaux conçus sous l'image d'un arbre à quatre branches principales.

Il du végétal ? — Y a-t-il beaucoup d'animaux ? — Tous les animaux ont-ils les mêmes organes ? — Nommez, en les définissant, les quatre types ou embranchements du règne animal.

---

59. — Zoophytes. 1° Infusoires.

Une grande classe de zoophytes se nomme *infusoires*. Ce sont des animalcules d'une telle petitesse qu'ils sont invisibles à l'œil nu, ou du moins n'apparaîtraient que comme des points sans forme appréciable. Ce n'est qu'au moyen du microscope qu'on a pu les apercevoir et les étudier. Un milliard de ces petits êtres tiendraient dans le creux de la main, et plusieurs centaines passeraient de front par le trou de la plus fine aiguille. Ils tirent leur nom de ce qu'on les a découverts dans des liquides qui avaient tenu en *infusion* des matières végétales et animales [1]. C'est là, en effet, qu'on les voit surtout fourmiller; mais on les rencontre partout dans la nature, sur la terre, dans les mers, dans le corps même des animaux, et jusque dans ces atomes [2] de poussière que fait briller à nos yeux un rayon de soleil. Nous avalons à chaque instant, sans nous en douter, des milliers de ces animalcules.

Le corps des infusoires, semi-transparent [3], ressemble à un peu de gélatine animée [4]. Et cependant ils ont une bouche et des yeux, des muscles et des nerfs, des organes de nutrition et de locomotion [5]. Doués d'une merveilleuse activité, à quelque heure du jour ou de la nuit qu'on les observe, on les trouve toujours en mouvement: ils semblent ne connaître ni le repos ni le sommeil. Ils s'agitent au sein d'une goutte d'eau aussi librement que les poissons dans la mer; ils courent relativement plus vite que le coursier le plus agile; ils se poursuivent, se dévorent et se digèrent

---

(1) Des débris de végétaux et d'animaux
(2) *Atome,* corps si petit qu'on ne peut plus le diviser.
(3) *Semi,* c'est-à-dire *demi.*
(4) *Gélatine* ou gelée, suc de viande qui a pris, en se refroidissant, une consistance molle et tremblante ; ou bien jus de fruits cuits avec du sucre, et offrant le même aspect. *Animée,* vivante.
(5) Organes pour se nourrir et se mouvoir

avec tant de rapidité, qu'on a de la peine à distinguer
celui qui mange de celui qui est mangé.

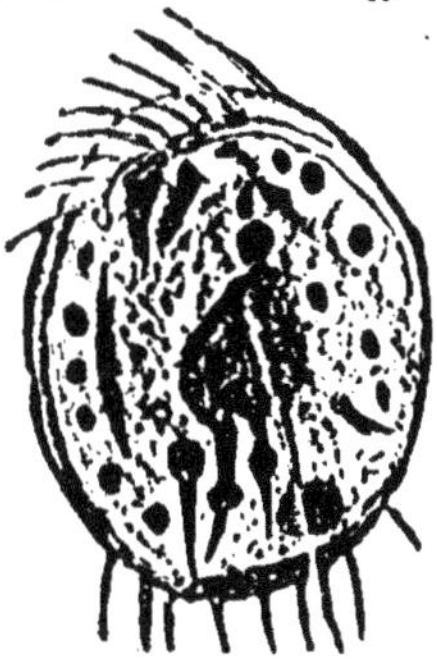

Rien de plus varié que leurs figures
et leurs façons de se mouvoir. Les uns,
semblables à de petites boules, s'é-
lancent en ligne droite; les autres, allongés en ovale, ne font que tournoyer;
plusieurs laissent apercevoir distinctement des pattes, une queue souvent
fourchue et des antennes [1]; d'autres,
composés d'anneaux, se mouvent à la
manière des vers de terre.

Fig. ... .re.

Ces êtres d'apparence si chétive vivent avec une
égale facilité sous le ciel de feu de la zone torride
et dans les régions polaires, où la rigueur du froid tue
les plantes les plus robustes et la plupart des
animaux. Des infusoires desséchés sur les toits depuis
plusieurs années renaissent, si vous leur donnez un
peu d'eau et un rayon de soleil.

Les principales espèces d'infusoires sont:

Les *monades*, les plus petits de tous ; ils ressemblent
à des points vivants qui tourbillonnent dans l'eau.
Examinez au miscroscope une goutte d'eau dans
laquelle on a fait infuser du poivre pendant quelques
jours, vous y verrez presque autant de monades qu'il
y a d'habitants sur la terre

Les *vibrions*, dont le diamètre n'a pas plus d'un
millième de millimètre, sont semblables à de petites
aiguilles très vives Ils habitent par groupes au fond
des mares; après la pluie, beaucoup montent à la
surface et donnent à l'eau une teinte verte.

Les *rotifères*, ou porte-roue, par l'agitation rapide
des cils [2] qui entourent leur bouche, produisent l'effet
d'une roue en mouvement.

Les *volvoces*, de forme globuleuse, tournent continuellement sur eux-mêmes, comme pris de vertigo.

Les *verticelles*, ou infusoires-fleurs, ont à peu près

(1) *Antennes*, filaments mobiles que les insectes portent sur la tête.

(2) *Cils*, poils des paupières.

la forme d'une tulipe. Leur large bouche, garnie de cils raides, est toujours ouverte au milieu des eaux. L'envie de manger se fait-elle sentir, ils n'ont qu'à remuer ces petits cils ; ce mouvement détermine une espèce de tourbillon qui amène dans la bouche de l'infusoire les monades et autres animalcules.

Le protée est peut-être le plus curieux de tous, Comme le Protée de la fable, auquel Il doit son nom [1], il prend à son gré mille formes variées. il est tantôt ovale comme un grain de blé ; tantôt on lui voit cinq tubercules ; vous le regardez encore, voilà qu'il se subdivise en minces lanières ; un moment après, c'est une fleur à quatre pétales pointus.

QUESTIONNAIRE: Qu'appelle-t-on *infusoires*? — D'ou vient leur nom? — Donnez une idée de la forme et de la vie des infusoires. — Dites un mot des principales espèces d'infusoires.

---

60. — 2° Polypes et Polypiers.

A l'embranchement des zoophytes appartient aussi la classe des *polypes*. Ces animaux présentent l'aspect d'une masse gélatineuse [2], ayant la forme d'un tube [3] ou d'une poche ; cette poche n'a qu'une seule ouverture ou bouche, laquelle est entourée de tentacules, c'est-à-dire de filaments allongés faisant l'office de bras pour tâter et saisir les objets environnants. Les premiers qui étudièrent ces êtres singuliers, prenant ces bras pour des pieds, leur donnèrent le nom de *polypes*, qui signifie *beaucoup de pieds*, et qui leur est resté.

Les polypes ne vivent que dans l'eau, le plus souvent fixés par leur partie inférieure à un rocher ou autre corps solide. Quelques-uns ont une enveloppe toujours molle ; telle est l'*hydre*, qui habite les eaux dormantes. Ce petit animal, de la grosseur d'un grain de blé, ressemble à un sac creux ; sa bouche est garnie de longs

(1) *Protée*, personnage fabuleux qui prenait mille formes diverses.   (2) *Gélatineuse*: Voyez page 153, note 4.   (3) *Tube*, tuyau.

tentacules qui lui servent à saisir de petits insectes ou des brins de plantes aquatiques [1]. Vous pouvez le retourner à la manière d'un doigt de gant, sans qu'il cesse de vivre ou de manger ; si vous le coupez en deux, en dix, en vingt morceaux, chaque fragment se complète et devient en peu de temps une hydre nouvelle.

Mais le plus grand nombre de polypes habitent le sein des mers. Là, sur le rocher auquel ils sont attachés, la plupart sécrètent une matière calcaire [2] en forme de tube, qui est à la fois une partie d'eux-mêmes et la

Fig. 26. — Un polypier (le corail) avec ses habitants.

demeure où ils se logent. Ces petites demeures, soudées ensemble, forment tantôt des masses agglomérées [3], tantôt des ramifications semblables aux branches d'un arbre [4] : on les nomme *polypiers*. Un polypier supporte donc une multitude de ces petits êtres, vivant d'une vie commune, en sorte que la nourriture prise par chaque individu profite à tous les autres. Les générations succédant aux générations, la masse du polypier grossit toujours et monte jusqu'à la surface de l'eau. Arrivé là, l'édifice s'arrête, ou du moins ne croît plus que dans le sens de la largeur, car

(1) *Plantes aquatiques*, qui vivent dans l'eau (en latin *aqua*).

(2) *Sécrètent*, laissent filtrer à travers leur enveloppe. *Matière calcaire*, pierreuse.

(3) *Aggloméré*, réuni en tas.

(4) Cette forme avait fait prendre les polypiers pour des plantes marines.

les polypes ne peuvent vivre au grand air. Dans les mers du Sud, des polypes, nommés *madrépores*, construisent des polypiers gros comme des montagnes. Bientôt, sur ces restes d'animaux, les vents, les oiseaux et les vagues apportent des graines et des débris de toutes sortes ; les végétaux s'y développent, et des îles fertiles semblent tout à coup surgir du sein de l'Océan. La plupart des îles de l'Australie n'ont pas d'autre origine, et les animalcules qui les ont formées, et qui travaillent sans cesse à en former d'autres, ont un millimètre à peine !

Qui ne connaît le *corail*, cette substance dure et polie, dont la couleur varie du rose tendre au rouge le plus vif, et qui sert à faire des objets de parure? Il se présente sous la forme d'un arbuste sans feuilles, mais très branchu, recouvert çà et là de petites fleurs. Est-ce un minéral ? est-ce un végétal ? Ni l'un ni l'autre. Le corail est un polypier, c'est-à-dire le support solide d'une multitude de petits animaux sous-marins, soudés sur une tige rameuse qu'ils ont produite eux-mêmes, comme des fleurs sur une branche d'arbre. On le trouve dans la Méditerranée à des profondeurs inégales, où des pêcheurs vont le chercher ; celui des côtes de France et d'Italie passe pour le plus beau.

Fig. 27. — Un habitant du polypier appelé corail.

Les *éponges* sont également l'œuvre d'un polype. A sa naissance, cet animalcule n'est qu'un petit globe gélatineux, vivant isolé. Dès qu'il a été se fixer sur un rocher, d'autres viennent l'y rejoindre ou naissent autour de lui, et tous ensemble forment une masse d'assez grande dimension. Ils ne tardent pas à mourir ; aussitôt la surface gélatineuse se perce de trous nombreux dans lesquels l'eau circule, entraînant au dehors des espèces d'œufs qui seront les éponges futures.

Toutes les mers un peu chaudes renferment des éponges. Avant de les livrer au commerce, on les lave et souvent on les blanchit.

QUESTIONNAIRE : Qu'appelle-t-on *polypes* ? — D'où vient ce nom ? — Parlez des polypes d'eau douce, des polypes qui vivent dans la mer. — Qu'est-ce qu'un *polypier*? — D'où vient le *corail*? — D'où viennent les *éponges* ?

---

61. — Mollusques.

Le deuxième type ou embranchement du règne animal est celui des *mollusques*. Ces animaux doivent leur nom à la constitution toujours molle de leur corps. Plusieurs, comme les limaces, restent nus; mais la plupart sécrètent [1] une matière calcaire et s'en font une gracieuse coquille, où ils peuvent se retirer plus ou moins complètement. Chez les uns, comme le colimaçon, cette coquille est univalve, c'est-à-dire composée d'une seule pièce ou valve ; chez les autres, tels que les huîtres et les moules, elle est bivalve ou composée de deux pièces [2] s'ouvrant à charnière comme une tabatière.

Les mollusques vivent, les uns sur le sol, les autres dans l'eau. Un grand nombre sont privés de tête et d'yeux; mais ils paraissent avoir le tact assez délicat, car leur peau s'irrite et se contracte au moindre toucher. Ils n'ont pas d'autres membres que des prolongements de la peau, appelés tentacules, qui peuvent s'allonger plus ou moins pour palper [3] et pour saisir.

Beaucoup de mollusques nous fournissent d'excellents aliments ; d'autres nous donnent des matières colorantes précieuses [4]; nous devons à quelques-uns les perles, si recherchées comme bijoux, et la nacre aux beaux reflets irisés [5].

Passons en revue les mollusques les plus intéressants.

(1) *Sécrètent :* Voyez page 156, note 2.
(2) *Bis* en latin veut dire *deux fois*.
(3) *Palper*, toucher.
(4) *Matières colorantes*, servant à colorer, à teindre.
(5) *Irisé*, qui présente les couleurs de l'arc-en-ciel, appelé aussi *iris*.

La *seiche*, ou *araignée de mer*, sécrète une liqueur noire, la *sépia*, dont on se sert en peinture. Est-elle poursuivie, elle jette autour d'elle ce liquide qui trouble les eaux et la dérobe à son ennemi. Ce que l'on nomme *os de seiche* ou *biscuit de mer* est la coquille de ce mollusque. On l'emploie pour polir certains corps peu durs, et on la donne aux petits oiseaux en cage pour aiguiser leur bec.

Le *poulpe*, vulgairement appelé *pieuvre*, est le plus grand et le plus redoutable des mollusques. Elle

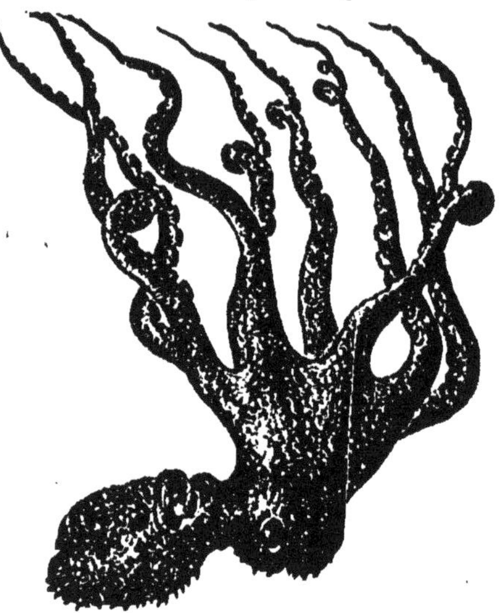
Fig. 28. — Poulpe.

est armée de huit tentacules ou bras, longs et vigoureux, garnis de suçoirs, dont elle se sert pour enlacer sa proie. Quelques espèces ont plusieurs mètres de longueur. On la rencontre toujours près des côtes, parce qu'elle nage difficilement.

On a donné le nom de *bénitier* à un mollusque dont la coquille bivalve, à cause de ses grandes dimensions, sert de réservoir pour l'eau bénite à l'entrée des églises.

L'*huître*, si estimée des gourmets [1], vit sur les côtes, à une faible profondeur au-dessous du niveau de la mer. Son seul mouvement consiste à ouvrir et à refermer sa coquille, attendant patiemment que la mer lui apporte le frai de poisson [2] et les autres débris dont elle fait sa nourriture. Ce mollusque se multiplie avec une grande rapidité et forme des amas ou bancs qui ont souvent plusieurs kilomètres d'étendue. La pêche des huîtres se fait sur toutes les côtes de France.

(1) *Gourmet*, qui connaît et aime les meilleurs aliments.　(2) *Frai*, œufs de poisson.

Les plus renommées sont les petites huîtres d'Ostende (Belgique), les huîtres vertes de Marennes, près de Rochefort, celles de Granville et de Cancale sur les côtes de la Normandie.

Les *moules* vivent attachées aux rochers à fleur d'eau. Lorsque la marée les laisse à découvert, on les ramasse par milliers. Elles offrent aux populations voisines des côtes un aliment à bon marché.

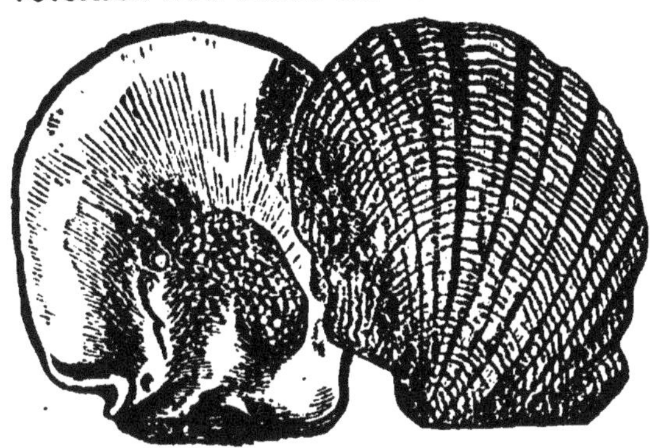

Fig. 29. — Pintade perlière.

La coquille de *l'aronde* ou *pintadine* a quelque ressemblance avec la queue de l'hirondelle : de là son nom[1]. Elle est tapissée intérieurement de nacre, cette substance dont la blancheur nuancée de bleu et de rose surpasse l'éclat de l'argent. On fait avec la nacre beaucoup de petits objets d'art. — Dans quelques arondes, piquées, dit-on, par un petit ver enfermé dans la coquille, la matière de la nacre, au lieu de s'étendre, forme de petits amas arrondis en gouttelettes : ainsi naissent les *perles*, dont on compose des bracelets et des colliers de si grand prix[2].

Les *limaces* sont entièrement nues, tandis que les *limaçons* ou *escargots* ont une coquille. Pour le reste ces deux espèces de mollusques se ressemblent beaucoup. Leur tête est également surmontée de quatre tentacules, dont les deux plus longs portent des yeux, que l'animal allonge ou rentre à son gré. Tous deux se plaisent dans les lieux humides, tous deux font de grands ravages dans nos potagers et nos vergers.

---

(1) *Hirondelle* se dit en latin, *Hirundo*; vieux français *aronde*.
(2) Ne pas confondre ces perles *vraies* avec les perles de verre colorié qui ne coûtent presque rien.

description des mollusques. — Quels produits nous fournissent-ils ? — Dites un mot de la *seiche*, de la *poulpe*, du *bénitier*, de l'*huître*, *es moules*, de l'*aronde*, des *limaces* et *limaçons*.

62. — Articulés ou annelés.

Le troisième embranchement du règne animal comprend les *articulés* ou *annelés*, ainsi nommés à cause de leur conformation. Le corps de ces animaux se compose en effet d'un certain nombre de pièces en forme d'articles ou d'anneaux situés à la suite les uns des autres, et soudés ou seulement liés entre eux de manière à rester parfaitement distincts. Cette enveloppe extérieure plus ou moins dure, destinée à loger les parties molles, remplace le squelette ou charpente des vertébrés. La plupart des articulés ont de petites cornes placées au devant de la tête et mobiles en tous sens : ce sont les *antennes*, organes du toucher. Leur bouche est quelquefois transformée en suçoir; le plus souvent elle est garnie de *mandibules* ou mâchoires, disposées par paires sur les côtés de la tête.

Les animaux de ce type forment diverses classes. A la première appartiennent ceux qui n'ont pas de membres, comme les *vers de terre* et les *sangsues*. Ils ont le corps mou, divisé en nombreux anneaux, dont le premier supporte la bouche.

Le *lombric* ou *ver de terre* n'a pas d'yeux. Il se tient ordinairement au sein des terres humides et grasses et ne se montre à la surface qu'après la pluie ou pendant la nuit. Il vit de racines et de débris d'animaux. Si vous divisez son corps en fragments, non seulement le ver ne meurt pas, mais il peut arriver que chaque fragment repousse et forme un ver entier.

Les *sangsues* [1] habitent les ruisseaux et les étangs. Leur bouche se compose de trois petites mâchoires dentées, avec lesquelles elles entament la peau des animaux. Comme le sang est leur aliment favori, on les emploie en médecine de préférence à la saignée, lorsqu'il n'est pas nécessaire de tirer une grande quantité de sang. Les sangsues sont devenues rares en France ; on les tire surtout de la Hongrie.

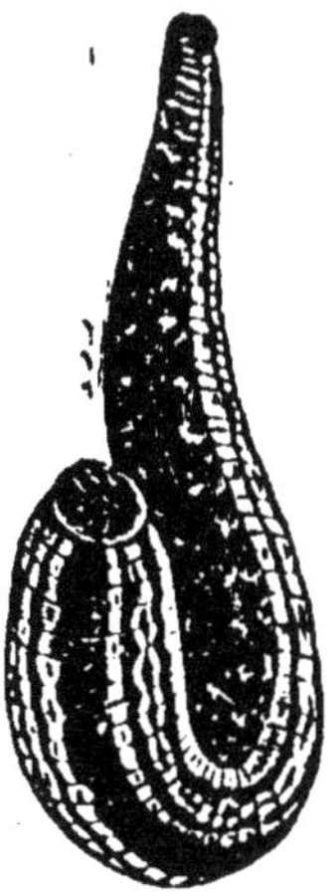

Les *myriapodes* ou animaux à *dix mille pieds* [2] forment une autre classe d'articulés. Nous ne nommerons que le *scolopendre*, vulgairement appelé *mille-pieds*. Il a le corps très allongé, composé d'une suite d'anneaux dont chacun porte deux

Fig. 30. Sangsue.

paires de pattes ; sa bouche est armée de deux crochets qui distillent une liqueur venimeuse [3], peu dangereuse dans nos pays. Le scolopendre se plaît dans les lieux humides, sous 1 mousse et sous les pierres.

Les *crustacés* [4] doivent leur nom à l'enveloppe pierreuse qui les couvre et qui se renouvelle à mesure qu'elle devient trop petite. Ils possèdent ordinairement un grand nombre de pattes. La plupart vivent dans l'eau. Les plus remarquables des crustacés sont :

Les *crabes*, dont tout le corps est recouvert d'une carapace [5]. Leurs pattes antérieures, appelées pinces, sont dentelées en scie, et saisissent si fortement leur proie, qu'il est presque impossible de leur faire lâcher prise. — Les *écrevisses* ont six pattes terminées par des pinces. Leur queue épaisse et allongée leur sert de nageoire ; mais, comme cette nageoire se dirige vers la tête, il en résulte que le corps va à reculons. Elles habitent les eaux douces, cachées sous des

(1) *Sangsue veut dire qui suce le sang.*
(2) *Dix mille est ici pour beaucoup.*
(3) *Distillent versent par petites gouttes.*
(4) *Du latin crusta, croûte, enveloppe*
(5) *Carapace, croûte dure.*

pierres ; elles sont recherchées pour leur chair fine et délicate. — Il en est de même du *homard* qui, beaucoup

Fig. 31. — Écrevisse.

plus gros que l'écrevisse, vit en grand nombre sur les côtes de Bretagne et de Norvège. Chose curieuse, ces crustacés, d'un gris verdâtre, deviennent rouges par la cuisson. — La *crevette* ou *chevrette*, très abondante sur nos côtes, fournit aussi un aliment estimé. N'oublions pas le *cloporte*, qui pullule dans les caves humides et obscures de nos habitations. Aussitôt que vous le touchez, il s'arrête et contrefait le mort. Lorsqu'il est fixé sur une boiserie, sa forme arrondie et sa couleur grise le feraient prendre pour la tête d'un clou: c'est de là que lui vient son nom [1].

Les *arachnides* [2] sont des animaux articulés dont le corps est formé de deux pièces ou articles, savoir: la tête réunie au corselet, et l'abdomen ou ventre. Au thorax [3] sont attachées quatre paires de pattes, ordinairement très longues et armées de crochets. Indiquons les espèces les plus remarquables parmi les arachnides.

Une couleur sombre, de longues pattes, un corps velu [4], un ventre énorme, donnent aux *araignées* une apparence désagréable et en font même un objet d'horreur pour beaucoup de personnes. La croyance qu'elles ont un venin assez fort pour occasionner de graves accidents ajoute encore à la répulsion qu'elles

---

(1) Clou-porte.
(2) Arachnide, semblable aux araignées, du grec arachné (prononcez n, né id), araignée.
(3) Thorax, poitrine.
(4) Velu, couvert de poils (en lat, villus).

inspirent. Mais le venin des araignées n'est dangereux que pour les êtres de leur taille : une mouche piquée par elles périt en quelques instants ; un homme en éprouverait tout au plus une légère irritation, semblable à celle que produit la piqûre d'un cousin. D'autre part, avec quel art merveilleux ne fabriquent-elles pas ces toiles délicates, disposées en filet pour prendre les insectes dont elles se nourrissent ! La matière de ces toiles est sécrétée par des glandes [1] situées à l'extrémité de l'abdomen ; le fil en sort tout formé par de petits trous nommés filières. Qui n'a vu dans l'angle d'un mur l'araignée domestique [2] cachée dans une espèce de fourreau d'où elle guette sa proie ? Dès qu'un ébranlement de sa toile lui annonce qu'un insecte s'est pris dans ses lacs [3], elle s'élance sur lui, le perce de ses crochets venimeux et l'emporte dans son nid pour le dévorer. Si la proie lui paraît assez forte pour offrir une sérieuse résistance, elle l'enveloppe de nouveaux fils, de manière à ne lui laisser la possibilité de remuer ni ailes ni pattes. Si enfin l'insecte est tellement gros qu'elle n'espère pas en venir à bout, elle-même déchire sa toile pour lui donner la liberté, et se hâte de réparer le dégât qu'elle a fait. — L'araignée des jardins, nommée *épeire*, tend ses filets verticalement, entre deux branches ou même entre deux arbres. Tantôt elle se tient tout auprès, dans une loge de soie en forme d'entonnoir; tantôt elle se met au centre du réseau, le corps renversé et la tête en bas.

Les *faucheurs*, si curieux par la longueur démesurée de leurs pattes, abondent dans les champs, où on les voit courir avec une singulière rapidité à la poursuite de leur proie. Ces pattes, après avoir été coupées ou arrachées du corps, conservent encore longtemps la faculté de remuer.

Les *scorpions* ont la tête armée de deux longues et fortes pinces. Leur corps se termine par une queue

----

(1) *Sécrétée* : Voyez page 157. *Glande*, partie spongieuse, qui sécrète certaines humeurs.

(2) *Domestique*, qui habite les maisons (en latin *domus*).

(3) *Lacs*, filets.

composée de six anneaux, dont le dernier porte un dard [1] aigu qui verse dans la piqûre une liqueur très veni-

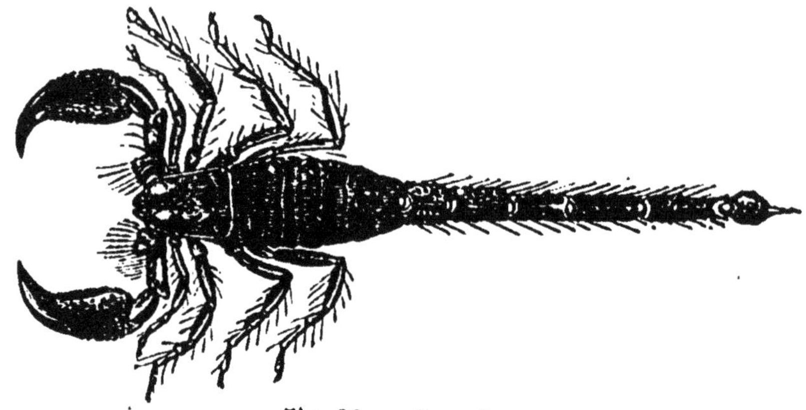

Fig. 32. — Scorpion.

meuse. Ces animaux sont communs dans le midi de la France.

Sur les aliments en décomposition, tels que le fromage ou la farine, le microscope nous fait apercevoir des milliers de petits animaux qui courent et s'agitent: on les appelle *mites* ou *acarus*. Une cinquantaine de ces animalcules tiendraient sur une tête d'épingle; et cependant ils ont des organes distincts, une tête, des yeux, une bouche garnie de mandibules, un estomac, des muscles, des poils comme l'araignée. Un de ces acarus logé sous la peau, où il pullule [2] rapidement, occasionne la maladie connue sous le nom de *gale*. Des pommades et des bains sulfureux [3] ont raison en peu de temps de cette affection repoussante.

QUESTIONNAIRE : Décrivez les animaux articulés ou annelés. — Que savez-vous du *lombric*? de la *sangsue*? — Qu'appelle-t-on *myriapodes*? — Parlez du *scolopendre*. — Qu'appelle-t-on *crustacés*? — Énumérez les principaux crustacés. — Comment sont faits les *arachnides*? — Parlez de l'*araignée* et de sa toile, de l'*épeire*. — Que sont les *faucheurs*? les *mites* ou *acarus*? — D'où vient la gale?

---

(1) *Dard*, aiguillon.
(2) *Pulluler*, se multiplier.

(3) *Sulfureux*, où entre du soufre.

63. — Insectes.

Les *insectes* forment la classe la plus nombreuse, non seulement de l'embranchement des articulés, mais de tout le règne animal. Leur nom indique des animaux *divisés en sections* [1]. En effet, leur corps se compose de trois sections ou articles nettement séparés : la tête, le thorax ou corselet, et l'abdomen ou ventre. La tête porte la bouche, les yeux et les antennes ; la bouche varie suivant la nature des aliments propres à chacun : les uns ont des mandibules et des mâchoires, comme le hanneton et la libellule ; les autres, comme la puce et le cousin, une trompe ou suçoir pour pomper les sucs. Les yeux sont à facettes, et le nombre de ces facettes est souvent très considérable : on en compte jusqu'à huit mille dans le hanneton. Les filaments mobiles appelés antennes sont pour les insectes les organes du toucher. Au corselet sont attachées les pattes, toujours au nombre de six, et les ailes, quand il y en a. L'abdomen se termine par des appendices [2] qui ont des formes et des usages divers : l'aiguillon des abeilles, les pinces du perce-oreilles, etc.

Mais ce qu'il y a de plus curieux dans l'histoire des insectes, ce sont les métamorphoses ou transformations successives que subissent la plupart des espèces. Tous sont ovipares, c'est-à-dire qu'ils se reproduisent par des œufs, comme les poules. Seulement ils n'ont pas besoin, comme ces dernières, de couver leurs œufs : une température convenable suffit pour les faire éclore.

Fig. 33. — Larve, chrysalide, insecte parfait.

(1) *Insectus* signifie *divisé*.

(2) *Appendice*, ce qui sert de supplément à une partie principale.

En sortant de l'œuf, l'insecte se montre d'abord à l'état
de *larve*, et se nomme ver ou chenille, selon les espèces.
Doués d'un appétit formidable, le ver ou la chenille ne
cessent de manger, de s'allonger et de grossir jusqu'à
ce qu'ils aient atteint tout leur développement. Alors
survient une nouvelle transformation : la larve s'enferme
dans une membrane ou coque filamenteuse [1] qu'elle
tire de son propre corps ; elle s'appelle maintenant
nymphe ou *chrysalide*. C'est dans cette sorte de tombeau
que l'insecte, ramassé sur lui-même, immobile, sans
prendre aucune nourriture, accomplit la seconde phase [2]
de son existence, beaucoup plus courte que la première. Car bientôt la peau ou la coque de la nymphe
se fend, et il en sort un animal ailé, un papillon : c'est
l'*insecte parfait* ; il n'a plus d'autre tâche que de pondre
des œufs pour perpétuer son espèce. Aussi ne vit-il
pas longtemps. Il conserve cette dernière forme jusqu'à sa mort. — Quelques insectes ne subissent que
deux métamorphoses, d'autres n'en ont aucune.

« Malgré leur physionomie intéressante [3], les insectes
sont des hôtes [4] très incommodes et parfois très nuisibles : munis de lancettes [5] redoutables, une foule
d'entre eux attaquent les hommes et les animaux, les
tourmentent avec acharnement et rendent furieux, par
la force de la douleur, les plus puissants quadrupèdes.
D'autres détruisent nos végétaux utiles ou dévorent
nos étoffes ; quelques-uns rongent toutes les substances
qu'ils rencontrent ; plusieurs vivent en parasites [6] sur nous-
mêmes, si la propreté ne vient nous prêter son concours.
Mais il faut aussi reconnaître les services que nous rendent beaucoup de ces petits animaux. Et d'abord remar-
quons que la plupart ont reçu de l'Auteur de la
nature l'important emploi de faire disparaître de
dessus la terre les matières corrompues, qui, en s'accu-

(1) *Filamenteux*, composé de fils.
(2) *Phase* se dit des changements successifs qu'éprouve un être quelconque, la
lune, par exemple.
(3) *Physionomie*, aspect, forme extérieure.

(4) *Hôtes*, qui habitent avec nous.
(5) *Lancettes*, petites lances ; ce sont
les trompes ou suçoirs de certains insectes.
(6) *Parasites*, qui vivent sur d'autres
animaux, aux dépens de leur substance.

mulant, finiraient par l'infecter ; qu'en outre ils servent de pâture à une grande quantité d'oiseaux et de poissons, lesquels à leur tour entrent dans notre nourriture. Voyez ensuite le fil précieux que nous fournit le ver à soie, le miel et la cire que nous donne l'abeille, les produits utiles à la peinture et à la teinture qu'offrent la cochenille et quelques autres [1]. »

QUESTIONNAIRE : La classe des insectes est-elle nombreuse ? — D'où vient et que signifie le mot *insecte ?* — Comment sont faits les insectes? — Expliquez les diverses métamorphoses des insectes. — En quoi les insectes nous sont-ils nuisibles? — En quoi nous sont-ils utiles ?

64. — Différentes sortes d'insectes.

Les insectes se distinguent surtout par leurs ailes : les uns en sont dépourvus ; les autres en ont deux, d'autres quatre ; quelques-uns en ont d'une forme particulière que nous décrirons plus loin.

Fig. 35. — Pou de la tête, grossi.

On appelle *aptères* [2] les insectes dépourvus d'ailes. Nous mentionnerons parmi eux : le *pou*, animal dégoûtant, qui se multiplie avec une effrayante rapidité ; le pou des chiens et des oiseaux se nomme *ricin*. — La *puce*, avide de sang ; elle sort de l'œuf sous la forme d'un petit ver blanc, se renferme dans une coque soyeuse et en sort douze jours après, à l'état d'insecte parfait ; grâce à ses longues pattes, elle fait des sauts prodigieux qui la rendent presque insaisissable. — La *punaise des lits*, qui se nourrit également de sang humain, est l'un de nos plus importuns ennemis.

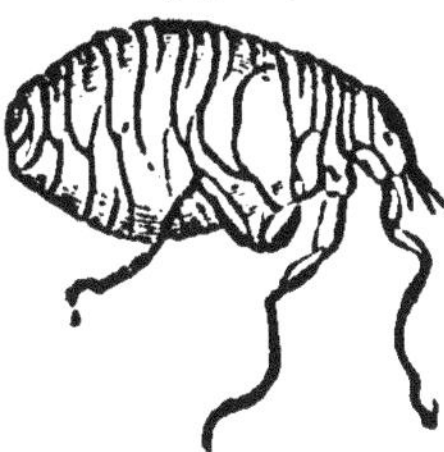

Fig. 34. — Puce grossie.

(1) Cortambert (xix° siècle)

(2) Du grec *ptéron*, aile, et de a privatif.

Les *diptères*, ou insectes à *deux ailes*, ont la bouche en forme de trompe, avec un suçoir intérieur. Les plus connus sont le *cousin*, aux longues pattes très déliées. Il naît sur les ruisseaux et les étangs à l'époque des chaleurs. Dès qu'il a percé notre peau avec les fines soies de son suçoir, il verse dans la plaie une liqueur venimeuse qui cause l'irritation et l'enflure. Dans les pays chauds, ces insectes sont communs sous le nom de *moustiques*; on ne peut y dormir qu'en s'enveloppant d'une gaze légère, appelée moustiquaire. — La *mouche*, aussi importune et aussi indiscrète que le moineau, nous poursuit partout en été. Ses jambes, couvertes de poils sont pourvues de brosses avec lesquelles elle fait une espèce de toilette tantôt pour la tête, tantôt pour les ailes ; les extrémités de ses pattes sont faites de telle sorte qu'elle peut courir sur les murs et les plafonds les plus lisses, et même sur les vitres. La *mouche à viande*, beaucoup plus forte que la mouche domestique, a le thorax noir et l'abdomen bleu. Ses œufs, déposés sur la viande, éclosent très rapidement. — Les *taons* [1] sont de fortes mouches aux yeux verts, au vol bruyant, aux pattes velues, qui percent de leur dard la peau épaisse des chevaux et des bœufs.

Quelques insectes nous donnent des produits que l'industrie utilise Telles sont les *cochenilles*. Ces petits animaux s'insinuent dans la plante dont ils se nourrissent et la font paraître comme galeuse. La cochenille du nopal [2] fournit la belle couleur rouge appelée carmin ; il en est de même du *kermès*, qui vit sur les chênes verts dans le midi de la France. — Le *cynips* creuse un trou dans les parties tendres d'une espèce de chêne pour y déposer ses œufs; les sucs de la

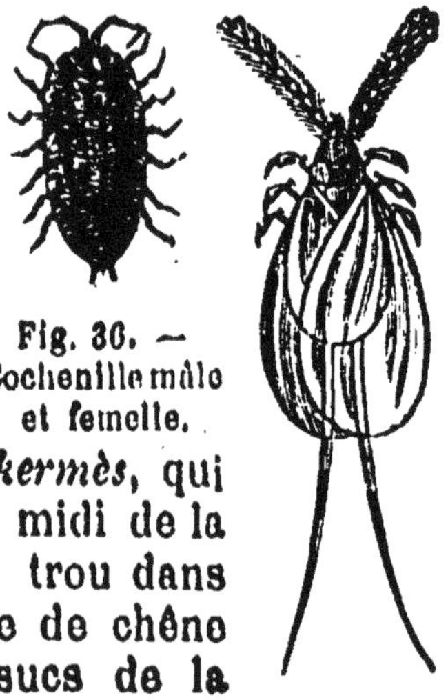

Fig. 30. — Cochenille mâle et femelle.

(1) Prononcez *ton*.

(2) *Nopal*, plante grasse, abondante au Mexique.

planto s'épanchent à l'endroit de la blessure et forment une excroissance connue sous le nom de *noix de galle*, qui entre dans la composition de l'encre.

Les *pucerons* pullulent à l'infini. Chaque plante a les siens, qui se distinguent par la couleur verte, rouge, brune, noire. Sur un espace large comme le doigt, on en compte des milliers. Ils naissent, vivent et meurent au même endroit, pompant les sucs à l'aide d'une petite trompe. — Le *phylloxéra*, ce fléau actuel de nos vignobles, est un puceron vivant et se reproduisant sur les racines de la vigne, qu'il détruit rapidement.

Fig. 37. — Criquet commun ou sauterelle.

A chaque pas, dans les prairies, dans les champs, nous rencontrons des *sauterelles* et des *criquets*, insectes à peu près semblables, dont les longs pieds sont disposés pour le saut. — Timide et inoffensif, le *grillon* se tient caché dans les champs ou près de nos foyers. Le mâle, en frottant ses pattes contre ses ailes, fait entendre un petit son métallique, qui a valu à cet insecte le nom de *cri-cri*. — Le *perce-oreille*, qui court très vite, et dont l'abdomen se termine par de petites pinces, ne fait de mal qu'aux fleurs, et surtout aux œillets ; il n'a aucun attrait particulier pour s'introduire dans nos oreilles. — Les *blattes* sont des insectes aussi laids qu'incommodes ; elles vivent généralement dans nos maisons, surtout dans les cuisines humides, les boulangeries. Leur voracité n'épargne rien : provisions de bouche, cuirs, lainages, tout leur est bon. Elles ne sortent de leur retraite que la nuit, courent très vite, et sont habiles à se cacher dans les moindres fentes des planchers et des murs.

QUESTIONNAIRE : Par quoi se distinguent surtout les insectes ? — Nommez quelques insectes *aptères*. — Parlez des cousins, des *moustiques*, des *mouches*, des *taons*. — Quels produits nous donnent la *cochenille*, le *kermès*, le *cynips* ? — Quelle est la vie des *pucerons* ? — Qu'est-ce que le *phylloxera* ? — Que sont les *sauterelles*, les *criquets*, le *grillon*, le *perce-oreille*, les *blattes* ?

65. — Fourmis, abeilles, eto.

Les *fourmis* vivent en société, dans une habitation nommée fourmilière, qu'elles se creusent elles-mêmes, le plus souvent au pied d'un arbre ou d'un vieux mur. On distingue parmi elles des mâles, des femelles et des ouvrières. Ces dernières, de beaucoup les plus nombreuses, sont dépourvues d'ailes : ce sont celles qui se chargent de tous les travaux nécessaires à l'existence de la petite république. Elles extraient, rapportent et disposent tous les matériaux dont se compose le nid ; elles vont aux provisions ; elles ont soin des larves, auxquelles elles donnent la becquée en dégorgeant dans leur bouche une liqueur miellée. Un petit nombre seulement, dans le voisinage de la Méditerranée, font des provisions pour l'hiver ; mais la plupart passent cette saison dans un engourdissement complet et n'ont pas alors besoin de manger.

Le suc qui suinte du corps des pucerons est un de leurs aliments favoris. Dès qu'une fourmi rencontre un de ces animalcules, elle le caresse avec ses antennes; le puceron ainsi chatouillé laisse échapper une goutte de la douce liqueur, dont la fourmi s'empare à l'instant. Il arrive même qu'elles emportent dans leur nid, ou enferment dans un petit enclos, un grand nombre de pucerons, qui deviennent ainsi comme leurs vaches laitières : elles les viennent traire chaque jour pour élever leurs nourrissons.

Si les fourmis, malgré leurs mœurs intéressantes, sont pour nous de désagréables voisines, il en est tout autrement des abeilles, qui nous fournissent le miel et la cire.

Les *abeilles* vivent aussi en société; leur habitation se nomme *ruche*. La population d'une ruche se compose *d'ouvrières* au nombre de 20 à 40 mille, de 6 à 800 mâles ou faux-bourdons, et d'une seule femelle, la *reine*.

Considérons une ruche le lendemain du jour où un *essaim*, c'est-à-dire une nouvelle colonie d'abeilles, est venu s'y établir. Le premier soin de l'essaim est de construire des alvéoles ou cellules à six pans, d'une régularité parfaite, Un certain nombre de ces petites loges forment un *gâteau*. Les unes serviront de magasins de vivres, les autres de berceaux pour les jeunes larves. La matière employée est la *cire*, que l'abeille produit elle - même entre les plis du ventre d'où elle l'extrait en se brossant avec ses pattes.

Fig. 38. Gâteau de ruche.

Pendant que se poursuit ce travail intérieur, d'autres abeilles vont butiner dans la campagne. Tantôt elles se roulent dans le calice des fleurs, couvrent leur corps velu de la fine poussière nommée *pollen*[1]; puis, avec leurs brosses la ramassent en petites pelottes. Tantôt, avec une espèce de langue, appelée *trompe*, elles recueillent la liqueur sucrée, le nectar, qui suinte au fond des fleurs, et elle en remplit son jabot[2]. De retour à la ruche, elles déposent le pollen dans certaines alvéoles; dans d'autres, la liqueur sucrée, qui, dans le jabot, s'est transformée en miel. Une fois remplies, les alvéoles sont bouchées avec de la cire. C'est à ces provisions que puiseront les nourrices pour élever les larves; c'est là que toutes trouveront des ressources pendant l'hiver.

Quand les alvéoles devant servir de nids sont dis-

(1) *Pollen* voy. p. 135.   (2) *Jabot* espèce d'estomac.

posées, la reine se met à pondre. Escortée d'une troupe d'ouvrières, elle se promène de cellule en cellule, et dépose un œuf dans chacune. Pendant ce temps, les ouvrières qui l'entourent la lèchent, la nettoient et lui offrent du miel. Le nombre des œufs peut s'élever jusqu'à douze mille en deux mois. Au bout de quelques jours, la larve sort de l'œuf; plusieurs fois par jour des ouvrières viennent lui apporter de la nourriture, dont elles augmentent la ration et même la qualité à mesure qu'elle avance en âge. Une semaine ne s'est pas écoulée, que la larve passe à l'état de nymphe ou chrysalide; une semaine encore, et la voilà devenue abeille. Elle sort de sa cellule, sèche un moment ses ailes au soleil, et va partager avec ses compagnes les travaux de la communauté.

Mais la population s'est fort accrue, et la ruche est devenue trop petite. Alors une colonie se détache sous la conduite d'une jeune reine, et va s'établir ailleurs. L'essaim nouveau s'arrête à peu de distance, sur une branche d'arbre où il se pelotonne, la reine au centre, les abeilles accrochées les unes aux autres. On approche une ruche, on secoue la branche, et elles entrent joyeuses dans leur nouvelle habitation.

Que devient la ruche orpheline? De nombreuses ouvrières y sont restées, et avec elles, dans maintes cellules, des œufs, de jeunes larves, du miel et du pollen en abondance; mais il leur manque une mère abeille. Rassurez-vous: on la trouvera dans une cellule royale, où elle était élevée et gardée à vue pour la circonstance.

Pour faire la récolte du miel, on enlève les gâteaux de la ruche. Le *miel vierge* est celui qui sort lorsqu'on laisse simplement égoutter le gâteau ; celui qu'on obtient en pressant le gâteau est de qualité moindre.

Les *bourdons*, les *guêpes* et les *frelons* sont des insectes de la famille des abeilles, mais qui, au lieu de nous être utiles, ravagent les fruits de nos vergers.

La *libellule* tient ses ailes étendues comme les feuillets d'un livre : de là son nom[1]. Ces ailes de gaz aux brillants reflets d'or et d'argent, la finesse de son corps, la variété de ses mouvements, l'ont fait appeler aussi *demoiselle*. Elle vole sans cesse au-dessus des eaux vives, parmi

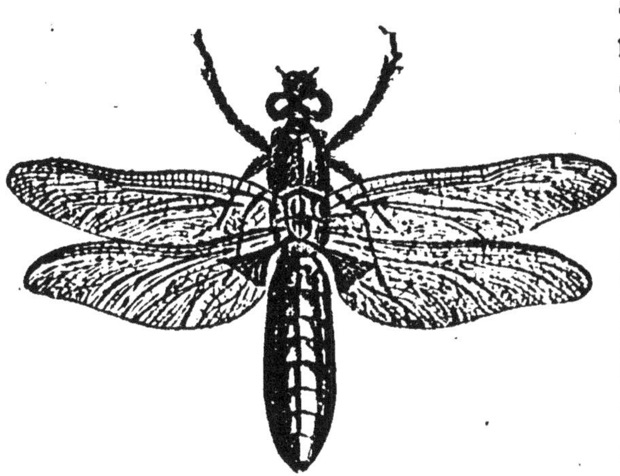

Fig. 39. — Libellule.

les herbes et les joncs, happant au passage, comme l'hirondelle, des milliers de petits insectes à peine visibles pour nous.

Le *fourmi-lion* est une sorte de demoiselle, mais sans en avoir la forme gracieuse ni les vives couleurs. A l'état de larve, il habite un petit entonnoir construit dans le sable. Caché au fond de cette retraite, il attend les insectes, et particulièrement les fourmis qui viennent sur les bords[2]. Malheur aux imprudents qui vont s'avancer dans ces parages ! Une fourmi pressée arrive et s'y engage : le sol mouvant fuit sous ses pieds ; elle fait un effort désespéré pour remonter la pente, mais son ennemi lui lance une grêle de grains de sable qui la fait rouler au bas du précipice. Son terrible adversaire la saisit alors avec les deux pinces dont sa bouche est armée, et, après l'avoir dévorée, rejette ses débris au dehors.

QUESTIONNAIRE : Quelles sont les mœurs des fourmis ? — Quels rapports ont-elles avec les pucerons ? — Quelles sont les mœurs des abeilles ? — Expliquez le travail d'une ruche. — Qu'appelle-t-on *essaim* ? *miel vierge* ? — Que sont les *bourdons*, les *guêpes* et les *frelons* ? — Parlez de la *libellule*, du *fourmi-lion*.

(1) *Libellus*, en latin, signifie *petit livre*.
(2) De là le nom de cet insecte : *lion* pour la fourmi.

66. — Papillon, Ver à soie, Hanneton, etc.

Les *papillons* ont quatre ailes, recouvertes d'écailles si petites qu'elles ressemblent à une brillante poussière[1]. Leur bouche est armée d'une trompe en spirale avec laquelle ils soutirent le miel des fleurs, dont ils se nourrissent principalement. Leurs larves, nommées *chenilles*, ont le corps allongé, nu ou hérissé de poils, de couleurs diverses ; elles sont toutes très voraces et nuisent beaucoup à nos cultures.

On distingue les papillons *diurnes*, ainsi appelés parce qu'ils volent pendant le jour[2] : leurs antennes se terminent, en massue, et, au repos, leur ailes sont relevées verticalement ; — les papillons *crépusculaires* qui paraissent le soir; ils ont les antennes en forme de fuseaux, et les ailes horizontales au repos ; — enfin les papillons *nocturnes*, qui ne volent que la nuit[3] : leur corps est lourd et de couleur sombre; leurs antennes sont en forme de soie ou de plume. Parmi ces derniers, il faut distinguer celui auquel nous devons la matière de nos plus riches tissus, la soie.

Le *ver à soie* sort d'un œuf semblable à une toute petite graine, c'est alors une chenille grisâtre plus petite encore, dont il faudrait pres de deux mille pour peser un gramme. Mais il grossit rapidement, grâce à l'énorme quantité de feuilles de mûrier qu'il dévore. Au bout de 35 jours, il est prêt à faire sa *coque* ou *cocon*, Pour cela, il commence par s'installer sur une petite branche, et par attacher en quelques points des fils de soie grossière, appelée *bourre*; puis il se pose au centre, et dispose régulièrement autour de lui, en forme de coque ovale, le fil fin et gommeux qui, lui sort de la bouche. Ce cocon est formé d'un seul fil, rarement interrompu, qui atteint jusqu'à 1250 mètres.

---

(1) Ces écailles leur ont fait donner le nom de *lépidoptères*, du grec *lepis*, écaille, et *pteron* aile.

(2) Du latin *dies*, jour.
(3) Du latin *nox*, nuit.

Le ver est devenu chrysalide. Vingt jours après, la chrysalide sort à l'état d'insecte parfait, sous la forme d'un papillon de figure peu gracieuse, dont les ailes trop courtes sont impropres au vol, et qui ne sert plus

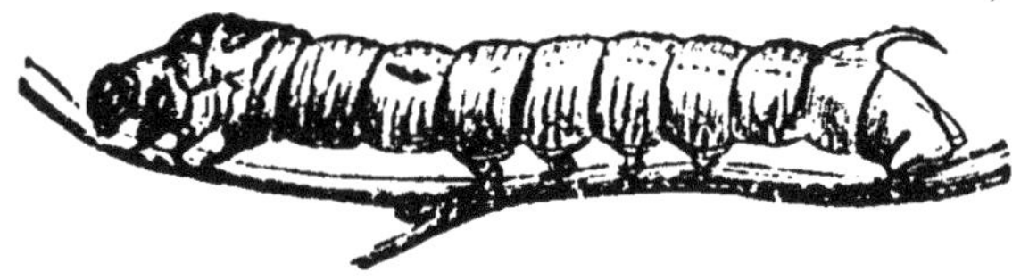

Fig. 40. — Ver à soie.

qu'à fournir les œufs destinés à éclore l'année suivante. — Nos départements du sud-est élèvent de nombreux vers à soie. Cette industrie, ainsi que les établissements où elle s'exerce, s'appelle *magnanerie*, du nom de *magnan*, c'est-à-dire *mangeur*, donné au ver à soie dans ces contrées. Comme le papillon, en perçant sa coque, endommage le précieux fil, on n'attend pas sa sortie pour utiliser la soie. Dès que la larve a achevé de filer, on détache le cocon, et l'on met à part ceux où l'insecte doit continuer de vivre. Les autres sont jetés dans l'eau bouillante, qui fait périr la pauvre chrysalide; on dévide ensuite la soie, qui dès lors peut être livrée au commerce.

Un papillon de nuit qu'il faut s'empresser de détruire, c'est la *teigne*, dont la larve est un petit ver qui ronge nos fourrures et nos étoffes de laine.

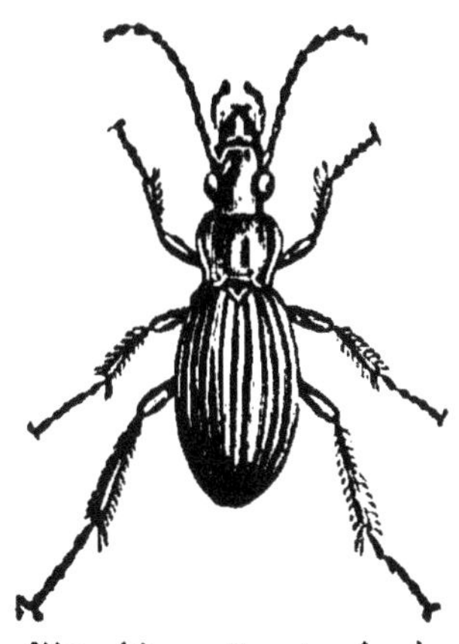

Fig. 41. — Carabe doré.

Il existe un ordre d'insectes dont les deux ailes supérieures ressemblent à deux étuis solides, sous lesquels se replient les ailes inférieures quand l'animal est au repos. On les nomme *coléoptères* [1]. Les principaux sont : le *carabe doré*, plus connu sous le nom de *jardinière*, d'un beau vert à reflets d'or et de pourpre, et la *cicindèle* champêtre, qu'on dirait revêtue de velours vert piqueté de blanc : tous deux font la guerre aux

[1] C'est-à-dire *ailes à étui*, du grec *coleos*, gaîne, étui, et *pteron*, aile.

insectes. — Le *ver luisant*, dont la femelle a la singulière propriété de répandre, la nuit, une lueur bleuâtre, semblable à la trace que laisse le phosphore de l'allumette. — Le *hanneton*, un des fléaux de l'agriculture. Pendant les trois ans qu'il passe dans la terre, sa

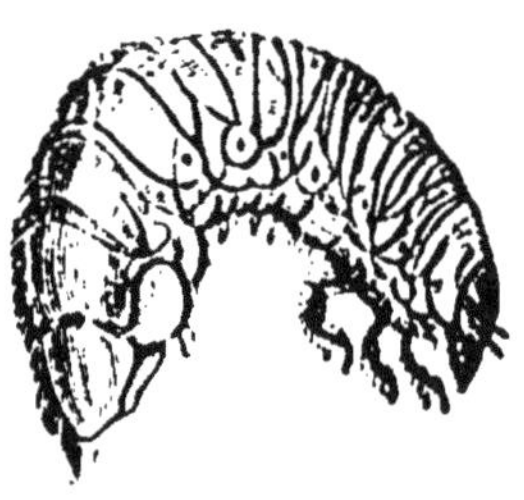

Fig. 42. — Hanneton et sa larve ou ver blanc.

larve ou *ver blanc* ronge les racines tendres des plantes. Devenu insecte parfait, il dévore les feuilles des arbres. C'est vers le soir qu'il parcourt les jardins d'un vol lourd et bruyant, en se heurtant contre tous les obstacles; de là le dicton populaire : étourdi comme un hanneton. — La *cétoine*, d'un vert doré en dessus, par dessous d'un rouge cuivré, est commune sur les fleurs de rosier et de sureau. — Le noir *bousier*, qui ne se plaît, comme son

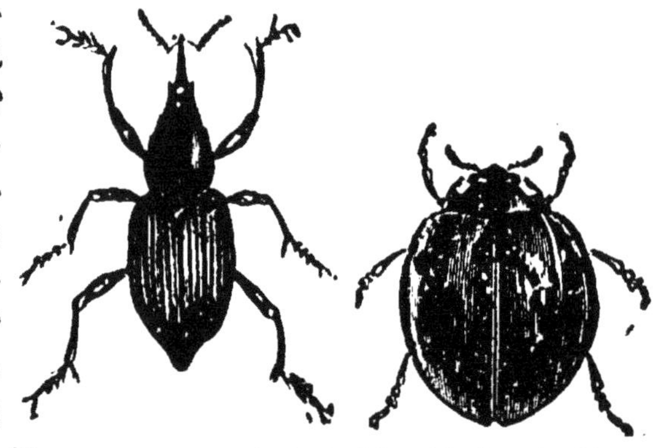

Fig. 43. — Charançon du blé. Fig. 44. Coccinelle.

nom l'indique, que dans les excréments des animaux. — Le *charançon* ou *calandre*, qui s'établit dans les greniers et dépose ses œufs dans les grains de blé ; sa larve se nourrit de la farine sans toucher à l'écorce. — La *coccinelle*, ou *bête à bon Dieu*, au corps ovale et bombé, d'un rouge ou d'un jaune luisant, piqueté de petits points noirs. Incessamment elle court sur les herbes et sur les fleurs : ne la tuez pas, elle fait la chasse à nos ennemis les pucerons.

QUESTIONNAIRE : Décrivez le corps d'un *papillon*. — En combien d'espèces distingue-t-on les papillons ? — Parlez du *ver à soie* et de son précieux fil. — Qu'est-ce que la *teigne* ? Qu'appelle-t-on *coléoptère* ? — Parlez des principaux coléoptères : *carabe doré, ver-luisant, hanneton et ver blanc, cétoine, bousier, charançon, coccinelle.*

---

67. — Vertébrés.

Le quatrième embranchement du règne animal comprend les animaux les plus complets et les plus développés, dont le corps est soutenu par un squelette ou charpente intérieure. La principale pièce de ce squelette est formée par les vertèbres, la colonne vertébrale : de là le nom de *vertébrés* commun à tous.

Les vertébrés se divisent en quatre classes, savoir : les *poissons*, les *reptiles*, les *oiseaux* et les *mammifères*.

POISSONS.

Dieu ayant voulu répandre la vie dans toute la nature, a destiné les poissons à vivre dans l'eau, et il leur a donné un corps et des organes en rapport avec cette destination. Les poissons ont besoin comme nous que l'air vienne sans cesse purifier leur sang. Ils le respirent par un double organe placé de chaque côté du cou et appelé *branchies* : ce sont de petites lames disposées en forme de peignes, à travers lesquelles les poissons rejettent l'eau qu'ils avalent sans cesse. On sait que cette eau contient toujours une certaine quantité d'air [1]. N'ayant pas de larynx, ils ne parlent pas. Au lieu de membres, les poissons ont des nageoires à l'aide desquelles ils se meuvent avec une prodigieuse rapidité. La plupart portent dans l'abdomen une vessie pleine d'air, appelée

---

[1] Un poisson hors de l'eau, quoique ayant de l'air à discrétion, meurt en peu de temps, parce que ses branchies ont besoin d'humidité pour fonctionner.

vessie natatoire [1], qui, plus ou moins gonflée, leur permet de monter ou de descendre. Leurs os se nomment *arêtes*, et leur peau est ordinairement couverte d'écailles brillantes, où se jouent les nuances les plus délicates de l'or, de l'argent, de l'opale, etc. Ils sont ovipares, c'est-à-dire qu'ils se reproduisent par des œufs. Le nombre de ces œufs est très considérable ; on en a compté cinquante mille dans un hareng, plusieurs centaines de mille dans une tanche, et plusieurs millions dans une morue : la Providence a ainsi paré aux nombreux moyens de destruction auxquels ils sont exposés.

Depuis quelques années, on a trouvé le moyen d'élever et de conserver, soit dans des bassins artificiels et des viviers [2], soit dans les étangs et les rivières, plusieurs espèces de poissons qui entrent dans l'alimentation de l'homme : cette industrie nouvelle se nomme *pisciculture* [3].

Les poissons d'eau douce les plus renommés sont : la

Fig. 45. — Carpe.

carpe, à la chair molle et grasse ; *l'anguille*, qui ressemble au serpent par sa forme allongée et ses mouvements tortueux ; la *perche* ; le *saumon* qui, au printemps, abandonne les mers et pénètre dans les fleuves et les rivières pour y déposer son frai, c'est-à-dire ses œufs : sa chair varie du rose tendre au rouge pâle ; la *truite*, qui n'est qu'une espèce de saumon ; le *brochet* vorace ;

---

(1) Du latin *natare*, nager.

(2) *Vivier*, étang naturel ou bassin artificiel, c'est-à-dire fait de main d'homme, où l'on jette des poissons pour les nourrir et les engraisser. Les bassins artificiels sont alimentés par des eaux courantes, avec des grilles pour fermer toute issue aux poissons.

(3) Du latin *piscis*, poisson, et *cultura*, culture.

la *lamproie*, qui a le corps allongé de l'anguille ; le
barbeau qui, avec la tanche, le *goujon*, l'*able* et l'*ablette*
forme le menu peuple de nos rivières.

Fig. 46. — Brochet.

Parmi les poissons de mer, nous nommerons : le
hareng, qui, à différentes époques, descend des mers
du Nord et apparaît sur nos côtes en colonnes serrées,
désignées sous le nom de *bancs*. Une seule barque
peut en recueillir dans une nuit jusqu'à 150 mille. Le
plus grand nombre est salé, et quelques-uns fumés
ensuite : ce sont les harengs *saurs*. — Plus petit que
le hareng, l'*anchois* et la *sardine* abondent sur les côtes
de la Méd'terranée et de l'Atlantique. — L'*alose* remonte
les rivières au printemps, et sa chair est alors excellente.
— La *morue*, longue d'un mètre, se pêche sur tout le banc

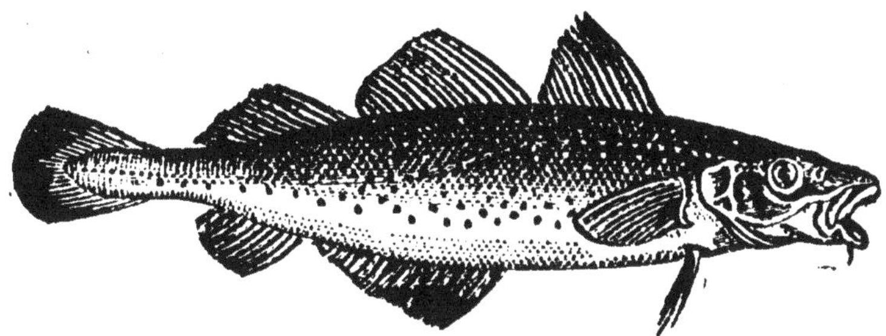

Fig. 47. — Morue.

de Terre-Neuve (Amérique) ; on la sale ensuite ; son
foie donne une huile salutaire aux personnes de faible
constitution. — Le *thon* a environ 2 mètres de longueur ;
sa chair est ferme et se rapproche beaucoup de la
viande ; on la mange tantôt fraîche, tantôt marinée,
c'est-à-dire confite dans l'huile. — Le *maquereau* se
montre au printemps par bandes innombrables sur nos

côtes du N. O. — Le *merlan*, à peu près de la même taille, et non moins abondant, a la chair plus légère et plus molle. — La *vive* est ainsi appelée parce qu'elle peut vivre assez longtemps hors de l'eau. — Le *rouget*, comme son nom l'indique, a le dos d'un rouge pourpre. — Le *turbot*, la *sole*, la *limande*, la *barbue*, la *plie* ou *carrelet*, la *raie*, ont le corps aplati avec une chair plus ou moins savoureuse.

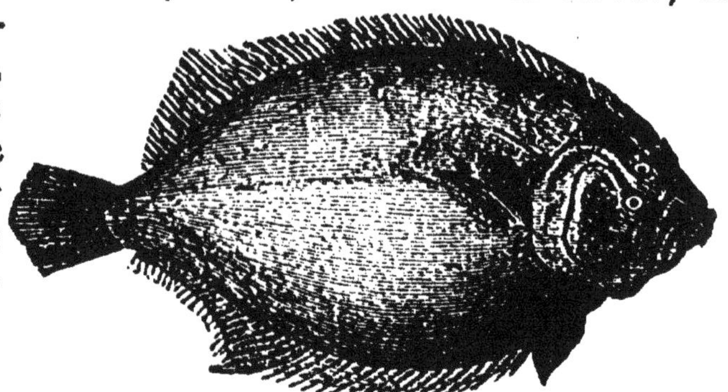

Fig. 48. — Sole. Le turbot a à peu près la même forme.

Quelques poissons présentent de curieuses particularités. La *torpille* frappe de commotions électriques les ennemis qui la poursuivent. — La *dorade*, d'abord noirâtre, prend par degrés un beau rouge doré ; elle fait l'ornement des petits bassins de nos jardins; elle vit même dans des bocaux, où on la nourrit de mie de pain, d'insectes, etc. Le *poisson-volant* a les nageoires pectorales [1] si développées, qu'il peut se soutenir quelque temps en l'air. L'*espadon* a le museau semblable à une lame d'épée [2], dont il perce intrépidement ses ennemis. Le *requin* est la terreur des mers par sa voracité et son audace ; long de 6 à 7 mètres, il engloutit dans sa gueule immense sa proie vivante. On l'aperçoit souvent derrière les vaisseaux, épiant le moment où il pourra saisir un homme, une proie quelconque tombée à la mer.

QUESTIONNAIRE: Quels animaux comprend le quatrième embranchement? — Combien de classes forment les vertébrés? — Quels sont les organes propres aux poissons? — Qu'appelle-t-on *pisciculture*? — Nommez les poissons d'eau douce les plus renommés. — Quels sont les principaux poissons de mer? — Quelles particularités présentent la *torpille*, la *dorade*, le *poisson-volant*, l'*espadon*, le *requin*?

(1) *Pectoral*, de la poitrine (en latin *pectus*). (2) *Épée* en italien se dit *spada*.

68. — Reptiles.

Les *reptiles*, comme leur nom l'indique [1], sont des animaux *rampants;* la plupart sont dépourvus de membres, et ceux même qui, comme le lézard, possèdent des pattes, les ont si courtes que leur ventre traîne à terre. Ils inspirent généralement une répugnance mêlée d'effroi : est-ce seulement à cause de leur forme disgracieuse et du venin dont quelques-uns sont armés ? Et n'y aurait-il pas aussi dans ce sentiment un vague souvenir de ce qui s'est passé dans le paradis terrestre ? Les reptiles respirent par des poumons; ils ont le sang rouge, mais froid. Ils peuvent rester un temps considérable sans prendre de nourriture, et, dans nos contrées, passent l'hiver dans l'engourdissement. Leur corps est généralement allongé et couvert d'une peau écailleuse qui se renouvelle plusieurs fois chaque année; ils ont donc le toucher peu délicat, mais la vue perçante. Ils ne mâchent pas leurs aliments, ils les avalent; par suite, ils digèrent lentement. Ils se reproduisent par des œufs, comme les oiseaux. Un grand nombre sont *amphibies* [2], c'est-à-dire qu'ils vivent aussi facilement dans l'eau que sur la terre : telles sont les grenouilles.

Les animaux qui appartiennent à la classe des reptiles sont : les *grenouilles*, les *serpents*, les *lézards* et les *tortues*.

Les *grenouilles* subissent de curieuses métamorphoses. A la sortie de l'œuf, le petit se nomme *têtard;* il a la forme d'un poisson à grosse tête et vit dans l'eau. Quelques mois après, sa queue disparaît et il lui pousse des pattes; on le voit alors sortir de son élément et sauter sur le sol. La grenouille verte fait entendre un léger coassement; la rousse est muette. La *rainette* [3], au dos vert et au ventre blanc, vit dans les bois et se nourrit d'insectes. Le *crapaud* est plus

---

(1) Du latin *repere*, ramper.
(2) Amphibie, du grec *amphibios*, à double vie.

(3) *Grenouille*, se dit en latin *rana*, d'où le diminutif *rainette*.

gros que la grenouille ; son corps ressemble à une masse informe, couverte de pustules [1] et suintant une humeur visqueuse [2] : aucun animal n'inspire plus de

Fig. 49. — Métamorphoses de la grenouille.

dégoût. Attaqué, il lance sur son ennemi une liqueur qui n'est pas venimeuse, comme plusieurs le croient. Il se tient d'ordinaire dans les fossés, sous des pierres, et en général dans les lieux humides. Il rend quelques services dans les jardins en mangeant les limaces et les insectes nuisibles ; mais il a, dit-on, un goût prononcé pour les fraises. — La *salamandre* est une espèce de grenouille à queue. On a cru longtemps qu'elle pouvait vivre dans le feu et même l'éteindre : c'est une erreur.

La taille des serpents varie à l'infini, depuis l'inoffensif *orvet*, de la grosseur du petit doigt, jusqu'au terrible *boa constrictor*, qui atteint jusqu'à 13 mètres de longueur et étouffe un bœuf dans ses replis [3]. Quoique privés de membres, ils ont en général des mouvements d'une extrême rapidité. Leurs mâchoires peuvent se

(1) *Pustule*, tumeur.
(2) *Visqueux*, gluant, qui colle comme la glu.

(3) De là son surnom de *constricl* c'est-à-dire qui serre, qui étreint.

dilater [1] énormément, ce qui leur permet d'avaler des proies d'un volume considérable. Ils dardent [2] avec rapidité leur langue divisée en plusieurs pointes ; leurs yeux, qui manquent de paupières, sont fixes et étincelants ; leur cri est un sifflement aigu. Plusieurs espèces ne sont pas venimeuses : telles sont l'*orvet*, la *couleuvre* et le *boa*. Les serpents venimeux ont à la mâchoire supérieure, au lieu de dents, un crochet mobile, percé d'un petit canal qui communique avec une glande particulière située sous l'œil ; la liqueur sécrétée par cette glande est le venin qui, versé dans la plaie par le crochet, produit des accidents funestes, quelquefois mortels. La France n'a guère d'autre serpent venimeux que la *vipère*, assez nombreuse dans les forêts de Fontainebleau et de Montmorency [3] mais ils fourmillent dans l'Inde et dans certaines contrées d'Afrique ; l'Amérique a le fameux *crotale* ou *serpent à sonnettes*, ainsi nommé parce que

Fig. 50 — Couleuvre.

Fig. 51. Vipère.

sa queue se termine par un assemblage d'écailles sonores, qui résonnent quand l'animal fait le plus petit mouvement.

Les *lézards* ont le corps très allongé et porté sur des
jambes basses, au nombre de quatre, rarement de deux.
Ils habitent les pays chauds et recherchent les endroits
exposés au soleil. Le *lézard proprement dit* est un
petit animal innocent, remarquable par son agilité, sa
forme élégante et ses vives couleurs. Qui ne l'a vu, par
une chaude journée de printemps, courir sur les murs
et fuir au moindre bruit dans les crevasses que, de son
nom, on appelle *lézardes* ? — L'un d'eux, a la tête
couronnée d'une crête, à laquelle il doit son nom de

Fig. 52. — Lézards.

basilic, c'est-à-dire petit roi. — Un autre, s'il est agité
par la colère ou par la crainte, change de couleur à
chaque instant ; de vert qu'il est habituellement, il
devient tour à tour jaune, rougeâtre, violacé, brun et
même noir : c'est le *caméléon*, dont on a fait le symbole
du flatteur et du courtisan [1]. — Le *crocodile* est un
lézard gigantesque, dont le corps, long de 5 à 10
mètres, est couvert d'écailles osseuses qui lui forment
une impénétrable cuirasse. Sur terre, il ne se meut
facilement qu'en ligne droite ; aussi préfère-t-il le
séjour des grands fleuves. Caché parmi les joncs et les

<hr>

[1] *Courtisan*, celui qui cherche à plaire au prince ou au peuple pour obtenir ses
faveurs.

roseaux, il guette les animaux qui viennent se désaltérer, fond sur eux, et les entraîne au fond des eaux pour les dévorer. Les crocodiles ordinaires habitent les fleuves d'Afrique, surtout le Nil ; ceux des fleuves d'Amérique se nomment *caïmans* ou *alligators*.

Les *tortues* ont le corps enveloppé dans une boîte

Fig. 53 — Tortue.

osseuse qui ne laisse passer au dehors que leur tête, leur cou, leur queue et leurs quatre pieds ; la partie supérieure de cette boîte s'appelle *cara-pace*, la partie inférieure se nomme *plastron*. Ces animaux, dont les mouvements sont très lents, ont besoin de peu de nourriture, et peuvent rester plusieurs mois sans manger. Les œufs et la chair d'un grand nombre offrent un aliment sain ; leur écaille est utilisée dans l'industrie. Les unes vivent sur la terre, dans les jardins, où elles détruisent les limaces et les insectes ; les autres, dans les rivières et les fleuves ; d'autres, au sein des mers : ces dernières sont les plus grosses ; elles atteignent une largeur de 20 à 30 mètres, et pèsent jusqu'à 400 kilogrammes.

QUESTIONNAIRE : Qu'appelle-t-on reptiles ? — Comment leur corps est-il conformé ? — Que signifie le mot *amphibie* ? — Quels sont les animaux qui appartiennent à la classe des reptiles ? — Parlez des *grenouilles*, du *crapaud*, de la *salamandre*. — Parlez des serpents et dites-en les principales espèces. — Où est situé le venin des serpents venimeux ? — Dites un mot de la *vipère*, du *serpent à sonnettes*. — Comment sont faits les *lézards* ? — Parlez du *lézard proprement dit*, du *basilic*, du *caméléon*, du *crocodile*. — Dites quelques mots des *tortues*.

---

69. — Oiseaux.

Les oiseaux doivent être mis au nombre des créatures les plus élégantes, les plus gracieuses, qui peuplent notre globe. Quelle étonnante diversité de proportions, de couleurs et de chants, depuis le corbeau jusqu'à l'hirondelle, depuis la perdrix jusqu'au vautour, depuis le roitelet jusqu'à l'autruche, depuis le hibou jusqu'au paon, depuis la corneille enfin jusqu'au rossignol!

On désigne sous le nom d'*oiseau* tout animal vertébré dont le corps, couvert de plumes et pourvu d'ailes, est organisé pour le vol. Les plumes se composent de trois parties : le *tube* ou *tuyau*, qui est vide, implanté dans la peau; la *tige*, remplie d'une matière blanche et spongieuse; les *barbes*, placées de chaque côté de la tige, et composées de petites lames si bien unies entre elles, qu'elles forment un tissu impénétrable, même à l'air.

Le plumage des oiseaux brille ordinairement des plus riches couleurs; celui des femelles est plus terne; les oiseaux des pays froids ont aussi une parure moins brillante que ceux des tropiques [1]. En compensation, plusieurs espèces, telles que le rossignol et la fauvette, moins douées sous le rapport du plumage, ont une voix plus agréable.

Les oiseaux se nourrissent, les uns de graines, les autres de chair, de poissons, d'insectes. Leur bec et leurs pattes sont en harmonie parfaite avec leurs aliments et leur manière de vivre. Ceux qui doivent chercher leur nourriture dans les marais et sur le bord des rivières, comme la cigogne et le héron, ont un bec très allongé et de longues jambes nues jusqu'au genoux. Nés pour vivre de rapine, l'aigle et le vautour ont un bec fort, recourbé vers le bout, des pattes robustes et des doigts armés d'ongles aigus, appelés *serres*, pour déchirer leur proie. Dans l'hirondelle, qui prend les insectes au vol, le bec est mince et pointu, et en même temps fendu jusqu'aux yeux. Ceux qui se nourrissent de graines, comme les moineaux et les chardon-

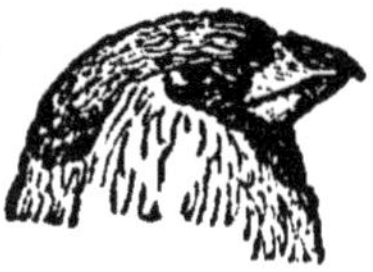

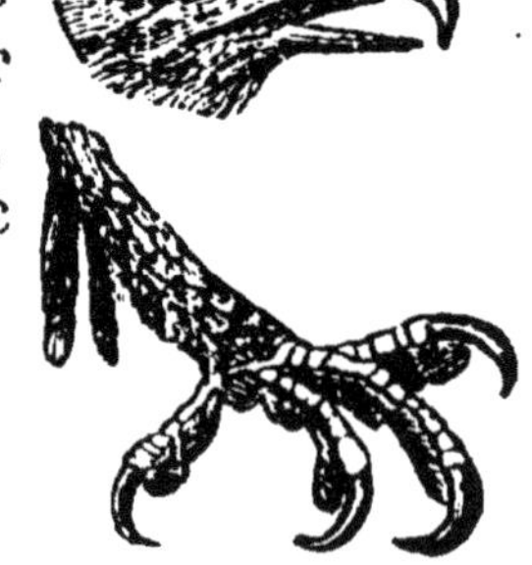

Fig. 55.—Tête de passereau.

Fig. 54.—Tête et serres d'oiseau de proie.

(1) Contrées voisines de l'équateur : zone torride.

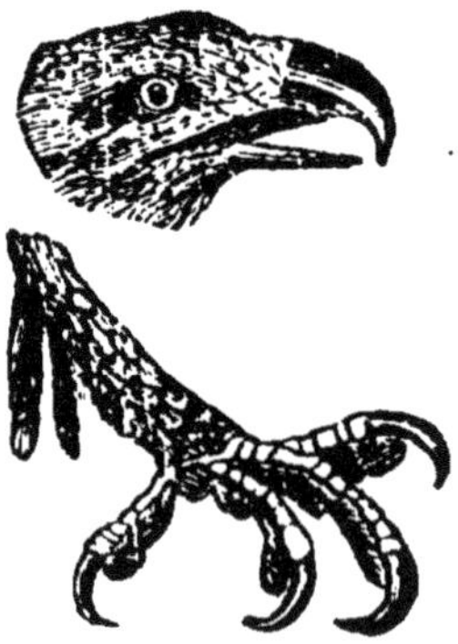

nerets, ont le bec court, épais et bombé en dessus.
Les pattes des oiseaux marcheurs, comme l'autruche
et le coq de nos basses-cours, sont très fortes ; celles
des oiseaux nageurs comme le canard, sont palmées,
c'est-à-dire transformées en nageoires par l'addition
d'une membrane qui s'étend entre les doigts. Enfin plusieurs petits oiseaux qui voltigent dans les broussailles
ont sur les yeux une pellicule qui les préserve des accidents.

De tous les sens de l'oiseau, la vue est le plus développé : le faucon perdu dans le ciel et invisible à l'homme
découvre le lézard ou le mulot qui rampe sur la terre et
dont il ne dédaigne pas de faire sa proie. L'ouïe est
aussi fort sensible chez un grand nombre, ainsi que
l'odorat chez ceux qui se nourrissent de chair.

Un admirable instinct dirige les oiseaux dans la construction des nids où ils doivent déposer leurs œufs et
abriter leurs petits. Considérez le nid d'un chardonneret
ou d'un pinson : rien de plus merveilleux. Le dedans
est tapissé de coton, de bourre, de fils déliés et soyeux ;
pour que la couche soit plus douce et plus chaude, ils
y ont mis jusqu'à leurs propres plumes, leur duvet ;
le dehors est tissu d'une mousse épaisse, et afin que le
nid soit moins exposé aux yeux, la couleur de cette
mousse ressemble à celle de l'arbre sur lequel il est posé.
Du reste, chaque espèce a sa manière particulière de se
loger : les uns placent leur nid sous les toits ; les autres,
dans les arbres, dans les buissons, quelquefois dans le
premier trou venu.

Le nid préparé, la femelle y dépose ses œufs, et se
pose sur eux pour les couver, c'est-à-dire pour y développer la chaleur nécessaire à l'éclosion. La durée de
l'*incubation* [1] varie selon les espèces : elle est de 21
jours pour les poules, de 15 à 18 jours pour les
serins.

Lorsque les petits sont éclos, le corps à peine couvert d'un léger duvet, la mère les recouvre de ses ailes

______

(1) *Incubation*, action de couver.

pour les abriter, et leur fournit une nourriture appropriée à leur estomac délicat. Plus tard, elle guidera leurs premiers pas, et, si quelque danger les menace, elle déploiera pour les défendre le courage le plus intrépide. Mais, dès qu'ils peuvent se suffire à eux-mêmes, cette tendresse touchante cesse tout à coup, et les petits des oiseaux, comme ceux de tous les autres animaux, sont abandonnés pour toujours. L'homme seul connaît les affections durables de la famille.

Un grand nombre d'oiseaux nous quittent à l'approche de l'hiver, soit pour se soustraire à la rigueur du froid, soit qu'ils ne trouvent pas de quoi suffire à leur besoins. On les appelle *oiseaux de passage* ou *oiseaux voyageurs*. Ainsi fait l'hirondelle, quand la mauvaise saison a détruit les insectes dont elle se nourrit. Tous ne font pas de longs voyages : quelques-uns se contentent de passer d'un pays dans un autre un peu plus au Sud; mais d'autres traversent les mers, et vont jusque dans les régions brûlantes de l'Afrique.

QUESTIONNAIRE : Qu'appelle-t-on oiseau ? — De quelles parties se compose une plume ? — Montrez comment le bec et les pattes des oiseaux sont en rapport avec leur manière de vivre. — Quelle est la vue des oiseaux ? — Parlez de l'instinct des oiseaux dans la construction de leurs nids et dans les soins qu'ils donnent à leurs petits. — Qu'appelle-t-on *oiseaux voyageurs ?*

---

70. — Diverses espèces d'oiseaux.

Les oiseaux répandus sur le globe forment plus de 7 mille espèces. D'après la conformation de leur bec et de leurs pattes, on les a groupés en 6 ordres : les *rapaces*, les *passereaux*, les *grimpeurs*, les *gallinacés*, les *palmipèdes* et les *échassiers*.

Les *rapaces* [1], nommés aussi *oiseaux de proie* parce qu'ils se nourrissent de chair, attaquent sans cesse les autres oiseaux, les petits quadrupèdes, les reptiles, etc. Ils ont pour caractère propre [2] un bec recourbé, à pointe

(1) Du latin *rapax*, ravisseur.   (2) *Caractère*, ici, marque distinctive.

aiguë, et de fortes serres. On ne les rencontre jamais réunis en bande; ils vivent par couple, sur les rocs escarpés, sur de vieilles tours. Leur nid s'appelle *aire*. Parmi les rapaces, les uns chassent pendant le jour; tels sont le *vautour*, dont la tête et le cou presque nus ajoutent encore à la physionomie farouche ; — l'*aigle*, que la majesté de son vol, son courage et sa force ont fait appeler le roi des oiseaux; ses ailes étendues mesurent

Fig. 56. Chat-Huant.

près de trois mètres : c'est ce qu'on appelle son *envergure*; — le *faucon*, qu'on dressait autrefois pour la chasse; — l'*autour*, l'*épervier* et le *milan*;—la *buse*, à l'air stupide; —le petit *émérillon*. Les autres, grâce à une disposition particulière de leurs yeux, ne chassent que la nuit ou au crépuscule; ils se tiennent cachés pendant le jour dans des retraites inaccessibles aux rayons du soleil. Comme ils se nourrissent de taupes, de souris, de mulots, etc., ils rendent de grands services à l'agriculture. Les plus connus sont : le *hibou*, le *chat-huant* [1] et l'*effraie* [2] ou *chouette des clochers*.

L'ordre des *passereaux* est le plus nombreux de tous; il comprend tous les petits oiseaux chanteurs et sauteurs, à forme svelte [3], qui se nourrissent habituellement d'insectes, de fruits et de graines. Nous nommerons : le *merle*, la *grive* et le *loriot;* le *rouge-gorge*, curieux et peu défiant ; la *fauvette* [4] et le *rossignol*, célèbres par les sons mélodieux dont ils charment nos bocages; le *serin*, qui rivalise avec le rossignol pour le chant ; le *roitelet*, le plus petit des oiseaux d'Europe, toujours à la poursuite des moucherons ; le *martinet* et l'*hirondelle*, au vol

---

(1) Cet oiseau a la figure du chat ; *huant,* c'est-à-dire hurlant.

(2) Appelée ainsi à cause de son cri qui répand l'effroi.

(3) *Svelte,* fine, déliée, le contraire serait *lourde.*

(4) *Fauvette,* c'est-à-dire petit oiseau de couleur fauve.

gracieux et rapide, dont nous saluons le retour au printemps ; la *bergeronnette* [1] ou *hochequeue*, qui voltige continuellement autour des bergeries et des troupeaux ; le *chardonneret* [2], orné de si jolies couleurs ; le *moineau* [3], familier et gourmand, qui mange beaucoup de blé, mais qui détruit plus encore de chenilles et d'insectes nuisibles ; le *pinson* [4], vif et gai ; la *mésange*, si courageuse à défendre ses petits ; l'*alouette*, qui ne chante qu'en volant ; le *verdier*, gros comme un moineau et de couleur jaune verdâtre ; l'*ortolan*, à la chair si délicate : il est commun dans le midi de l'Europe ; la *linotte* [5], au ramage agréable, et si mobile qu'elle a donné lieu au dicton : *Tête de linotte*, appliqué aux étourdis, le *bouvreuil*, cendré en dessus, rouge en dessous, avec la tête et les ailes d'un beau noir ; l'*étourneau* ou *sansonnet ;* le *corbeau*, vorace et destructeur, mais intelligent et fin ; la *corneille*, noire comme lui, mais plus petite ; la *corneille d'église*, ou *choucas*, habite les clochers et les vieux bâtiments ; la *pie*, babillarde et voleuse ; le *grimpereau*, presque aussi petit que le roitelet, et comme lui toujours en mouvement ; le *geai*, pétulant et querelleur ; le *martin-pêcheur*, l'oiseau le plus joli de nos climats par la richesse et l'éclat de son plumage : il vit solitaire au bord des eaux ; l'*oiseau de paradis*, dont les plumes de la queue forment le plus magnifique panache ; enfin le *colibri* et l'*oiseau-mouche*, à peine plus gros que l'abeille, et vivant comme elle du suc des fleurs : petits favoris à qui la nature a prodigué ses dons : légèreté, prestesse, grâce et riche parure. Ces trois dernières espèces n'appartiennent pas à nos contrées.

Les *grimpeurs* ont les doigts divisés en deux paires, l'une en avant, l'autre en arrière, ce qui donne à ces oiseaux une grande facilité pour s'accrocher aux branches et grimper aux arbres. Les principaux sont : le *pic-vert*, par abréviation *pivert*, de la grosseur d'une tourterelle,

---

(1) Ainsi appelée, parce qu'elle suit les troupeaux des bergers.

(2) Il vit de graines de chardon.

(3) Couleur de robe de moine.

(4) De son fort bec il *pince* jusqu'au sang celui qui le tient.

(5) Ainsi appelée parce qu'elle se nourrit principalement de graine de *lin*.

vert dessus, blanc dessous, avec une calotte rouge : il fend, de son long bec, l'écorce des arbres pour y chercher les vers et les insectes ; — le *coucou*, dont le nom rappelle le cri monotone : il a la singulière habitude de déposer ses œufs dans des nids étrangers et de laisser à d'autres oiseaux le soin d'élever ses petits; — le *perroquet*, aux couleurs variées, au gros bec recourbé, à la langue épaisse : il imite facilement la voix humaine et les différents cris des animaux; celui qui apprend le plus aisément à parler est le *jaco*, ou perroquet cendré; — la *perruche*, de taille plus petite et généralement de couleur verdâtre.

---

71. — Diverses espèces d'oiseaux (SUITE).

Les *gallinacés* [1] peuplent nos basses-cours. Ce sont des oiseaux pesants, faciles à apprivoiser et vivant en société. Les principaux sont : les *pigeons*, bien connus par leur tendresse et leur attachement mutuel : parmi eux est le *biset*, ainsi nommé à cause de sa couleur bise ; le *pigeon domestique;* le *ramier*, le plus gros de tous : il habite les forêts et niche sur les rameaux des grands arbres ; la *tourterelle*, au roucoulement triste et plaintif. Puis viennent le *paon*, fier de son incomparable plumage, qui reproduit toutes les couleurs de l'arc-en-ciel ; le *dindon* [2], dont la tête nue est recouverte d'une peau bleuâtre ; la *pintade* [3], au plumage gris-perle, semé de taches blanches : par son humeur querelleuse, elle met le désordre dans les

---

(1) *Gallinacés*, de *gallus* et *gallina*, coq et poule.

(2) Originaire d'Amérique qu'on appela longtemps *Indes occidentales*; dindon c'est-à-dire *oiseau d'Inde* ou de l'Inde.

(3) *Pintade*, c'est-à-dire, oiseau peint.

basses-cours ; lo magnifiquo *faisan*, soit *doré*, soit *argenté* : lo *coq*, courageux et fier, à la crête charnue,

Fig. 57. Faisan commun.

d'un rougo vif ; la *poule*, si intéressante par les soins qu'elle donno à ses petits ; la *perdrix*, qui vit et niche au milieu de nos champs, ainsi que la *caille*, qui n'en diffère que par une taille plus petite.

Les *échassiers*, ou *oiseaux de rivières*, ont les jambes très longues et dégarnies de plumes, semblables à des échasses : de là leur nom. La plupart exécutent de

Fig. 58. Héron.

longs voyages périodiques [1]. Tels sont la *grue*, originaire du Nord, où elle n'habite qu'en été, elle visite en automne nos régions tempérées et va passer l'hiver dans celles du Midi ; — le *héron*, animal triste et solitaire : il se tient sur le bord de l'eau, passant des

____

(1) *Périodique*, qui revient à des intervalles réguliers.

heures, quelquefois des jours, à la même place, sur un seul pied, la tête repliée sur l'épaule, attendant une proie ; — la *cigogne*, dont le dévouement pour ses petits n'a d'égal que la tendresse et les soins qu'elle prodigue à ses parents, vieux ou infirmes ; — le *flamant* ou *flammant*, qui doit son nom à la couleur de ses ailes, où le rose se mêle au rouge vif ; — les *bécasses* et les *bécassines*, dont la chair est estimée ; — les *poules d'eau* et les *râles*, également bons à manger. — L'*autruche* se distingue des autres échassiers par son genre de vie. C'est le plus grand des oiseaux : elle dépase la taille de l'homme, et on lui fait souvent porter des enfants. Elle a les ailes trop courtes pour voler facilement ; mais elle court avec vitesse, en les déployant comme des voiles. Les autruches vivent par troupes dans les déserts de l'Afrique ; à les voir de loin, on dirait des files de chameaux. Les longues plumes soyeuses de leurs ailes et de leur queue sont fort recherchées pour la parure des dames.

Les *palmipèdes* ou *oiseaux nageurs*, ont les pieds placés tout à fait à l'extrémité du corps, et les doigts palmés, c'est-à-dire réunis par de larges membranes [1], deux dispositions favorables à la natation [2]. Leur bec est généralement aplati ; leur plumage, lisse et serré,

Fig. 59. Pélican.

est imbibé d'un suc huileux qui les empêche de se mouiller. Sous ce plumage se trouve un duvet fin et moelleux qui préserve l'oiseau du froid. Les uns habitent le rivage de la mer, ou plutôt la mer elle-même, dont ils parcourent d'un vol hardi l'immensité : tels sont le *pétrel*, la *frégate*, la *mouette* ou *goëland*, etc. Les autres, comme l'*oie* et le *canard*, vivent dans les marais et nos basses-cours. La *sarcelle* est un canard de petite taille. Le *pélican*, au bec énorme, porte sous ce long bec une poche membraneuse dans laquelle il tient en réserve de l'eau et du poisson. On a dit qu'il se déchirait les flancs pour faire boire son sang à sa jeune couvée : c'est une fable.

QUESTIONNAIRE : Quels sont les principaux oiseaux de l'ordre des gallinacés ? de l'ordre des échassiers ? de l'ordre des palmipèdes ?

72. — Mammifères.

Les mammifères occupent le plus haut degré dans l'échelle zoologique [1]. On appelle ainsi les animaux qui ont des mamelles pour allaiter leurs petits, comme la vache, la brebis. La plupart sont des quadrupèdes, c'est-à-dire ont quatre pieds. Leur peau est le plus souvent recouverte de poils, dont la forme et la couleur sont extrêmement variables. Tantôt ce sont des filaments longs et contournés en spirale [2] : on les désigne alors sous le nom de *laine*: la laine du mouton ; quelquefois ils sont fermes et élastiques : on les appelle soies : les soies du porc ; les *crins* ne diffèrent des soies que par un peu plus de longueur et de souplesse ; si enfin ils ressemblent par leur raideur à des épines, on les nomme *piquants*: les piquants du hérisson. Par un bienfait de la Providence, le poil des

(1) *Échelle zoologique,* ou animale (du grec *zoon,* animal). Voyez p. 152, note 2.

(2) *En spirale,* en forme de tire-bouchon.

mammifères est beaucoup plus épais en hiver, et par
conséquent plus chaud, qu'en été. En général, c'est
dans les contrées du Nord qu'on trouve les fourrures
les plus fines et les plus moelleuses. Les dents des
mammifères sont en rapport avec la manière de vivre de
chacun. Les carnivores ou carnassiers, qui se nourrissent
de chair [1], ont des dents tranchantes pour couper les
chairs ; chez les herbivores, elles sont larges et plates
pour broyer les herbes et les graines. Un certain
nombre d'espèces ont des cornes, la plupart une queue ;
celle-ci n'est qu'un prolongement de la colonne vertébrale. L'organe du toucher est naturellement peu délicat
chez les mammifères ; en compensation, certains sens
sont très développés chez plusieurs, par exemple
l'odorat chez le chien.

On a divisé les mammifères en huit grands ordres [2],
savoir : les *cétacés*, les *marsupiaux*, les *ruminants*, les
pachydermes, les *édentés*, les *rongeurs*, les *carnassiers*
et les *quadrumanes*.

QUESTIONNAIRE : Qu'appelle-t-on *mammifères ?* — Qu'y a-t-il à remarquer sur le poil, les dents, les cornes, etc., des mammifères ? — En
combien d'ordres se divisent les mammifères ? Nommez-les.

73. — Cétacés. Marsupiaux. Ruminants.

Les *cétacés* ressemblent beaucoup aux poissons, et,
comme eux, vivent au sein des eaux ; mais leur organisation les place au rang des mammifères : comme les
autres animaux de cette classe, ils ont des poumons,
un sang chaud, une voix, des mamelles pour allaiter
leurs petits, et ils sont obligés de monter souvent à la
surface de l'eau pour respirer. C'est parmi les cétacés
que l'on trouve les plus grands de tous les animaux.
On leur fait la chasse pour l'huile et d'autres produits
qu'on en retire.

(1) *Carnivore*, du latin *caro*, chair, et | (2) Les savants suivent aujourd'hui une
vorare, dévorer. | division plus compliquée.

Le plus célèbre, celui qui a donné son nom à tous les autres, est la *baleine* ; sa longueur atteint jusqu'à 30 mètres, et son poids dépasse 100 mille kilogrammes. Cette monstrueuse bête a une tête énorme, même pour sa taille. Sa bouche en fait tout le tour ; quand elle est ouverte, deux hommes pourraient y entrer de front sans se baisser ; elle ne présente aucune trace de dents,

Fig. 60. Baleine.

mais elle est garnie de lames flexibles, appelées *fanons*, au nombre de 8 à 9 cents, formant une espèce de claire-voie. L'eau peut s'écouler à travers les fanons, mais ils retiennent les petits animaux et les plantes dont la baleine se nourrit. Ce sont ces lames élastiques qu'on emploie à une foule d'usages (parapluies, corsets, etc.), sous le nom de *baleines*.

Des marins audacieux vont chercher la baleine jusque dans les mers du pôle Nord où elle se réfugie. Dès qu'elle apparaît au-dessus des eaux, semblable à une île sombre et flottante, ils s'en approchent avec précaution, car d'un coup de sa puissante queue elle

briserait en éclat la chaloupe [1] qui les porte. Alors
l'un d'eux lance sur le dos du monstre un harpon [2]
attaché à une longue corde. La baleine blessée s'agite
avec fureur et descend au fond des eaux ; mais bientôt
elle doit remonter à la surface pour respirer. Aussitôt
de nouveaux harpons pleuvent sur elle jusqu'à ce que,
épuisée par la perte de son sang et ses prodigieux
efforts, elle n'oppose plus aucune résistance. On l'amène
sur le rivage, ou bien on l'attache aux flancs de la
chaloupe, et des matelots, à coups de hache, taillent les
fanons et enlèvent d'énormes tranches de graisse ; cette
graisse est fondue et mise en tonneaux.

Le *cachalot* est un autre cétacé presque aussi gros
que la baleine ; ensuite viennent les *dauphins*, les
narvals, les *marsouins*.

Les *marsupiaux* se distinguent par une poche ou
bourse [3] formée sous leur ventre par un repli de la
peau. Comme leurs petits naissent faibles et imparfaits,
c'est dans cette poche qu'ils achèvent de se développer.
Devenus assez forts pour courir, ils s'y réfugient encore
à la moindre apparence de danger. Telle est la timide
et innocente *sarigue*, animal d'Amérique, de la taille
d'un chat, qu'une jolie fable de Florian [4] a sans doute
fait connaître à nos lecteurs.

Les *ruminants* sont ainsi appelés parce qu'ils ruminent;
ruminer, c'est mâcher ce qu'on avait simplement
avalé. Voyez une vache broutant dans un pré : vous
croyez qu'elle mange quand elle a la tête dans l'herbe ?
Pas du tout ; elle ne fait que préparer son repas : elle
détache et engloutit à la hâte le foin dans un vaste
estomac, nommé *panse* ou *herbier*. La poche remplie,
l'animal va s'accroupir dans quelque coin tranquille ;
il reste là des heures entières, immobile et recueilli, sa
mâchoire remuant toujours et tournant sur elle-même
Vous devinez ce qu'il fait : il rumine ; les aliments
qu'il avait avalés une première fois, il les fait revenir

---

(1) *Chaloupe*, grosse barque.
(2) *Harpon*, lance à crochets.
(3) *Bourse*, en latin *marsupium*.
(4) *La Sarigue et ses Petits*.

à la bouche, et cette fois les mâche convenablement et pour de bon. Les ruminants ont les pieds fourchus, c'est-à-dire terminés par deux cornes ou sabots. Cet ordre est le seul qui possède des animaux à cornes sur le front, il en est cependant parmi eux qui n'en ont pas.

Au premier rang des ruminants sans cornes est le *chameau*, surnommé par les Arabes le *navire du désert*. Cet animal sobre et docile rend, en effet, les plus grands services aux populations errantes de l'Afrique et de l'Asie. Se trouve-t-il sur son passage une mare ou une fontaine, il la sent de loin, double le pas, se désaltère, et, grâce à un estomac supplémentaire, fait provision d'eau pour plusieurs jours. Il a sur le dos une ou deux bosses, formées par un amas de graisse. Les grands chameaux portent de 300 à 600 kilogrammes, et peuvent faire en un jour jusqu'à 200 kilomètres sans boire ni manger. — Le *lama* est le chameau de l'Amérique méridionale; mais il est plus petit, plus gracieux et n'a point de bosse sur le dos.

Parmi les ruminants cornus, les uns ont des cornes

Fig. 61. Cerf.

pleines, nommées *bois*, parce qu'elles se ramifient comme les branches d'un arbre. Tels sont le *cerf*, si élégant et si agile, dont la femelle se nomme *biche*;

le *daim* et le *chevreuil*, plus éveillés et plus gracieux encore ; l'*élan*, le plus grand des cerfs, qui vit par troupes dans les forêts et les marécages du Nord ; le *renne*, si utile aux Lapons, qu'il nourrit de sa chair et de son lait, et qu'il habille de sa peau, après avoir tiré leurs traîneaux sur la glace et la neige ; enfin la *girafe*, si remarquable par la longueur démesurée de son cou, qui atteint jusqu'à trois mètres, et par la hauteur de ses jambes de devant.

Les autres ont des cornes creuses ; ce sont : les *antilopes*, animaux timides, sveltes et légers à la course ; principales espèces : la *gazelle*, célèbre par la finesse de ses membres, la vivacité et la douceur de ses yeux noirs, et le *chamois*, ami des hautes montagnes ; — la *chèvre*, vive et capricieuse [1], mais frugale, dont le lait

Fig. 62. Chèvre de Cachemire.

donne d'excellents fromages ; son petit s'appelle *che-vreau*, et le mâle *bouc* ; la *chèvre* de *Cachemire* fournit le tissu moelleux des châles de ce nom ; les poils longs

____

(1) C'est du latin *capra*, chèvre, qu'on a formé le mot *caprice*.

et soyeux de la *chèvre d'Angora* [1] servent aussi à faire des étoffes superbes ; — le *mouton* dont la chair nous nourrit, la laine nous habille et la graisse nous éclaire ; le mouton *mérinos* donne une laine abondante et douce

Fig. 63. Mouton mérinos.

au toucher, avec laquelle on fabrique les plus fins tissus ; le mâle du mouton se nomme *bélier*, la femelle, *brebis*, et le petit, *agneau*; — enfin le *bœuf* au large cou, aux robustes épaules, l'animal domestique par excellence. Principales espèces : le *taureau* et la *vache*, dont le petit s'appelle *veau* ; le *buffle*, à demi sauvage ; le *bison* d'Amérique, qui l'est tout à fait ; l'*aurochs* ou *urus*, autrefois répandu dans les forêts des Gaules.

QUESTIONNAIRE : Qu'est-ce qui caractérise les cétacés ? — Parlez des principaux cétacés : *baleine, cachalot.* — Par quoi se distinguent les marsupiaux ? — Qu'entend-on par animaux ruminants ? — Parlez des principaux ruminants sans cornes : *chameau, lama;* des ruminants cornus : *cerf, daim, chevreuil, élan, renne, girafe, gazelle, chamois, chèvre, mouton, bœuf* et ses variétés.

(1) *Cachemire*, ville de l'Indoustan; *Angora*, ville de la Turquie d'Asie.

74. — Pachydermes. Edentés. Rongeurs.

L'ordre des *pachydermes*, c'est-à-dire des animaux au *cuir épais* [1], renferme les plus grands quadrupèdes connus. A part le cochon et l'ours, qui sont omnivores [2], ils se nourrissent tous d'herbes et de racines. Le plus grand de tous est *l'éléphant*, aux formes lourdes et épaisses, aux yeux petits, mais vifs et intelligents. Cet animal porte à la mâchoire supérieure deux dents très développées, qui sortent de sa bouche en se recourbant vers le haut: ce sont ses *défenses*, avec lesquelles il arrache les racines et met en pièces ses ennemis; leur substance est l'*ivoire*, dont on fait de si beaux objets d'art. Mais ce qui caractérise surtout

Fig. 64. Éléphant.

l'éléphant, c'est sa *trompe*, qui n'est qu'un prolongement du nez et des narines; cette trompe mobile en

---

(1) Du grec *pachus*, épais, et *derma*, peau.

(2) *Omnivore*, qui mange de tout (du latin *omnis*, tout, et *voro*, je dévore).

tous sens et douée d'une très grande force, lui sert à la fois à attaquer et à se défendre, à toucher et à prendre les objets dont il a besoin. L'éléphant est doué de beaucoup d'instinct et d'une grande docilité. Il se plie facilement au service de l'homme, qui l'utilise pour la chasse, la guerre et les transports. Il marche avec la vitesse d'un homme qui court, et porte des fardeaux qui pèsent jusqu'à deux mille kilogrammes. — Après l'éléphant viennent le *rhinocéros*, féroce et

Fig. 65. Rhinocéros.

stupide, ainsi nommé parce qu'il a une corne sur le nez[1]; l'*hippopotame*, ou *cheval des fleuves*, mieux conformé pour la natation que pour la marche : il vit dans les rivières ou les lacs de l'Afrique.

Nos pachydermes domestiques sont : le *porc* ou *cochon*, glouton et sale; son museau se termine par un *groin* ou *boutoir* propre à fouiller la terre, et sa peau est couverte de soies; le mâle s'appelle *verrat*, sa femelle *truie*, et leurs petits *pourceaux*. Le *sanglier* est une espèce sauvage, dont la tête se nomme *hure*, la femelle *laie*, et les petits, *marcassins*; poursuivi, il éventre souvent de ses longues défenses[2] chiens et chasseurs; — le *cheval*, au caractère si souple, au port si noble, aux formes si bien proportionnées; la femelle se

[1] Du grec *rhin*, nez et *kéras*, corne. | qui s'avancent hors de la bouche en se
[2] *Défenses*, dents, aiguës et tranchantes | recourbant peu.

nomme d'abord *pouliche* et ensuite *jument*; le petit s'appelle *poulain*. — *L'âne*, sobre et patient, appartient à la race du cheval; il en est de même du *mulet* et du *zèbre* : ce dernier a tout le corps rayé de bandes brunes sur un fond blanc jaunâtre, et vit par bandes sauvages dans les montagnes de l'Afrique australe[1].

Les *édentés*, comme leur nom l'indique, n'ont que peu de dents; quelques-uns même en manquent tout à fait. Tel est le *fourmilier*, qui vit principalement de fourmis. Pour les saisir, il allonge près d'une fourmilière sa langue visqueuse; ces insectes viennent s'y coller par centaines, et il les avale d'un seul coup. Aucun des mammifères édentés n'habite l'Europe.

Les *rongeurs* ont sur le devant de chaque mâchoire deux dents incisives[2] fortement tranchantes et taillées en biseau, comme les ciseaux de menuisier. Comme la mâchoire inférieure ne peut se mouvoir que d'avant en arrière, il résulte de cette disposition qu'ils ne peuvent que grignoter ou manger du bout des dents, de là leur nom de *rongeurs*. La plupart de ces animaux ont les membres postérieurs plus longs que ceux de devant; leur course se compose donc d'une suite de sauts. Plusieurs se creusent des terriers, d'autres se bâtissent des huttes, quelques-uns passent l'hiver plongés dans un engourdissement complet. Les rongeurs les plus remarquables sont: le *castor*, qui vit par troupes et déploie une si merveilleuse adresse à se construire des cabanes sur les lacs et les fleuves;—le *rat*, le *mulot*, la *souris* et le *loir*, hôtes importuns de nos champs, de nos vergers et de nos maisons ; — la *marmotte*, répandue surtout dans les Alpes : à l'approche de l'hiver, elle se creuse un profond terrier, et y reste enfermée, dans

Fig. 66. Marmotte.

(1) *Australe*, méridionale.   (2) *Incisives*, c'est-à-dire qui coupent

une sorte de léthargie[1], jusqu'au retour du printemps ; — *l'écureuil*, le plus joli, le plus agile et le plus gai des rongeurs ; — le *porc-épic*, dont le corps, comme celui du hérisson, est couvert de piquants raides et aigus : il est commun dans le midi de l'Europe ; — le *lièvre*, dont la chair est si estimée des amateurs de gibier ; — le *lapin* qui, à la différence du lièvre, se creuse des terriers : le lapin sauvage

Fig. 67. Écureuil.

ou de *garenne* donne une chair saine et agréable ; celle du *clapier* ou lapin domestique est grasse et fade ; — enfin le petit *cochon d'Inde*, qu'on élève quelquefois dans les maisons, parce qu'on croit que sa présence éloigne les rats et les souris.

---

75. Carnassiers. Quadrumanes

Les *carnassiers* sont ainsi appelés parce qu'ils se nourrissent de chair[2]. Ils sont généralement doués de beaucoup de vigueur, de souplesse et d'agilité. Les organes des sens sont très développés chez ces animaux, l'odorat surtout, qui leur sert à découvrir de loin leur proie.

[1] *Léthargie,* sommeil profond, insensibilité.

[2] *Chair,* en latin *caro.*

A cet ordre appartiennent les animaux les plus
divers.

Ce sont d'abord les *chauves-souris*, qui se meuvent
dans l'air à la manière des oiseaux, mais seulement le

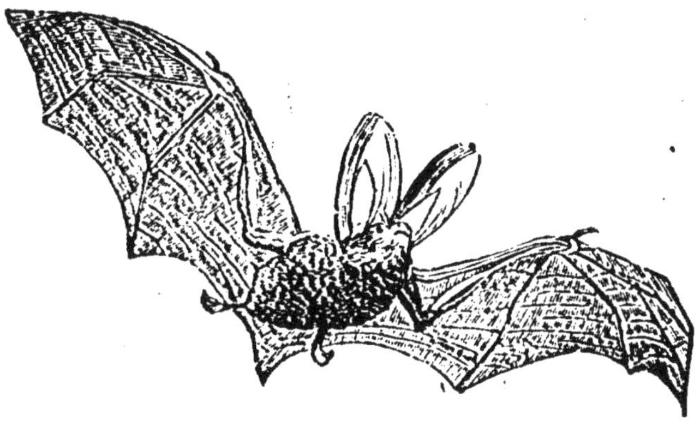

Fig. 68. Chauve-souris.

soir et pendant la nuit. Une large membrane ou repli
de la peau s'étend entre leurs membres, et leur permet
de frapper l'air comme si elles avaient des ailes.
Cette membrane est le siège d'un tact exquis, capable
d'avertir l'animal de l'approche d'un obstacle. Cachées
durant le jour dans quelque lieu obscur, elles sortent
le soir pour attraper les insectes dont elles se nourrissent. Le *vampire* est une chauve-souris gigantesque,
qui vient sucer le sang des hommes et des animaux
endormis; il vit en Amérique.

Fig. 69. Phoque.

Puis viennent les *phoques* et les *morses*, animaux

plutôt aquatiques que terrestres [1], dont le corps se termine en pointe comme celui des poissons, et dont les quatre pieds sont courts et palmés. Ils séjournent habituellement dans la mer, et ne viennent en rampant sur le rivage que pour se reposer et nourrir leurs petits. On les chasse pour l'huile qu'ils fournissent; les dents du morse donnent en outre un ivoire très fin.

Quelques carnassiers de petite taille ne vivent que d'insectes, par exemple le *hérisson* dont le corps est couvert d'épines en dessus et de poils en dessous; si on l'attaque, il se roule en boule et présente des piquants de tous les côtés. Il vit dans les bois

Fig. 70. Hérisson.

et se nourrit d'insectes et de fruits. On l'élève dans les jardins, où, sans faire de grands dégâts, il détruit beaucoup de petits animaux nuisibles. — La *taupe*, au museau pointu, aux yeux petits, aux pattes de devant élargies en forme de pelle et armées d'ongles

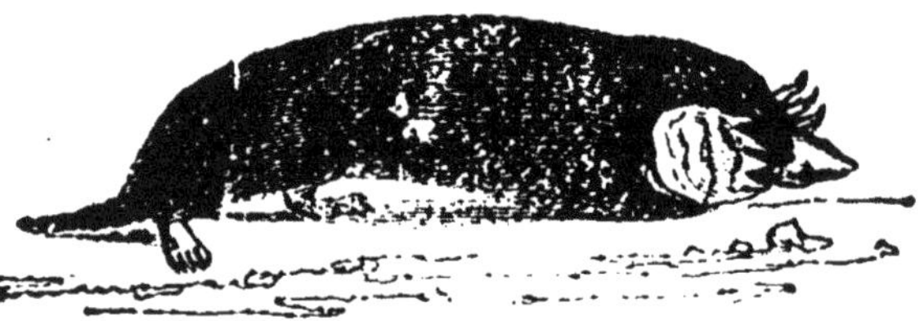

Fig. 71. Taupe.

très forts, vit dans des galeries souterraines d'où elle ne sort jamais. Çà et là elle accuse sa présence par de petits monticules ou *taupinières*, qu'elle élève soit pour respirer, soit pour rejeter les déblais au dehors. Si elle nuit à l'agriculture en bouleversant ainsi la terre et en mangeant quelques racines, peut-être rend-elle encore plus de services qu'elle ne fait de mal, car elle vit surtout d'insectes et détruit beaucoup de vers

(1) Faits pour habiter plutôt l'eau (en *phibies*, des animaux à *double vie*, ayant sub *aqua*) que la terre. Ce sont des am- une double manière de vivre.

blancs et autres. — La *musaraigne* ou *musette*, dont l'aspect rappelle la souris, est le plus petit de tous les mammifères; elle se tient dans les terres sablonneuses [1], sous les herbes et sous les mousses.

Mais la famille la plus nombreuse de l'ordre des carnassiers, ce sont les carnivores proprement dits, tous armés de dents et de griffes puissantes; parmi eux se trouvent les animaux vulgairement connus sous le nom de bêtes féroces.

Quelques-uns passent l'hiver dans un état d'engourdissement, sans prendre de nourriture. Tel est l'*ours*, aux membres épais, à la démarche lourde;

Fig. 72. Ours.

il est généralement brun ou noir, et vit isolé dans les montagnes et les forêts épaisses; cependant l'ours blanc, grand et vorace, vit par troupes dans les régions polaires. La femelle se nomme *ourse*, et les petits *oursons*. Tel est encore le *blaireau*, beaucoup plus petit que l'ours, et dont les poils servent à faire des brosses molles et des pinceaux à barbe.

Un autre groupe se compose de petits carnassiers avides de sang, aux jambes courtes, au corps extrê-

---

(1) De là son nom, formé des mots latins : *mus*, souris, rat, *arena*, sable.

mement allongé, ce qui leur permet de passer par les moindres ouvertures. On y distingue la *martre* ou *marte*, la *martre zibeline* et *l'hermine*, si recherchées pour leur fourrure ; la *fouine*, qui ne sort que la nuit et ravage les poulaillers ; le *putois*, dont le nom rappelle la mauvaise odeur qu'il répand ; le *furet*, aux yeux roses, au pelage d'un blanc jaunâtre, dont on se sert pour la chasse du lapin ; la *belette*, à peine grosse comme le rat. Ajoutez la *loutre*, animal aquatique, qui nage et plonge avec la plus grande facilité pour saisir le poisson ; de sa peau couverte de poils épais et soyeux, on fait des bonnets et des casquettes.

Le groupe des chiens comprend : le *chien domestique*, ce fidèle et dévoué compagnon de l'homme, avec ses diverses variétés ; le *loup*, à la fois vorace et poltron, qui vit dans les bois et n'en sort que pressé par la faim ; le *renard*, au museau pointu, à la queue longue et touffue : cet animal rusé est la terreur des basses-cours. — La *hyène*, qui habite les ravins boisés et les creux de rochers de l'Afrique et de l'Asie, a beaucoup de rapport avec le loup, aussi bien par sa taille et la la forme de sa tête, que par son naturel carnassier et lâche.

Les savants rangent dans le genre *chat*, non seulement le *chat domestique* qui vit dans nos habitations, mais des carnassiers beaucoup plus grands et plus forts. Ces animaux ont aux pieds de devant cinq doigts ou griffes, armées d'ongles rétractiles [1], au moyen desquels ils s'attachent à leur proie et peuvent plus ou moins grimper. Leur queue est longue et mobile ; leur langue, mince et rude, est couverte à sa surface de papilles cornées [2], dont la pointe se dirige en arrière. Leur ouïe est très fine, grâce à des oreilles courtes, dressées en forme de cornet. Ils aiment à se repaître de proie vivante et palpitante ; mais, prudents et rusés, au lieu de poursuivre leur ennemi, ils l'atten-

---

(1) *Ongles rétractiles*, que l'animal peut faire sortir ou rentrer à volonté.

(2) *Papilles cornées*, petites éminences plus ou moins saillantes, dures comme la corne.

dent au passage, cachés dans une embuscade, et fondent
sur lui d'un seul bond. Au premier rang nous devons
mettre le *lion;* son épaisse crinière et sa tête relevée
lui donnent cet air majestueux qui l'a fait surnommer
le roi des animaux. — Plus féroce que le lion, le
tigre est à peu près de la même taille, mais il a la
tête plus petite et le corps plus allongé. Son pelage,
fauve en dessus, blanc en dessous, avec des bandes

Fig. 73. Tigre.

d'un noir foncé, donne une des plus belles fourrures :
il habite dans le midi de l'Asie. — La *panthère* et le
léopard vivent surtout en Afrique; un peu plus petits
que le tigre, ils sont aussi féroces; ils ont la peau
mouchetée de taches noires. — Le *lynx* habite les
lieux montagneux et boisés, où il fait la chasse aux
chevreuils, aux daims et aux cerfs : d'où son autre nom
de *loup-cervier;* il a, dit-on, la vue très perçante.
— Le *chat,* à qui nous confions l'emploi de purger
nos maisons de rats et de souris, est un tigre en petit :
même forme, mêmes allures, mêmes instincts. Le
chat angora, remarquable par son long poil soyeux,
est originaire d'Angora, dans la Turquie d'Asie.

Au-dessus des carnassiers, et tout à fait au sommet

de l'échelle animale, viennent les *singes*, appelés aussi *quadrumanes*, ou animaux à quatre mains. Leurs quatre membres se terminent en effet par quatre mains à peu près semblables aux nôtres. Quelques-uns ont

Fig. 74. Jeune chimpanzé.

une queue longue et prenante [1] qui leur sert comme d'un cinquième membre. Les singes sont célèbres par leur esprit d'imitation, leur caprice, leur malpropreté et leur laideur. On distingue les singes de l'Amérique de ceux de l'ancien monde [2]. Les plus connus parmi les premiers sont le *sapajou* ou *sajou*, celui que les bateleurs [3] montrent le plus communément par les rues, et le *ouistiti*, qui fait entendre un petit cri assez bien indiqué par son nom. Les singes de l'ancien monde sont beaucoup plus nombreux. Quelques espèces, tout en restant bien au-dessous de l'organisation humaine, s'en rapprochent assez pour qu'on leur ait donné le nom d'*hommes des bois*. Tels sont : le *gibbon* et l'*orang-*

(1) *Queue prenante*, qui prend et saisit les objets, comme fait la main.

(2) *L'ancien monde*, par opposition au nouveau, qui est l'Amérique, désigne l'Europe, l'Asie et l'Afrique ; il s'agit ici surtout de l'Asie et de l'Afrique, car il n'y a pas de singes en Europe.

(3 *Bateleur*, qui monte sur des tréteaux dans les places publiques, qui fait voir des choses curieuses.

outang, qui vivent dans le sud de l'Asie; le *gorille* et le *chimpanzé* ou *jocko*, qui habitent l'Afrique.

QUESTIONNAIRE : Qu'est-ce qui caractérise les carnassiers? — Décrivez la *chauve-souris* et le *vampire*; — le *phoque* et le *morse*; — le *hérisson*, la *taupe*, la *musaraigne*; — l'*ours*, le *blaireau*; — la *martre*, l'*hermine*, la *fouine*, etc.; — le *chien*, le *loup*. — Quels sont les caractères du genre *chat*? — Parlez du *lion*, de la *panthère* et du *léopard*, du *lynx*, du *chat*. — Comment se terminent les pattes des quadrumanes? — Quels sont les singes les plus connus de l'Amérique et de l'ancien monde?

CINQUIÈME PARTIE

LE CORPS HUMAIN

76. — L'Homme.

Placé au-dessus de tous les êtres de la nature visible, fait pour Dieu et créé à l'image de son divin Auteur, l'homme a reçu des prérogatives [1] dignes de sa haute destinée : il est le plus parfait des êtres doués de la vie. Son corps, il est vrai, est pétri de boue ; mais admirons la main qui l'a façonné ! Le sceau [2] de l'ouvrier est empreint sur son ouvrage ; Dieu semble avoir pris plaisir à faire un chef-d'œuvre avec une matière si vile. L'homme marche naturellement debout, et se tient droit et élevé. « Son attitude, dit Buffon, est celle du commandement ; sa tête regarde le ciel et présente une face auguste sur laquelle est imprimé le caractère de sa dignité ; l'excellence de sa nature perce à travers tous ses organes matériels et anime d'un feu divin tous les traits de son visage ; son front majestueux, sa démarche ferme et hardie, annoncent sa noblesse et son rang. »

Si l'homme, par l'admirable structure de son corps et la perfection de ses organes, laisse bien loin derrière

---

(1) *Prérogative*, privilège, avantage.
(2) *Sceau*, morceau de métal qui a une face plate, de figure ronde ou ovale, sur lequel sont gravés des signes, des mots, dont on fait des empreintes sur des écrits ou des ouvrages, pour marquer qui en est l'auteur.

lui tous les animaux, c'est surtout par son âme immortelle et ses facultés supérieures qu'il s'en distingue et s'élève au-dessus d'eux. Seul il a reçu du Créateur l'intelligence en partage ; seul il pense, il juge, il raisonne ; seul il peut exprimer ses propres pensées par le langage ; car, s'il n'est pas le seul être de la création qui puisse articuler des mots, il est du moins le seul capable d'attacher une idée aux mots qu'il prononce. Moins fort que certains animaux, tels que le lion ou l'éléphant, privé des armes puissantes que possèdent plusieurs d'entre eux, il domine le monde par son intelligence et exerce son empire sur la nature entière, qu'il asservit à ses usages. Le soleil ignore qui lui a donné son éclat ; la fleur ne sait pas à qui elle doit son parfum ; l'animal ne connaît pas la main qui l'a formé ; mais l'homme, éclairé par sa raison, se connaît lui-même, connaît son Créateur et comprend ses bienfaits.

Tous les hommes descendent d'un seul couple, dont nous savons les noms : Adam et Ève. Ils sont donc tous frères et ne forment qu'une seule famille.

Néanmoins il existe entre eux, pour la couleur et pour la forme du corps, des différences assez notables. La peau, par exemple, est tantôt blanche, tantôt jaune, brune ou noire ; la tête, tantôt oblongue, tantôt arrondie ; les cheveux, tantôt lisses, tantôt crépus, etc.

Fig. 75. Tête de race blanche.

Ces différences ont été amenées insensiblement par le climat, le genre de vie, les habitudes. Comme elles sont durables, c'est-à-dire se transmettent de génération en génération, on distingue dans l'espèce humaine plusieurs variétés ou races, marquées chacune d'un type [1] particulier. On en compte trois principales.

1° La race blanche ou cau-

(1) *Type*, empreinte, caractère, forme distinctive.

casique [1]. La blancheur de la peau, quelquefois un peu brunie par le climat, l'ovale du visage [2], une bouche petite ou moyenne, avec des lèvres minces et bien dessinées, des cheveux fins et lisses, variant du blond au noir, tels sont les caractères de cette race. C'est elle qui a donné naissance aux peuples les plus civilisés. Elle habite l'Europe, l'Asie occidentale et le nord de l'Afrique.

2° La race *jaune* ou *mongolique*. Elle se reconnaît à son teint jaunâtre, à ses pommettes saillantes, à ses yeux obliques, à son nez large et aplati, à ses cheveux plats et grossiers. Elle occupe la partie orientale de l'Asie ; les Mongols, les Chinois et les Japonais en sont les principaux représentants. — A cette variété appartient la race *américaine* ou *cuivrée*, au teint d'un rouge de cuivre ; elle disparaît de jour en jour devant les colons européens.

Fig. 76. Tête de race jaune.

3° La race *nègre* ou *éthiopique* [3], qui habite les régions brûlantes de l'Afrique et une partie de l'Océanie. Les nègres ont, en général, la peau noire ou noirâtre, le crâne allongé, le front étroit et fuyant, les mâchoires avancées, les lèvres épaisses, le nez épaté, les cheveux courts et laineux. Cette race est la moins civilisée des trois.

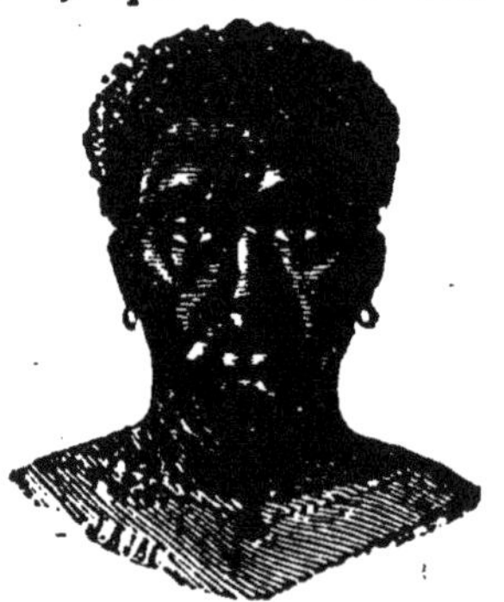
Fig. 77. Tête de race nègre.

(1) *Caucasique.* On la croyait originaire des montagnes du Caucase, ce qui n'est pas exact.

(2) *Ovale* (nom masc.), figure ronde et oblongue.

(3) L'ancienne Éthiopie était située au S. de l'Égypte.

Questionnaire : Montrez la supériorité de l'homme sur tous les êtres de
la nature visible. — D'où descend le genre humain? — D'où viennent
les différences qui existent entre les hommes des différents pays? —
Combien distingue-t-on de races humaines? — Dites les caractères de
la race *blanche,* de la race *jaune* et de la race *nègre.*

77. — Nutrition.

L'homme a besoin de se nourrir, c'est-à-dire de
prendre des aliments qui se transforment en sa propre
substance, soit pour le faire croître, soit pour réparer
les pertes de chaque jour; car la merveilleuse machine
qu'on appelle le corps humain, en fonctionnant sans
cesse sous la direction de cette force mystérieuse qui se
nomme la vie, s'use, comme toutes les autres. Mais
Dieu l'a douée d'une vertu que l'homme ne peut donner
aux engins [1] que son génie invente et que ses mains
construisent : la machine du corps humain se répare
elle-même; elle transforme les aliments en sang, et le
sang, en circulant par tout le corps, dépose sur tous les
points les éléments nécessaires à la vie.

La transformation des substances alimentaires en
sang s'appelle *digestion.* Divers actes successifs con-
courent à ce travail.

Le premier est la *préhension* [2], ou l'action de prendre
les aliments pour les porter à la bouche. Nous accom-
plissons cet acte au moyen de la main.

Quand la bouche a reçu les aliments, les *dents* sont
chargées de les broyer : c'est ce qu'on appelle *mastication* [3]. Les dents sont de petits os plantés comme des
clous dans les mâchoires. La mâchoire supérieure, sou-
dée au crâne, ne peut bouger; mais la mâchoire inférieure, jointe au crâne par une espèce de charnière, a
un double mouvement, l'un de haut en bas, pour
presser entre les dents la nourriture, l'autre de droite

(1) *Engin,* machine, instrument.   (3) Du latin *masticare,* mâcher.
(2) Du latin *prehendere,* prendre.

À gauche pour la broyer et la moudre. On distingue deux parties dans les dents : la partie cachée sous la gencive : c'est la *racine*; et la partie qui se montre en dehors : c'est la *couronne*. On appelle *ivoire* la substance dure qui compose les dents, et *émail*, l'espèce de vernis qui les recouvre. Dans le travail de la mastication, toutes les dents ne remplissent pas le même rôle : les unes coupent; elles sont plates, terminées en lames tranchantes comme des couteaux, et nommées *incisives* [1] ; il y en a quatre à chaque mâchoire : vous les trouverez sur le devant de la bouche, juste au-dessous du nez. De chaque côté des in-

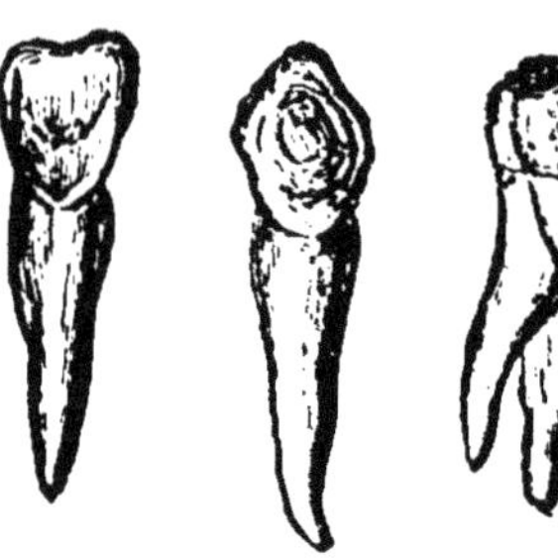
Fig. 78.

Dents : incisive, canine, molaire.

cisives se place une *canine* [2], pointue comme les dents d'un chien, et faite pour déchirer. Les dernières dents, qui occupent le fond de la bouche, ont reçu le nom de *molaires* [3], parce que, comme les meules, elles ont pour office de broyer les aliments ; aussi se terminent-elles par une surface plate, avec de petites aspérités qu'on sent en y mettant le doigt : il y en a dix à chaque mâchoire, cinq à droite et cinq à gauche. Ainsi nous avons en tout 32 dents.

Pendant que les dents font leur office, un liquide incolore, la *salive*, sécrété par de petites glandes ou éponges de chair, arrive dans la bouche, se mêle aux aliments et les transforme en pâte. Puis la langue ramasse la pâte en petites pelotes, porte tour à tour ces pelotes dans le *pharynx*, ou arrière-bouche, d'où elles tombent dans un long tuyau nommé *œsophage*, qui les fait arriver jusque dans l'estomac.

L'*estomac* est une sorte de poche ayant la forme d'une cornemuse [4]. Il a deux ouvertures. Celle d'en haut correspond à l'œsophage et se nomme *cardia* : c'est par là que la pâte alimentaire fait son entrée. Pen-

---

(1) C'est-à-dire qui coupent.
(2) Du latin *canis*, chien.
(3) Du latin *mola*, meule.

(4) *Cornemuse*, instrument de musique à vent, fait d'une peau de mouton, à laquelle sont adaptés deux tuyaux.

dant les 2 ou 3 heures que les aliments séjournent dans l'estomac, ils s'imprègnent d'un liquide particulier, appelé *suc gastrique* [1], qui les transforme en une bouillie grisâtre, à laquelle les savants ont donné le nom de *chyme*.

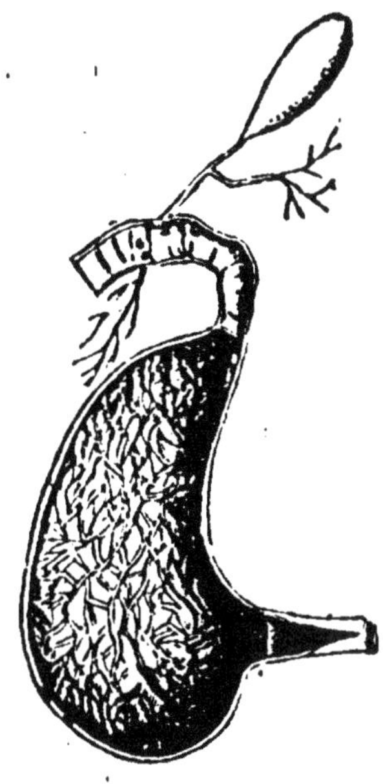
Fig. 79. Estomac.

Cette transformation accomplie, le chyme sort de l'estomac par l'ouverture inférieure, nommée *pylore*, c'est-à-dire portier, et entre dans les *intestins*. On appelle ainsi un long tube ou canal, replié plusieurs fois sur lui-même, de manière à former un gros paquet qui remplit tout le ventre ou *abdomen*. Si vous avez quelquefois regardé marcher un ver, vous avez vu toute la surface du corps se gonfler à mesure, en se portant en avant, comme si quelque chose roulait à l'intérieur, de la tête à la queue. Eh bien, c'est un mouvement tout à fait semblable qui promène le chyme tout le long de l'intestin.

Que se passe-t-il dans ce long trajet?

Dans les aliments réduits en chyme par l'estomac se trouvent des substances utiles à la vie, et d'autres qui ne le sont pas. C'est pendant le passage à travers l'intestin que se fait le triage, opération bien importante, comme vous pensez. La partie précieuse du chyme, aspirée par des milliers de petits suçoirs, se sépare de la partie grossière et inutile, et prend le nom de *chyle*. Divers canaux la recueillent et la font monter au cœur, qui achève d'en faire du sang et l'envoie, comme un fleuve de vie, dans toutes les parties de notre corps. Le reste, après avoir parcouru les intestins, est rejeté au dehors.

(1) Du grec *gaster*, estomac.

QUESTIONNAIRE : Qu'est-ce que se nourrir? — Qu'a de particulier la machine humaine? — Qu'appelle-t-on *digestion*? — Quel est le premier acte de la digestion? — Qu'est-ce que la mastication? — Quelles sont les diverses sortes de dents humaines? — Qu'appelle-t-on *salive? pharynx? œsophage?* — Quel travail se fait dans l'estomac? — Comment se nomment ses deux ouvertures? — Qu'appelle-t-on intestin? — Que devient le chyme pendant son passage dans l'intestin?

78. — Circulation du sang. Respiration.

Avec l'aiguille la plus fine faites-vous une piqûre, si légère qu'elle soit, sur n'importe quel endroit de votre corps, aussitôt vous verrez jaillir une petite gouttelette de sang. Le sang est donc répandu partout, puisque la pointe même d'une aiguille ne peut pénétrer nulle part sans le rencontrer. En outre, il est animé d'un perpétuel mouvement: du cœur, où il semble avoir sa source, il coule jusqu'aux extrémités par des vaisseaux nommés *artères*, puis revient au cœur par d'autres vaisseaux appelés *veines* [1].

Qu'est-ce que le sang? A quoi sert ce voyage continuel qu'il fait à travers tout le corps ? Quelle force le chasse et le ramène ensuite à son point de départ ?

Le sang présente l'aspect d'un corps gras et visqueux, d'un rouge plus ou moins foncé. Il se compose de deux parties : l'une plus limpide et incolore par elle-même porte le nom de *sérum* ; l'autre consiste en corpuscules arrondis, appelés *globules du sang*, lesquels ne sont visibles qu'au microscope. Une goutte de sang parait, au microscope, une mer dans laquelle nagent et se pressent une infinité de globules d'un rouge vif, si petits qu'il en faudrait 10 à 15 à la file pour représenter la grosseur d'un cheveu.

_____

(1) Les veines s'aperçoivent facilement; elles forment sous la peau des lignes bleues, dont la couleur est due au sang qu'elles renferment. Les artères sont placées dans l'intérieur des chairs.

Ce liquide roule dans ses flots vermeils une quantité de substances dont nous n'avons pas d'idée ; on y trouve, non seulement des sels et des graisses, mais encore du fer, du soufre et du phosphore, de la chaux, du charbon, non pas noir comme la houille, mais combiné [1] avec d'autres matières ; car il faut de tout cela pour nous faire de la chair, des muscles, des os, de la moelle, des cheveux, des ongles, etc. Toutes ces substances, qui viennent de nos aliments, le sang les transporte avec lui, et les offre en passant aux organes qui en ont besoin pour réparer leurs pertes de tous les jours.

Une fois arrivé au bout de sa course, c'est-à-dire aux extrémités du corps, le sang n'est plus le même : il a perdu sa limpidité et sa belle couleur, pour devenir épais et noirâtre. Vous devinez la raison de ce changement. Le long de la route, il a laissé tout ce qu'il contenait de meilleur, et en échange il a ramassé tout ce qui était devenu inutile ou nuisible aux organes. Alors il revient au cœur, mais par un autre chemin, en suivant le canal des veines.

Au centre de la poitrine, entre deux masses spongieuses connues sous le nom de *poumons*, est couché un organe charnu, de forme à peu près ovale : c'est le cœur. En l'ouvrant, on voit qu'il est creux. On y distingue deux poches ou cavités appelées *ventricules* [2], l'une à gauche, l'autre à droite. Tant que l'homme est en vie, son cœur se dilate et se resserre tour à tour par de brusques secousses, qu'on nomme *battements* ou *pulsations* [3]. C'est une de ces secousses qui a poussé dans

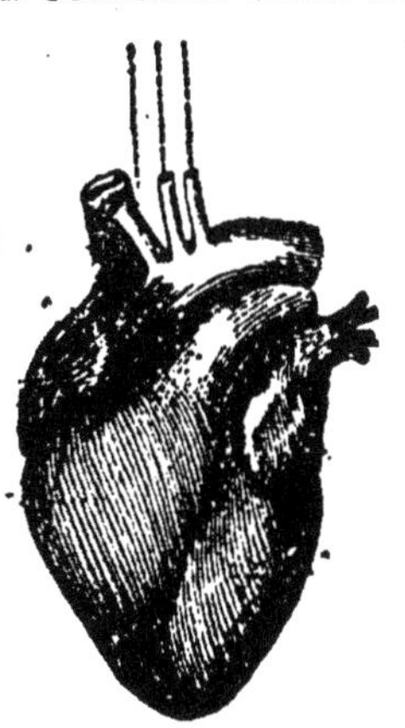

Fig. 80. Cœur.

---

(1) *Combiné*, mêlé.
(2) *Ventricule*, petit ventre, petit sac,
(3) Appuyez le doigt sur votre poignet, un peu au-dessous du pouce, vous sentirez battre quelque chose. Une artère se trouve par là, et ce petit battement que vous sentez, c'est le *pouls*, c'est une ondée de sang qui passe, lancée par un battement du cœur.

les artères le sang pur du ventricule gauche et lui a fait accomplir la course que nous venons de décrire.

Voici que ce sang, devenu impur, revient vers le cœur; il y revient pour se purifier, se rajeunir en quelque sorte, afin de fournir à la vie de nouveaux aliments. D'abord il est reçu dans le ventricule droit ; mais il n'y séjourne pas : une contraction de cette poche le chasse dehors, de la même manière qu'en pressant une vessie gonflée, on en fait sortir l'air qu'elle renfermait. Où est-il poussé ? Dans un endroit fait tout exprès pour le rafraîchir. Cet organe réparateur du sang, nous l'avons nommé plus haut, ce sont les *poumons*. On a justement comparé les poumons à deux larges et fines éponges qui, au lieu de s'imbiber d'eau, s'imbibent d'air. Ils communiquent avec l'air extérieur par un canal appelé *trachée-artère*, qui se termine par le *larynx*, organe de la voix. Appuyez le doigt sur le devant du cou, et vous sentirez la trachée-artère et le larynx. Quand la poitrine se dilate, une bouffée d'air entre, par la bouche et le nez, dans le conduit respiratoire et remplit les poumons. Le sang et l'air sont ainsi mis en contact. L'oxygène de l'air [1], ce gaz qui brûle tout ce qu'il touche, consume toutes les impuretés du sang ; il brûle surtout les matières charbonneuses qu'il transforme en gaz ou acide carbonique. En même temps qu'il fait disparaître le charbon, il prend sa place, rafraîchit chaque goutte de sang et lui rend, avec sa couleur vermeille, toutes ses propriétés vivifiantes.

Cette opération faite, et elle ne demande qu'un instant, la poitrine se resserre; nous *expirons*, c'est-à-dire nous rejetons hors des poumons l'air qui s'est vicié à son tour, ainsi que l'acide carbonique et un peu de vapeur d'eau qui s'est formée dans cet organe. Par les temps froids, cette vapeur, en sortant de la bouche, forme un petit brouillard que nous appelons *haleine*. Puis, le sang régénéré sort du poumon et retourne au cœur, où il rentre dans le ventricule gauche, pour en

(3) Voyez page 44.

être expulsé de nouveau et recommencer son perpétuel voyage à travers les artères.

Le sang qui circule dans le corps peut donc être considéré comme une rivière arrosant une cité populeuse, et non seulement fournissant aux besoins de ses habitants, mais encore emportant loin d'eux toutes les impuretés qui tombent dans son lit.

La respiration est la principale source de la chaleur vitale, c'est-à-dire de la chaleur qui règne dans notre corps. On a calculé qu'elle fait passer chaque jour dans notre corps près de 12 mille litres d'air par nos poumons. L'oxygène de l'air, introduit dans le sang, y produit une véritable combustion, semblable à celle qui s'opère dans une lampe ou une bougie allumée.

Mais comment se fait-il que, depuis des milliers d'années que les hommes et les animaux couvrent la terre, dévorant et corrompant d'énormes quantités d'air, on ne remarque pas que l'atmosphère, en général, ait rien perdu de sa pureté primitive ? La sagesse du Créateur a trouvé le moyen de rétablir la pureté de l'air à mesure que nous l'altérons. A côté des animaux, il y a les plantes, et les plantes aussi respirent [1]. Or, en respirant, elles agissent sur l'air précisément à l'inverse de l'homme et des animaux. Cet acide carbonique que nous exhalons parce qu'il serait mortel pour nous, les plantes en ont besoin; leurs feuilles s'en emparent avidement, et le décomposent : elles gardent le charbon pour en faire leur tissu, et rendent à l'atmosphère l'oxygène pur.

QUESTIONNAIRE : Le sang est-il répandu par tout le corps? — Qu'appelle-t-on *artères? veines?* — De quoi se compose le sang? — A quoi sert sa course dans le corps? — Revient-il dans le même état qu'il est parti du cœur? — Qu'est-ce que le cœur? — Que devient le sang après qu'il est revenu au cœur? — Comment se purifie-t-il dans les poumons? — Comment s'entretient en nous la chaleur vitale? — Pourquoi l'atmosphère n'est-elle pas viciée par la respiration de tant d'hommes et d'animaux?

(1) Voyez page 133.

79. — Nerfs et système nerveux.

Les phénomènes que nous venons de décrire s'accomplissent à notre insu et sans la participation de notre volonté. L'estomac travaille même pendant le sommeil nous respirons, le cœur bat et le sang circule, sans que nous y prenions garde. La partie utile des aliments est triée, distribuée, changée en notre propre substance, sans même que nous sachions comment les choses se passent. Qui douterait, après cela, de la Providence et du soin incessant qu'elle prend de ses créatures ?

Mais l'homme accomplit des opérations qui dépendent de sa volonté. Nous voulons marcher ou bien arrêter notre marche, et aussitôt notre corps obéit ; nous voulons parler, agir, et l'âme qui commande trouve notre langue et nos membres dociles.

Ce n'est pas tout : L'homme est en rapport avec le monde extérieur ; tous les objets qui l'entourent lui apportent des impressions, des sensations agréables ou désagréables. Il *entend* le bruit du tonnerre qui gronde au sein de la nue, le chant de l'oiseau dans le bocage ; il *voit* la beauté des fleurs, il en *respire* le parfum ; sa main se pose sur un objet, et il sait si cet objet est froid ou chaud, si sa surface est unie ou raboteuse.

Ces deux sortes d'opérations s'accomplissent au moyen des *nerfs*. Je veux lever le bras ; cette volonté transmise par un nerf spécial arrive à l'instant aux muscles chargés de produire ce mouvement, et le mouvement s'exécute. Qu'un accident ait coupé le nerf ou l'ait frappé de paralysie [1], j'aurai beau vouloir, mon bras restera immobile. Autre exemple. Je dirige mon regard vers un bel édifice ; l'image de l'édifice vient se peindre sur le nerf de la vue ; par lui l'impression

____

(1) *Paralysie*, inertie, incapacité de remplir ses fonctions.

arrive au cerveau, et du cerveau à l'âme : je vois. Si un obstacle quelconque empêchait le nerf de la vue de recevoir ou de transmettre l'image de l'édifice, je ne verrais pas.

L'ensemble des nerfs forme le *système nerveux*.

Le système nerveux a son siège dans la tête. Là, enveloppée dans la boîte osseuse du crâne, se trouve une substance molle, grisâtre, qu'on nomme ordinairement la *cervelle*, et dont le nom scientifique est l'*encéphale*. On distingue dans l'encéphale deux portions : la plus considérable, qui occupe toute la partie supérieure du crâne, est le *cerveau* ; l'autre est le *cervelet*, situé au-dessous et en arrière. Un prolongement de l'encéphale, sous la forme d'une corde blanchâtre, descend tout le long du dos dans le canal formé par les trous des vertèbres : c'est la *moelle épinière*. A son tour la moelle épinière donne naissance à de nombreux cordons plus petits, blanchâtres et mous, qui sortent de chaque côté de la colonne vertébrale : ce sont les *nerfs*. Enfin les nerfs, se subdivisant de plus en plus, se répandent, comme les veines et les artères, dans toutes les parties du corps.

On peut regarder les nerfs comme les ministres fidèles de l'âme, ou bien encore comme les intermédiaires entre l'esprit et la matière. C'est par eux que l'âme, substance spirituelle, agit sur les corps matériels, et c'est par eux que les impressions des corps matériels arrivent jusqu'à l'âme.

QUESTIONNAIRE : N'y a-t-il pas des fonctions qui s'accomplissent dans notre corps sans que nous le sachions et le voulions? — Quelles sont celles qui dépendent de notre volonté? — Quel est le rôle des nerfs? — Qu'appelle-t-on système nerveux? — De quoi se compose-t-il?

80. — Les os, les muscles et la peau.

La connaissance des diverses parties qui composent notre corps nous remplit d'admiration pour la main qui l'a formé. Mais, sans les os, qui donnent de la consistance à toute la machine et tiennent chaque organe à sa place, ce chef-d'œuvre ne serait plus qu'un amas de parties affaissées sur elles-mêmes, sans harmonie et sans beauté.

L'ensemble des os du corps humain forme le *squelette*, qui en est comme la charpente. Le squelette comprend trois parties distinctes : la *tête*, le *tronc* et les *membres*.

La tête occupe le sommet de l'édifice. On y distingue : 1° le *crâne*, composé de plusieurs os très durs et fortement soudés ensemble, pour mieux protéger le précieux trésor qu'il renferme, l'encéphale ; 2° la *face*, qui présente cinq grandes cavités destinées à loger les organes du goût, de la vue et de l'odorat. Ces cavités sont : la *bouche*, les deux *orbites* ou trous des yeux, et les deux *fosses nasales* ou trous du nez, sans lesquels on ne pourrait respirer quand la bouche est fermée.

Le tronc offre dans toute sa hauteur une pile de petits os appelée *vertèbres*, au nombre de 33. Les vertèbres forment la *colonne vertébrale* nommée aussi *épine dorsale* [1]. Elles sont percées comme les grains d'un chapelet, et l'ensemble de ces trous forme un canal qui sert à loger la moelle épinière. Si la co

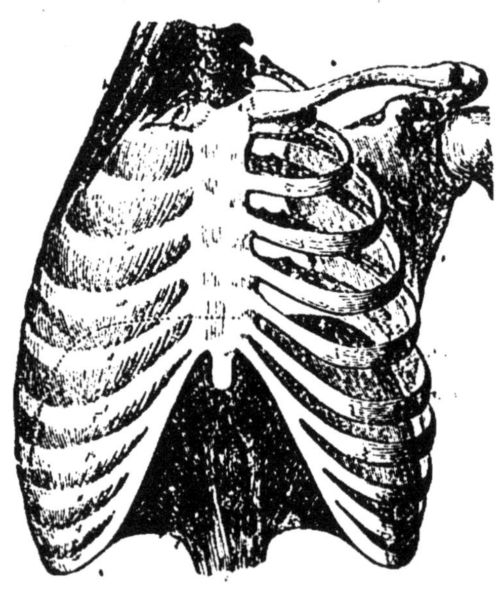

Fig. 81. Thorax.

lonne vertébrale était faite d'un seul os, le tronc, raide et inflexible, se prêterait difficilement aux mouvements

(1) Du latin *dorsum*, dos.

que le corps a besoin d'exécuter. Grâce à la structure qu'il a reçue du Créateur, il joint une résistance suffisante à beaucoup de flexibilité. — De chaque côté de la colonne vertébrale partent 12 os longs et plats, courbés en demi-cerceaux: ce sont les *côtes*. Les 7 premières paires de côtes viennent se rattacher par devant à un os plat, nommé *sternum*. C'est dans cet espace, appelé *thorax*, que se trouvent le *cœur* et les poumons.

Les membres sont disposés par paires : 2 bras et 2 jambes.

Les *bras* sont attachés à la partie supérieure du tronc et maintenus par deux os : l'*omoplate*, grand os plat et triangulaire, situé par derrière entre l'épaule et l'épine dorsale ; et la *clavicule*, petit os allongé, placé par devant, à la base du cou, et faisant saillie chez les personnes maigres. Puis vient le bras proprement dit, formé par un seul os, l'*humérus*, renflé à ses deux bouts, et s'articulant [1] d'un côté avec l'omoplate, de l'autre avec les deux os de l'avant-bras, le *cubitus* et le *radius*, qui vont depuis le coude jusqu'au poignet. Le poignet commence la *main*, qui se termine par cinq *doigts*. Le plus gros, le *pouce*, est disposé de manière qu'il peut se mettre en face des autres [2]. Celui qui vient après se nomme *index*, parce qu'il sert à *indiquer*, à montrer ; le suivant, *doigt du milieu* ; le quatrième, *annulaire*, parce que c'est lui qui reçoit l'anneau ; et le dernier, *auriculaire* [3], sans doute parce que beaucoup de personnes, ne connaissant pas l'usage du cure-oreille, ont la mauvaise habitude d'introduire ce petit doigt dans l'oreille pour la nettoyer. — Grâce surtout à la disposition du pouce, nous avons dans la main un admirable instrument approprié aux besoins et à la destination de l'homme. « Elle est, à notre gré, un étau, une tenaille,

(1) L'assemblage des os entre eux s'appelle *articulation*. On dit qu'il y a *fracture*, quand un os est brisé ; *entorse*, quand il est un peu sorti de son articulation ; *luxation*, quand il en est sorti plus complètement. Un liquide nommé *synovie* vient sans cesse humecter les articulations, afin de rendre le jeu des os plus aisés. La *carie* est une sorte de pourriture des os.

(2) Les singes ont le pouce ainsi disposé, non seulement aux mains, mais encore aux pieds.

(3) Du latin *auris*, oreille.

une pince, un crochet. Le poing fermé est un marteau ; la main ouverte est un support ou un battoir ; un peu recourbée, elle s'arrange en petite corbeille, et, au besoin, elle se creuse comme une coupe et porte à nos lèvres l'eau de la source Chaque doigt sert au musicien de soupape [1] à fermer les trous de la flûte, de petit marteau à frapper les touches du piano, de presse à serrer les cordes du violon [2]. »

Les *jambes* sont construites à peu près de la même manière que les bras. La hanche représente l'épaule : la cuisse, qui n'a qu'un seul os, le *fémur*, correspond au bras proprement dit ; le genou correspond au coude ; la jambe, formée de deux os, le *tibia* et le *péroné*, rappelle l'avant-bras ; enfin le pied ne diffère de la main que par des doigts plus courts, nommés *orteils*, et par la disposition du pouce, qui n'est pas opposé aux orteils.

Les os sont recouverts d'un tissu charnu, plus ou moins épais : c'est ce qu'on nomme la *chair*, ou la *viande* dans les animaux de boucherie ; pour les savants, ce sont les *muscles*. On n'en compte pas moins de 400 dans le corps humain. Ils sont fixés aux os par des extrémités blanches et coriaces appelées *tendons* [3]. Leur fonction est de produire tous les mouvements du corps et des membres. Ils ont reçu, pour cela, la propriété de se contracter, c'est-à-dire de se raccourcir, et ils agissent à la manière d'un ressort élastique. Dès que le nerf a communiqué aux muscles la volonté de l'âme, le muscle se contracte ou se détend, selon le cas, et détermine un mouvement dans le membre auquel il correspond : le bras s'élève ou s'abaisse ; la tête s'incline, se tourne à droite ou à gauche ; les doigts s'allongent et saisissent un objet, etc.

Une enveloppe commune, la *peau*, recouvre tout le corps. En même temps qu'elle en garantit les parties intérieures, elle sert à donner aux parties extérieures

---

(1) *Soupape*, ce qui, dans une machine, donne passage à l'eau ou à la vapeur, et lui ferme le retour, quand elle est passée.
(2) Ch. Lévêque.

(3) *Coriace*, dur comme du cuir, en latin *corium*. Les *tendons* sont quelquefois appelés improprement *nerfs*.

toute leur beauté. Sans la peau et son coloris souvent si doux et si frais, l'homme serait un être hideux, nous nous ferions horreur à nous-mêmes.

La peau se compose de trois couches principales. La plus profonde et la plus épaisse est le *derme*. Au-dessus vient le *corps muqueux*, espèce de réseau ainsi nommé parce qu'il sécrète le *mucus*, liquide visqueux, qui sert à former les ongles, les poils, les cheveux. C'est là aussi que se forme le *pigment*, matière colorante qui donne à la peau sa couleur : blanche, brune, jaune, noire, selon les individus et les races. L'*épiderme* [1], membrane mince et lisse, constitue la couche supérieure, en contact avec l'air. On y remarque de nombreux trous ou *pores*; les uns servent à l'écoulement de la sueur, d'autres livrent passage à une matière grasse qui entretient la souplesse de la peau.

QUESTIONNAIRE : A quoi servent les os ? — Qu'entend-on par *squelette ?* Quelles parties comprend-il ? — Décrivez la *tête;* — le *tronc* (colonne vertébrale, côtes, sternum). — Quelles sont les diverses parties du *bras?* de la *main?* de la *jambe?* — Qu'appelle-t-on *muscles?* A quoi servent-ils? — A quoi sert la peau? De combien de couches se compose-t-elle?

81. — Les cinq sens.

C'est par les *sens* que notre âme se met en communication avec les objets qui nous environnent, que nous connaissons leurs diverses qualités et que nous en retirons tous les avantages qu'ils peuvent nous offrir. Les sens de l'homme sont au nombre de cinq: le toucher, le goût, l'odorat, l'ouïe et la vue.

Le *tact* ou *toucher* est le sens par lequel nous jugeons si un corps est dur ou mou, rugueux ou poli,

---

(1) *Épiderme,* du grec *derma,* peau, cuir, et *épi,* sur, au-dessus de.

chaud ou froid, sec ou humide, etc. Cet organe est répandu par tout le corps ; car des nerfs cachés sous la peau s'épanouissent partout à sa surface. Mais il réside spécialement dans les mains, et surtout aux extrémités des doigts, où viennent aboutir des nerfs nombreux qui rendent ces parties plus sensibles. Le sens du toucher atteint, par l'attention et l'exercice, une délicatesse étonnante. Les aveugles lisent du bout des doigts des livres où les caractères sont en relief [1]. On raconte de plusieurs qu'ils distinguaient, rien qu'en les palpant [2], la couleur des étoffes.

Le *goût* est le sens par lequel nous distinguons les saveurs [3]. Aussi occupe-t-il la place la plus convenable pour remplir utilement son office: il a pour siège la langue et le palais. L'impression des saveurs se fait sur de petites éminences ou *papilles*, dont le dos de la langue est parsemé; des filets nerveux la reçoivent et la transmettent au cerveau. Toutefois il ne suffit pas qu'un corps soit placé sur la langue pour qu'il puisse être goûté; il faut encore qu'il soit humecté et délayé dans la salive: il agit alors plus efficacement sur les nerfs des papilles. Le goût n'est pas le sens de la gourmandise ; sa seule fonction est de nous diriger dans le choix des aliments. L'homme abuse donc d'un don de Dieu, quand il recherche passionnément les plaisirs de la bouche.

Au-dessus de la bouche, s'avance le nez. Une de ses fonctions est de respirer: l'air entre par les narines, s'engouffre dans deux cavités ou *fosses nasales*, d'où il passe dans le larynx pour aller aux poumons. Mais le nez remplit encore un autre office : il est le sens de l'*odorat*, il juge des odeurs. On peut considérer les odeurs comme de petites parcelles qui se détachent des corps environnants, parcelles assez subtiles pour flotter dans l'air et être emportées par lui. Elles arrivent ainsi jusqu'à une membrane muqueuse [4], appelée

---

(1) C'est-à-dire font saillie, de manière que le doigt les sente.

(2) *Palper*, toucher de la main.

(3) *Saveur*, qualité qui se fait sentir au goût.

(4) *Membrane muqueuse*, qui produit un liquide épais, nommé mucus ou mucosité.

membrane pituitaire, qui tapisse les fosses nasales, et y font une impression qu'un nerf spécial recueille et transmet au cerveau. — Les narines vont en se rétrécissant de plus en plus, et la plus légère inflammation suffit à les boucher. La membrane pituitaire laisse alors suinter un mucus abondant; c'est ce qui constitue le *coryza*, improprement appelé *rhume de cerveau*, car ce dernier organe n'est pas endommagé. Cette inflammation rend à peu près nul le sens de l'odorat; elle affecte aussi celui du goût, placé dans le voisinage, et change le timbre de la voix, qui ne peut plus résonner dans les fosses nasales [1]. — L'odorat est très développé chez certains animaux, le chien, par exemple, qui suit le gibier à la piste, et retrouve son maître en flairant la trace de ses pas.

L'ouïe nous fait connaître les sons [2]; elle est proprement le sens de l'harmonie. Ce sens met en communication les âmes humaines au moyen de la parole, et il nous donne les pures et suaves jouissances de l'art musical. Le son est d'abord recueilli par *l'oreille externe*, ou le *pavillon*, lame cartilagineuse [3] offrant de nombreux replis propres à en augmenter la force; il entre ensuite dans le *conduit auditif* [4], va frapper une membrane appelée *tympan*, qui est tendue comme une peau de tambour, et, après divers circuits dans la partie interne de l'oreille, arrive jusqu'au nerf acoustique [5], qui le porte au cerveau. Trop peu tendu ou tendu à l'excès, le tympan vibre difficilement : on a *l'oreille dure*: mais si le nerf acoustique est paralysé, la *surdité* s'en suit : on est *sourd*, et ce mal est sans remède. — Chez plusieurs animaux, le pavillon de l'oreille est remplacé par une *conque* ou cornet plus ou moins allongé; ils le font mouvoir à

---

(1) On dit souvent que la personne ainsi enrhumée *parle du nez* : c'est le contraire qui est la vérité.

(2) Sur la production du son, voyez page 52.

(3) *Cartilage*, chair dure qui tient de la nature des os : c'est le croquant de la viande de boucherie.

(4) *Auditif*, qui sert à entendre (en latin *audire*).

(5) *Acoustique* a le même sens que *auditif*, c'est-à-dire servant à l'ouïe, à l'audition.

volonté et le tournent du côté d'où vient le moindre bruit. Le lièvre et le lapin, animaux timides, ont la conque naturellement dirigée en arrière, pour juger de la distance des tyrans qu'ils redoutent ; c'est le contraire dans les animaux chasseurs, tels que ceux du genre chat : la conque regarde en avant, du côté de leurs victimes.

Regardez attentivement votre œil dans un miroir : il vous apparaît sous la forme d'un globe mobile, logé dans une cavité osseuse, comme dans une forteresse qui le tient à l'abri des accidents. Une saillie en forme d'arc et garnie de poils, appelée *sourcil* [1], le domine et détourne la sueur qui découle du front. Deux *paupières*, l'une supérieure, l'autre inférieure, frangées de *cils* [2] fins et déliés, sont prêtes à le recouvrir au moindre danger. Ce qu'on appelle *blanc de l'œil* est une membrane blanchâtre qui l'entoure tout entier, excepté en avant. Là se trouve une autre membrane légèrement bombée, la *cornée transparente*, qui s'enchâsse au milieu de l'œil à peu près comme un verre de montre. A travers la cornée, vous apercevez l'*iris*, espèce d'écran circulaire, ainsi appelé parce qu'il forme la partie colorée [3] de l'œil, ce qui fait dire qu'une personne a les yeux bleus, gris, noirs ou verts. Le milieu vous fait l'effet d'une prune noire, d'où son nom de *prunelle* ou de pupille [4] : ce n'est pas autre chose qu'une ouverture percée dans l'iris ; elle aboutit à une lentille très transparente, le *cristallin*. Quant au fond de l'œil, où le simple regard ne peut plus pénétrer, les savants nous apprennent qu'il consiste en une membrane appelée *rétine*, et formée par l'épanouissement du nerf optique [5].

Maintenant vous comprendrez aisément le phénomène de la vision. Les corps qui nous environnnent réfléchissent, c'est-à-dire nous renvoient la lumière du

(1) Ne prononcez pas *l*.
(2) *Cils*, poils des paupières (mouillez *l*).
(3) On sait que *iris* est le nom de l'arc-en-ciel.
(4) C'est-à-dire petite prune.
(5) *Optique*, qui se rapporte à la vision.

soleil, et cette lumière réfléchie nous apporte l'image, c'est-à-dire la forme et la couleur de l'objet d'où elle vient. L'image traverse la cornée transparente, entre par la pupille dans le cristallin, et va se dessiner sur la rétine, qui en transmet l'impression au cerveau.

Mais, dans ce simple phénomène, que de merveilles cachées que nous pouvons à peine indiquer ! Les plus grands objets se dessinent dans l'œil avec une petitesse extrême, et cependant nous les voyons dans leur véritable grandeur. Des milliers d'images viennent à la fois, par une très étroite ouverture, se réunir sur la rétine, sans se confondre et en gardant le même rapport qui existe entre les objets d'où elles partent. Du haut d'une tour, vous embrassez d'un seul regard toutes les maisons qui se pressent dans une ville, et chacune d'elles se peint exactement dans un aussi petit espace. Par un jour serein vous gravissez le sommet d'une montagne, et promenant la vue sur les contrées voisines, vous contemplez une campagne de 5 à 6 lieues carrées : chaque arbre, chaque buisson, j'allais dire chaque brin d'herbe est exprimé en détail sur une membrane de quelques millimètres carrés ; vous changez de place, et de nouveaux rayons qui croisent les premiers apportent à votre œil les mêmes images.

Tel est l'œil humain, l'organe de la vue, celui de nos sens qui nous rend le plus de services et nous procure les plus nobles jouissances. Aussi, quand nous voulons marquer le prix inestimable d'un objet, la première comparaison qui s'offre à notre esprit est celle de l'œil; nous disons : « Précieux comme la prunelle des yeux. » Accoutumés à ce bienfait, nous pouvons néanmoins, à l'aide d'une supposition, en apprécier la valeur. Que serions-nous sans lui [1]? Que sont les malheureux qui en ont toujours été privés? Pour eux, le plus beau jour ne diffère point de la nuit la plus sombre. Ils n'ont

---

[1] La privation de la vue se nomme *cécité*, du latin *cæcus*, aveugle ; et les médecins qui se vouent spécialement au soin de ce précieux organe s'appellent *oculistes*, du latin *oculus*, œil.

jamais vu la terre se parer, au printemps, de verdure et de fleurs, les moissons dorées onduler sur les coteaux. Jamais leur regard n'a contemplé l'Océan immense, le joyeux arc-en-ciel, l'astre du jour se levant à l'horizon, l'armée des étoiles scintillant au ciel par une nuit sereine ; surtout ils n'ont jamais vu ce que la nature a de plus grand ou de plus cher, la face auguste de l'homme, la tendre et douce majesté d'un père et d'une mère, le sourire d'un frère et d'un ami !

QUESTIONNAIRE : A quoi servent les sens ? Combien y en a-t-il ? — En quoi consiste le sens du *toucher* ? Où réside-t-il ? — Quel est le rôle du *goût* ? son siège ? Dans quelles conditions s'exerce-t-il ? — Quelles sont les fonctions du *nez* ? En quoi consiste le *rhume de cerveau* ? — Quel est le rôle de l'*ouïe* ? Décrivez cet organe. — D'où vient la dureté de l'oreille ? la surdité ? — Qu'avez-vous à remarquer sur l'oreille de certains animaux ? — Donnez une description de l'*œil*. — Comment exerce-t-il sa fonction ? — Quelles merveilles remarquez-vous dans la vision ? — Quel est le malheur des aveugles ?

SIXIÈME PARTIE

INDUSTRIE. MACHINES. INVENTIONS

*Dieu offre à l'homme tous les produits de la nature ;
pour les faire servir à ses besoins, l'homme les recueille,
les prépare et les transforme : ce travail se nomme
industrie.*

ALIMENTS.

82. — 1° Pain. Pâtes alimentaires.

Dans la prière par excellence, l'oraison dominicale,
nous demandons à Dieu le pain de chaque jour. C'est
que le pain est la base de la nourriture de l'homme :
il peut suppléer à tous les autres aliments, et rien ne
peut le remplacer. Comme il contient tous les principes
réparateurs de notre organisme, son usage ne nous
fatigue pas, ne nous rebute jamais. Aussi le blé, qui
donne le pain, a-t-il été considéré de tout temps
comme le présent le plus précieux que le ciel ait fait
aux hommes. Dans l'antiquité, une déesse présidait aux
moissons : c'était Cérès [1].

Avant d'être converti en pain, le blé doit être réduit
en une poudre appelée *farine*. Pour cela, le *meunier*
le moud dans son *moulin*, grande machine que le vent,

[1] Chaumeil.

ou l'eau, ou quelquefois la vapeur met en mouvement. Les pièces principales d'un moulin sont deux meules, placées l'une au-dessus de l'autre. La meule inférieure, ou *dormante*, reste immobile ; la meule supérieure, ou *courante*, tourne, et en tournant écrase le blé, qu'un entonnoir verse continuellement sur la meule dormante. La poudre résultant de ce broyage est ensuite *blutée*, c'est-à-dire tamisée dans un appareil nommé *blutoir*, qui a pour but de séparer la farine du *son*, c'est-à-dire des petites écailles qui formaient la pellicule jaune du grain de blé.

La farine obtenue, le *boulanger* se met à l'œuvre. Il verse dans un coffre de bois nommé *pétrin*, une certaine quantité de farine, la délaie avec de l'eau tiède, la mêle, la remue, en un mot la *pétrit* et en fait de la *pâte*. Pour que cette pâte donne un pain plus léger et plus digestible, on la fait fermenter en y mêlant du *levain*, c'est-à-dire un peu de pâte mise en réserve du dernier pétrissage ; à son défaut, de la levûre de bière remplirait le même office. Sous l'influence du levain, des gaz se développent dans la masse, et comme ils ne peuvent en sortir, la pâte se gonfle : de là ces petits trous, ces *yeux*, qu'on apercevra plus tard dans le pain. Lorsqu'elle est suffisamment *revenue*, c'est-à-dire levée, on la met au four divisée en *pâtons* ou blocs de diverses grosseurs ; saisie par la chaleur, la partie extérieure se durcit et se dore : c'est la *croûte* ; la partie intérieure, restée molle et blanche, et criblée de trous comme une éponge, forme la *mie*.

Le pain doit être conservé dans un endroit sec et aéré ; autrement il se moisirait et deviendrait malsain.

Dans ces derniers temps, on a inventé des *pétrins mécaniques* ou machines à pétrir, pour remplacer le pétrissage à bras. Les fours ont reçu également de grandes améliorations ; il en est qui se chauffent sans recevoir le combustible : celui-ci est brûlé sur le côté dans un massif de maçonnerie.

On fait aussi du pain, mais de qualité inférieure, avec de la farine de seigle, de maïs, d'orge, de sarrasin et d'avoine, mêlée avec de la farine de blé.

Le *pain de munition*, que l'on donne aux soldats, est fait avec de la farine peu blutée, qui contient, par conséquent, une assez forte quantité de son. Moins blanc que l'autre, ce pain est tout aussi bon.

Le *biscuit*, qui sert à la nourriture des marins, se fait avec de la farine; seulement il est moins levé que le pain ordinaire et on le laisse plus longtemps au four.

Le *pain d'épice* se compose de farine de seigle, de miel et de quelques épices.

La *pâtisserie* est formée de pâtes de farine auxquelles on ajoute, dans des proportions diverses selon les diverses sortes de gâteaux, des œufs, du beurre, du sucre, des fruits, des aromates, etc.

La farine de froment [1] nous fournit encore certaines préparations connues sous le nom de *pâtes alimentaires* ou *pâtes d'Italie*, aujourd'hui fabriquées partout. On pétrit cette farine avec le moins d'eau possible, de manière à obtenir une pâte ferme, dont on relève le goût et la couleur par un peu de sel et de safran [2]. Cette pâte, après avoir fermenté pendant quelques heures, est mise dans une caisse en métal, dont le fond est percé d'une multitude de trous ronds, ovales, étoilés ou bien dessinant des fleurs, des cœurs, des croissants, des anneaux. Une presse chasse la pâte à travers ces ouvertures, et lui en fait prendre la forme. Le *vermicelle* [3] sort de petits trous ronds; les rubans appelés *lazagnes*, de simples fentes; les tubes du *macaroni*, de trous en forme d'anneaux. La *semoule*, qui ressemble à du sable fin n'est que du froment à demi moulu [4]; on en obtient une autre espèce en réduisant en petits grains quelques pâtes d'Italie.

Un mot sur *l'amidon* et la *fécule* [5].

Prenez une poignée de farine, et, dans le creux de votre main gauche, réduisez-la en pâte avec un peu d'eau. La pâte faite, vous la pétrissez dans vos doigts,

---

(1) *Froment*, la meilleure espèce de blé.
(2) *Safran*, plante qui fournit une belle couleur jaune orangée.
(3) *Vermicelle*, c'est-à-dire petit ver.
(4) *Semoule* veut dire à demi moulu.
(5) D'après H. Fabre.

au-dessus d'un plat, tandis que, de la main droite, vous l'arrosez continuellement avec l'eau d'une carafe. Remarquez bien ce qui se passe. L'eau qui lave la pâte tombe tout d'abord dans le plat, blanche comme du lait : elle entraîne donc avec elle quelque chose de la farine. Mais si votre main gauche continue de pétrir, et votre main droite de verser de l'eau, celle-ci tombe dans le plat de moins en moins blanche ; à la fin elle y arrive telle que vous la répandez sur la pâte, elle ne prend plus rien.

Il y avait donc dans la farine deux substances distinctes : l'une est restée entre vos doigts ; elle est devenue une matière molle, gluante, s'allongeant à peu près comme la gomme élastique. Desséchée au soleil, elle deviendrait dure et transparente comme de la corne. On lui donne le nom de *gluten* : c'est la partie vraiment nutritive du pain ; c'est, pour ainsi parler, de la chair végétale, toute prête à se changer sans grand effort en notre propre chair. Les meilleures farines renferment environ vingt parties de gluten sur cent. — L'autre substance contenue dans la farine, c'est la matière blanche que l'eau a entraînée dans le plat. Vous pouvez l'examiner à loisir : elle s'est amassée au fond par le repos, et l'eau qui la recouvre est presque devenue limpide. Rejetez l'eau avec précaution : ce que vous apercevez au fond du vase, c'est de l'*amidon*, exactement semblable à celui que l'épicier nous vend en petits morceaux pour servir à l'apprêt du linge.

L'amidon n'existe pas seulement dans les céréales ; on le trouve aussi dans les haricots, les pois, les pommes de terre, etc. ; mais alors il prend un autre nom et s'appelle *fécule*.

La matière farineuse ou fécule de pomme de terre se compose d'innombrables petits grains contenus dans de petites cavités ou poches appelées *cellules*. Ce sont

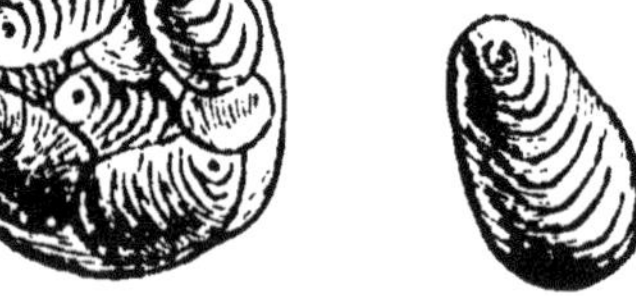

Fig. 82. A, cellule de pomme de terre avec ses grains de fécule. B, un de ces grains.

ces petits sacs, tout bourrés de grains de fécule, semblables à des œufs dans leur nid, qui forment la substance charnue de la pomme de terre. On ne les aperçoit qu'au miscrocope ; un tubercule de grosseur ordinaire en contient des millions. Pour les recueillir et en faire de la fécule, on les déchire et on les réduit en un gâchis nommé *pulpe* ; on étend la pulpe sur des tamis en toile métallique dont les fils sont très serrés ; on verse dessus de l'eau en abondance ; l'eau entraîne à travers le tamis les grains de fécule, et laisse à la surface le gluten et les fibres de la pomme de terre ; on laisse déposer le liquide, et la fécule s'amasse au fond sous la forme d'une poudre blanche qui, pressée entre les doigts, produit le craquement du sable fin.

La fécule a de nombreux usages. Mêlée à la farine, elle sert à faire du pain et des pâtisseries , elle entre dans le collage du papier et des étoffes ; enfin on en extrait du sucre, du vinaigre, de l'eau-de-vie, des sirops, etc. Le *tapioca* qui, mêlé au bouillon, constitue un excellent potage, est la fécule du *manioc*, racine farineuse commune dans l'Amérique du Sud.

QUESTIONNAIRE : Qu'est-ce que l'industrie ? — Quel est le premier aliment de l'homme ' — Comment le blé se transforme-t-il en farine, la farine en pain ? — Q'appelle-t-on *pain de munition ? biscuit ? pain d'épice ? pâtisserie ?* Comment se fabrique les *pâtes alimentaires ?* — Qu'appelle-t-on *gluten ? amidon ? fécule ? tapioca ?*

---

83. — 2° Lait. Beurre. Fromage.

Le lait se compose de trois substances principales : la *crème*, ou matière grasse, avec laquelle on fait le beurre ; le *caillé*, appelé aussi *caséum ou caséine* [1], avec lequel on fait le fromage ; et le *sérum ou petit-lait*

(1) De lat. *caseus*, fromage.

qui ne contient guère que de l'eau avec une petite quantité de sucre.

Exposez une jatte de lait au contact de l'air, dans un lieu frais et à l'abri de toute secousse, et vous verrez, après un certain laps de temps, ces trois substances se séparer. D'abord une couche onctueuse monte d'elle-même à la surface: c'est la crème; elle s'élève ainsi parce qu'elle est plus légère. Enlevez-la avec une écumoire ou une cuiller plate, et attendez un jour ou deux ; une nouvelle séparation se sera opérée dans le lait écrémé : au sein d'un liquide jaunâtre, vous verrez nager une matière blanche et compacte ; cette matière blanche est le caillé, et ce liquide jaunâtre est le petit-lait.

En été, 24 à 30 heures suffisent pour faire monter toute la crème ; il en faut le double en hiver.

La crème enlevée, on n'a pas encore le *beurre*. En effet, les particules graisseuses qui doivent le former, encore mouillées de petit-lait, sont seulement groupées à côté l'une de l'autre sans faire corps ensemble. Pour en former une masse compacte, il faut en chasser le sérum et en quelque sorte les pétrir. Cette opération s'appelle *battage* ou *barattage*, et l'instrument employé,

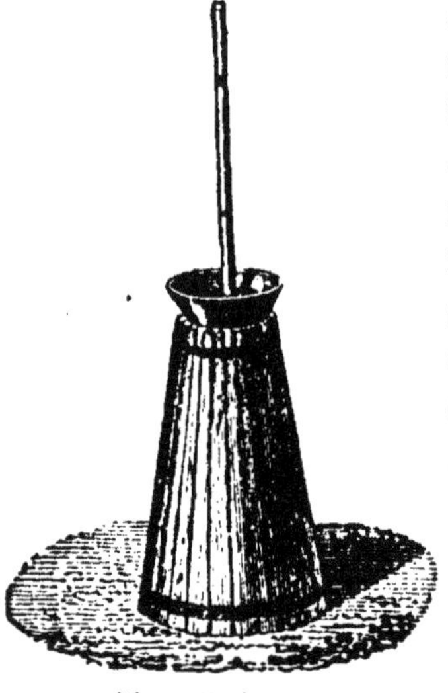

Fig. 83. Baratte.

baratte. La baratte la plus commune est une espèce de petit tonneau, plus large à la base qu'au sommet, dans lequel on met la crème. Une tige de bois, nommée *bat-beurre*, terminée à sa partie inférieure par une rondelle de bois percée de trous, s'élève et s'abaisse tour à tour, à coups pressés, dans la masse crémeuse. Bientôt les parcelles grasses se réunissent en grumeaux : le beurre est fait ; on le pétrit et on le lave à grande eau, afin d'en chasser le petit-lait ou lait de beurre, qui le ferait promptement rancir [1]. Il con-

(1) *Rancir*, devenir rance, prendre un goût et une odeur âcre et désagréable.

vient de placer la baratte près du feu en hiver, dans un lieu frais en été. Il existe aujourd'hui des barattes mécaniques en forme de tonneau placé horizontalement sur un chevalet : elles abrègent beaucoup le temps et la peine.

Pour conserver longtemps le beurre, deux méthodes sont employées. La première consiste à le saler, c'est-à-dire à le pétrir avec du sel fin et bien sec, dans la proportion de 500 grammes de sel contre 10 kilogrammes de beurre. Quand on l'a mis en pot, on recouvre la surface d'une couche de sel. — L'autre méthode consiste à le débarrasser, par la fusion, des restes de petit-lait et de caséine que conserve encore le beurre le mieux préparé. Pour cela, on le met dans un chaudron très propre, sur un feu égal et modéré. La fusion arrivée, l'eau du petit-lait s'en va en vapeurs, dont on favorise la formation en agitant la masse fondue. A la surface, monte une écume que l'on enlève : c'est une partie de la caséine ; l'autre partie s'amasse au fond du chaudron. Lorsque le beurre fondu est devenu transparent comme de l'huile, on le retire du feu et on le recueille par cuillerées dans des pots de terre à orifice étroit. Quand il est bien figé, on jette au-dessus une poignée de sel, et on ferme soigneusement les pots.

La fabrication du *fromage* remonte à la plus haute antiquité ; elle constitue pour certaines contrées une industrie importante et une source de richesses. On en fait un nombre considérable d'espèces, depuis le fromage frais, blanc et mou, destiné à être mangé immédiatement, jusqu'à l'onctueux *Camembert* [1], ou au *Gruyères* [2], ferme et d'un blanc jaunâtre, toujours reconnaissable aux yeux ou trous qui s'y produisent, ou bien enfin au *Roquefort* [3], si recherché des amateurs pour les moisissures auxquelles il doit ses veines bleues et son haut goût. Mais, quelle qu'en soit l'espèce, il a pour élément principal la partie du lait nommée

(1) *Camembert*, dans l'Orne.
(2) *Gruyères*, en Suisse. On fabrique aussi ce fromage en France.
(3) *Roquefort*, dans l'Aveyron.

caillé ou caséine. Toutefois, préparé avec la caséine seule, le fromage serait dur, sec et de peu de goût. Pour qu'il soit tendre et savoureux, il faut y laisser la crème ; c'est à elle qu'il doit son meilleur assaisonnement. Et comme la crème se sépare vite du lait, on a soin de faire cailler ce dernier aussitôt qu'il est trait, en y mettant un peu de *présure*. La présure n'est pas autre chose que la membrane intérieure de la *caillette*, ou quatrième estomac des ruminants ; on prend de préférence celle des jeunes veaux.

Les nombreuses variétés de fromage qu'on trouve dans le commerce tiennent soit à la qualité du lait employé, soit aux différents modes de préparation. Ainsi les uns renferment beaucoup de crème, les autres n'en contiennent que fort peu ; ceux-ci sont faits de lait de vache, ceux-là de lait de chèvre ou de brebis, d'autres d'un mélange ; pour la plupart on fait cailler le lait à froid, pour quelques-uns on le chauffe au moment de la coagulation. Il n'est pas jusqu'à la nature des pâturages et les soins donnés aux troupeaux qui n'aient aussi une influence sur la qualité du fromage.

QUESTIONNAIRE. : Quels sont les trois éléments que contient le lait ? — Comment se fait le beurre ? Pourquoi bat-on la crème ? — Par quels procédés conserve-t-on le beurre ? Dites comment on le sale, comment on le fait fondre. — Quel est l'élément principal du fromage ? — Qu'appelle-t-on présure ? — A quoi tiennent les nombreuses variétés de fromages ?

---

84. — 3° Boissons.

Après l'eau, qui est la plus naturelle et la plus répandue des boissons [1], le vin tient le premier rang en France ; puis viennent la bière et le cidre.

Le *vin* est la liqueur obtenue par la fermentation du fruit de la vigne, c'est-à-dire du *raisin*. Il est rouge,

(1) Sur l'eau à boire, voyez la VIIe partie, lecture 93.

blanc ou rosé selon le mode de préparation. En général, la fabrication du vin comprend les opérations suivantes.

Au mois d'octobre, le raisin est mûr pour la vendange. On le cueille, on le jette dans de grandes cuves où on le foule avec les pieds. Il en sort un jus sucré, appelé *moût* ou *vin doux*. Bientôt ce mélange de jus et de pulpe s'échauffe tout seul et se met à bouillonner, en dégageant de grosses bulles gazeuses. Le travail qui se fait alors se nomme *fermentation*. Sous l'influence de la fermentation, le sucre contenu dans le raisin se transforme, partie en alcool qui reste dans le liquide, partie en gaz carbonique qui monte en agitant la masse d'un mouvement semblable à celui de l'eau bouillante, et se dissipe dans l'atmosphère. Ce travail achevé, on ouvre un gros robinet de bois adapté au bas de la cuve, et le vin arrive ainsi dans les futailles destinées à le recevoir. Les matières solides restées dans la cuve, savoir les grains durs non écrasés, les peaux et les pepins, forment le *marc* [1]. On les porte au pressoir, on les arrose d'une petite quantité d'eau et on obtient la *piquette*, vin de qualité inférieure dont se contentent les vignerons.

Le vin blanc se fait ordinairement avec du raisin blanc ; cependant on peut en fabriquer aussi avec du raisin noir, si coloré qu'il soit. Mais alors, au lieu de laisser fermenter le moût sur le marc, on le soutire aussitôt que les grains ont été foulés, et on le verse dans les tonneaux La raison en est simple. La matière colorante du raisin se trouve dans la pellicule des grains, et elle ne se dissout que dans l'alcool. Si donc ces pellicules sont enlevées avant que le jus fermente, le liquide ne peut pas se colorer en rouge : il reste blanc.

C'est dans les pays chauds que se fabriquent les *vins de liqueur* ou *vins sucrés*. Le raisin qui les donne est tellement riche en sucre, que la fermentation n'arrive

_____

[1] *Prononcez mar.*

jamais à le transformer entièrement en alcool. Les meilleurs d'origine française sont ceux de Luhel, de Rivesaltes et de Frontignan [1]. On en fait de semblables en Espagne, en Portugal, en Grèce, dans l'Italie méridionale, à Madère [2], etc.

Quant aux vins blancs *mousseux*, ils s'obtiennent en mettant le moût en bouteille avant la fermentation. Le gaz carbonique qui continue de s'y former, ne trouvant pas d'issue à cause du solide bouchon qui lui ferme le passage, se dissout dans le liquide et s'y accumule, pour en sortir ensuite avec le pétillement qu'on lui connaît, quand on fait sauter le bouchon [3]. Les vins mousseux les plus renommés sont ceux d'*Aï*, d'*Épernay* et de *Sillery*, dans la Marne.

Il existe un nombre infini de variétés de vins, selon la diversité des climats, des terrains, des cultures et des modes de fabrication. Ceux de Bordeaux et de Bourgogne jouissent d'une réputation universelle.

Nous avons vu le sucre du raisin se transformer en alcool par la fermentation. Exposez du vin pendant quelque temps au contact de l'air, surtout par une chaude température, il fermentera de nouveau et l'alcool qu'il contient se changera en vinaigre [4]. Plus le vin est généreux, c'est-à-dire riche en alcool, plus le vinaigre lui-même est fort. On fait aussi du *vinaigre* avec la bière, le cidre, etc. ; mais il ne vaut pas celui de vin.

Dans les contrées du Nord, où la rigueur du climat ne permet pas la culture de la vigne, on prépare des boissons qui remplacent le vin. La bière est celle que l'on consomme le plus.

La *bière* est une boisson fermentée qui se fait ordinairement avec de l'orge et la fleur d'une plante grimpante nommée houblon. La fermentation transforme d'abord l'amidon de l'orge en sucre, et change ensuite ce sucre en alcool. Quant au houblon, son rôle consiste

---

(1) *Lunel* et *Frontignan*, dans le département de l'Hérault ; *Rivesaltes*, dans les Pyrénées-Orientales.
(2) *Madère*, île à l'O. de l'Espagne.

(3) L'acide carbonique, capable de donner la mort quand on le respire, est inoffensif dans l'estomac.
(4) *Vinaigre*, vin aigre.

à donner à la bière sa saveur propre et la propriété de se conserver.

Il y a un grand nombre de variétés de bières : la *bière double* ou bière de table, la *bière simple* ou *petite bière*, la *bière blanche*, la *bière de Strasbourg* ou de garde, l'*ale* [1], le *porter*, etc. Leurs différences viennent, soit des procédés de fabrication, soit des proportions inégales dans lesquelles l'eau, l'orge et le houblon s'y trouvent mêlés.

Après la bière vient le *cidre*, dont l'usage est très répandu en Normandie, en Picardie et en Bretagne. Le cidre est une boisson obtenue par la fermentation du jus sucré des pommes. Le meilleur provient du mélange des pommes amères et des pommes douces. Celui qui sort le premier du pressoir se nomme *gros cidre* ; en ajoutant de l'eau au marc et en pressant de nouveau, on obtient le *petit cidre*. Le *poiré*, plus irritant que le cidre, se fabrique comme lui ; seulement, comme les poires fermentent très vite, il faut le faire aussitôt qu'elles sont mûres.

Toute boisson fermentée, vin, bière, etc., renferme l'alcool ; c'est de là qu'elle tire sa force et ses principales propriétés. Rien de plus facile que d'avoir l'acool seul et de le retirer du vin, par exemple. Cette opération s'appelle *distillation*, et l'instrument employé *alambic*.

La figure ci-contre met ce dernier sous les yeux. Il se compose de trois pièces essentielles : une *chaudière* bien fermée, où l'on a mis le vin à *brûler*, c'est-à-dire à distiller ; un *serpentin* ou tube roulé en forme de spirale, communiquant avec la chaudière ; enfin un *réfrigérant* [2], ou cuve d'eau froide, souvent renouvelée, à travers laquelle passe le serpentin.

Vous chauffez lentement la chaudière. Pour bien comprendre ce qui va se passer, il faut savoir deux choses : la première, que le vin peut être considéré comme un mélange d'eau et d'alcool, ce qu'il contient en plus

---

(1) *Ale* (prononcez *éle*), bière anglaise. | (2) *Réfrigérant*, qui refroidit, du latin *frigus*, froid.

n'ayant ici aucune importance ; la seconde, que l'alcool bout'et par conséquent se vaporise à une température plus basse que l'eau avec laquelle il se trouve mêlé.

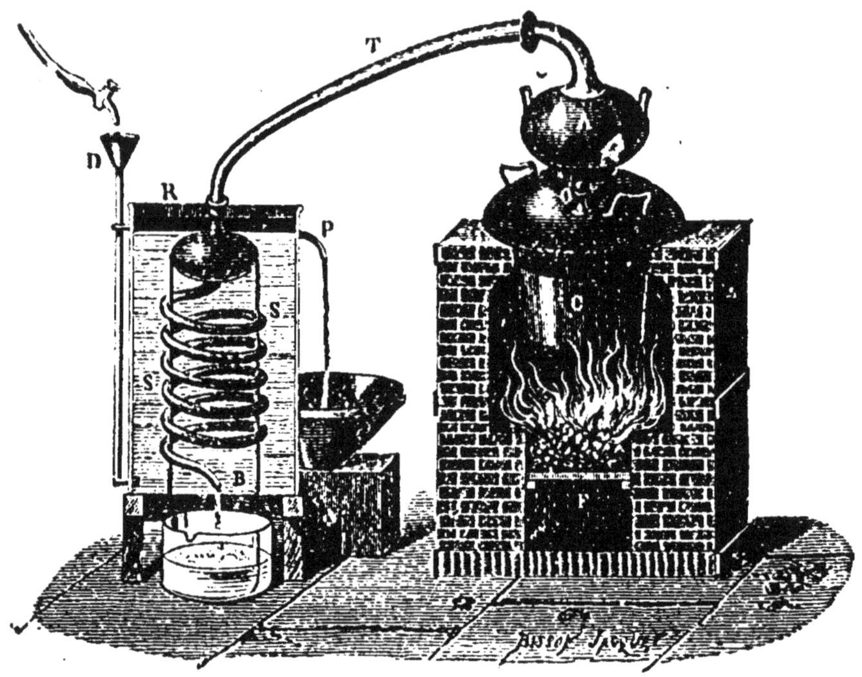

Fig. 84. Alambic.

Ces principes posés, suivez l'opération. La chaleur du liquide s'élève peu à peu ; voici qu'elle atteint 78 degrés. A cette température, l'acooi seul [1] se met à bouillir et à se changer en vapeur ; il monte sous cette forme dans la partie supérieure de l'alambic et circule dans le serpentin ; arrivé dans le milieu plus froid du réfrigérant, la vapeur se condense et redevient une subtance liquide, qui s'écoule par l'extrémité du serpentin. Quand l'écoulement cesse, l'opération est terminée ; il n'y a plus dans la chaudière que de l'eau et quelques autres substances sans valeur aucune.

L'alcool ainsi obtenu renferme toujours une certaine quantité d'eau ; cela vient de ce que des vapeurs d'eau ont passé aussi dans le serpentin. S'il en contient

[1] L'eau ne bout qu'à 100 degrés.

beaucoup, c'est de l'*eau-de-vie*, plus ou moins forte; s'il en contient peu, c'est de l'*esprit de vin* ; il ne garde le nom d'*alcool* que s'il est presque pur.

Au sortir de l'alambic, l'eau-de-vie est incolore comme de l'eau; pour lui donner la couleur jaune doré qu'on lui connaît, on la met dans des tonnes neuves en chêne, où elle prend la matière colorante du bois.

L'eau-de-vie de vin est la meilleure et la plus estimée. La betterave, les diverses céréales, la pomme de terre, etc., en fournissent également, en vertu de ce principe que la fermentation change l'amidon ou la fécule en sucre et le sucre en alcool.

QUESTIONNAIRE : Qu'est-ce que le *vin* ? D'où vient sa couleur? — Décrivez les opérations en usage dans la fabrication du vin. — Comment se fait le vin blanc? le vin sucré? le vin mousseux? le vinaigre? — Qu'est-ce que la *bière*? Quelle en est la composition ? les différentes espèces ? — Qu'est-ce que le *cidre*? le *gros cidre*, le *petit cidre*? l poiré? — Qu'appelle-t-on distillation? alambic? — Sur quel principe repose la distillation? Décrivez cette opération. — Qu'appelle-t-on *eau-de-vie, esprit de vin, alcool* proprement dit? — Qu'est-ce qui donne à l'eau-de-vie sa couleur jaune? Ne retire-t-on l'eau-de-vie que du vin?

VETEMENTS.

85. — 1° Filage et tissage. Drap.

Les principales matières dont on fabrique les vêtements sont empruntées, soit au règne végétal, comme le lin, le chanvre et le coton, soit au règne animal, comme la soie, la laine, les poils de certains animaux, les cuirs et les pelleteries[1]. Toutes ces substances ne sont pas l'apanage[2] de tous les climats; chaque climat a les siennes, en harmonie avec les besoins de ses habitants.

---

(1) *Pelleteries*, peaux garnies de leur poil, fourrures.

(2) *Apanage*, ce qui est donné à quelqu'un pour sa part.

C'est ainsi que les contrées chaudes ont reçu en partage le coton et la soie, ces deux éléments des étoffes fines et légères, tandis que le Nord a des pelleteries qui ne sont faites que pour lui, et que les pays froids et humides, riches en pâturages, le sont aussi en laines, pour vêtir ceux qui les habitent. Mais le génie de l'homme est parvenu, au moyen des échanges, à rendre communs à l'humanité tout entière les bienfaits que l'Auteur de la nature n'avait départis qu'à quelques-uns de ses enfants.

La matière première du vêtement, quelle qu'elle soit, doit subir deux opérations essentielles : il faut d'abord qu'elle prenne la forme de fil, qu'elle soit *filée* ; et ensuite que ce fil devienne un tissu, qu'il soit *tissé*.

Le rouet, la quenouille et le fuseau, tels furent, durant des milliers de siècles, les seuls instruments en usage pour filer. Mais la besogne n'avançait guère. Aujourd'hui ce sont des machines qui sont chargées de ce travail. Dans des salles immenses, nommées *filatures*, sont disposés par centaines de mille de délicats engins, broches, fuseaux, bobines et crochets. Une force presque invisible, la vapeur, met tout en branle. C'est merveille de les voir tourner avec une précision parfaite, avec une rapidité qui donne le vertige, saisir la laine ou le coton, et les tordre en un fil qui va et vient d'une bobine à l'autre et s'enroule sur les fuseaux. En quelques heures une montagne de coton est devenue un fil assez long pour faire plusieurs fois le tour de la terre.

Quand on a des écheveaux de laine, de lin ou de coton, on n'a encore que du fil : impossible avec cela de s'habiller. Il faut en faire un tissu, une étoffe. Examinez une étoffe quelconque, vous verrez qu'elle se compose de deux rangées de fils qui se croisent en passant tour à tour l'un au-dessus de l'autre L'une de ces rangées se nomme la *chaîne*, dont les fils sont disposés selon la longueur de l'étoffe ; l'autre est la *trame*, qui croise tous les fils de la chaîne dans le sens de la largeur.

Mais comment s'effectue cet entrecroisement ? Au

moyen du *métier à tisser*, dont vous avez la figure sous les yeux. Autour d'une *ensouple* ou cylindre de bois est roulée la chaîne, dont une extrémité arrive en face de

Fig. 85. Métier à tisser.

l'ouvrier ou *tisserand*. C'est par ce bout qu'il va commencer son travail. Il a à sa portée une *navette*[1], espèce de petit bateau creux dans lequel se trouve enfermée une bobine de fil. Un mécanisme lève et abaisse tour à tour la moitié des fils de la chaîne; chacun de ces mouvements ouvre un chemin à la navette, qui s'élance de droite à gauche, puis de gauche à droite, laissant chaque fois après elle un fil de trame. Il est clair que, pour donner un tissu solide, ces fils de trame doivent être bien serrés les uns contre les autres. L'ouvrier les rapproche en les frappant, à chaque passage de la navette, de deux ou trois petits coups d'un gros peigne enfermé dans un cadre qu'il fait mouvoir à volonté. A mesure que le travail avance, l'ensouple dont nous avons parlé se déroule pour amener la chaîne, en même temps que la partie tissée s'enroule sur un autre cylindre placé devant l'ouvrier.

(1) Diminutif formé du latin *navis*, vaisseau.

Le mode d'entrelacement de la chaîne et de la trame peut varier à l'infini : c'est là ce qui fait les différentes espèces de tissus.

L'opération du tissage achevée, certaines étoffes demandent encore de longs et minutieux apprêts avant d'être livrées au commerce : tel est le drap. Quand le drap sort du métier, il présente l'aspect d'une toile grossière et lâche, encore toute souillée de l'huile et de la colle qu'il a fallu pour le tisser. Il a donc besoin tout d'abord d'être nettoyé. C'est ce que l'on fait en le plongeant dans un bain où se trouvent de l'eau et une espèce d'argile grasse, fine et blanche, appelée *terre à foulon*, et en le battant avec force : l'eau et le battage enlèvent la colle, et l'argile absorbe l'huile. Il faut ensuite resserrer le tissu, rendre le drap plus épais et plus ferme. Cette opération, appelée *foulage*, s'exécute au moyen de machines nommées *foulons*, qui soumettent l'étoffe à une forte pression et la resserrent au point qu'elle diminue d'un tiers environ, soit en longueur, soit en largeur. Mais ce fin duvet, si doux au toucher, qui recouvre le drap, surtout du côté de l'endroit, vous pensez bien qu'il ne l'a pas encore en sortant du foulage. On le lui donne au moyen d'une brosse formée des têtes épineuses de ces grands chardons des champs que l'âne mange avec tant de plaisir, lorsqu'ils sont verts. Les mille pointes du chardon, plus fines que l'aiguille la plus déliée, et en même temps souples et élastiques, passent sur le drap toujours dans le même sens, et relèvent les brins de laine que le foulage avait écrasés. C'est ce qu'on appelle *lainage*. Ainsi se forme le duvet du drap, qui recouvre et cache la corde du tissu. Mais ce duvet est encore bien imparfait; les fils redressés sont plus longs les uns que les autres. Pour les égaliser, on les *tond* avec de grands ciseaux qui tournent rapidement au-dessus de l'étoffe. Alors seulement la fabrication du drap est achevée dans ce qu'elle a d'essentiel.

QUESTIONNAIRE. : Quelles sont les matières principales de nos vêtements ? — Quelles opérations doivent-elles subir ? — Comment obtient-on le fil ? — De quoi se compose un tissu ? — Décrivez l'opération du tissage. — Quand le drap a été tissé, dites comment on le nettoie, on le foule, on le tond.

86.—2· Blanchiment. Teinture. Impression.

Les étoffes qui doivent rester blanches ou recevoir des couleurs claires sont loin de posséder naturellement le degré de blancheur convenable ; elles l'obtiennent par une opération appelée *blanchiment* [1].

Le chanvre et le lin, par exemple, sont colorés d'une légère teinte rousse qui ne disparaît que par des lessives répétées. Pour avoir tout de suite cette belle toile blanche où la ménagère doit tailler serviettes, chemises et draps de lit, deux procédés sont en usage. Le premier consiste à laver le tissu dans une eau où l'on a fait dissoudre de la potasse ou de la soude [2], et à l'étendre ensuite sur l'herbe d'une prairie, où il reste exposé des semaines entières à la lumière du jour et à l'humidité de la nuit. Plusieurs fois répétée, cette opération finit par enlever la coloration rousse de la toile. Dans les grandes fabriques, on a recours à une méthode beaucoup plus énergique et plus expéditive. Il existe une substance gazeuse, subtile comme l'air, mais légèrement verdâtre, qui a la vertu de détruire toutes les couleurs végétales ; on la nomme *chlore*, et on l'extrait du sel de cuisine. Si vous en respiriez une simple bouffée, une toux violente déchirerait votre poitrine. Plongez dans ce gaz une page d'écriture toute barbouillée d'encre, la feuille de papier en sortira, au bout d'un instant, aussi blanche que si elle n'avait jamais servi. Il suffit donc, pour donner à un tissu toute la blancheur désirable, de l'exposer à l'action du chlore ou de le

(1) Il ne faut pas confondre le *blanchi-* ment avec le *blanchissage*, dont il sera parlé plus loin.
(2) Voyez la *Lecture* 88e.

plonger dans un bain où ce gaz est tenu en dissolution.

Mais le blanchiment au chlore ne convient qu'à la toile ou aux tissus de coton; appliqué aux matières animales telles que la laine ou la soie, il les réduirait en une purée sans consistance. Pour blanchir la laine [1], on se sert encore d'un gaz, mais d'un gaz beaucoup moins énergique, le *gaz sulfureux*, qui s'échappe quand on fait brûler un morceau de soufre [2]. On en remplit une chambre exactement fermée, en allumant au milieu quelques poignées de soufre contenues dans une terrine [3], et la laine ou la soie exposée à son action acquiert une blancheur parfaite. C'est de la même manière qu'on blanchit les peaux de gants et la paille des chapeaux.

La *teinture* consiste à donner à une étoffe une couleur artificielle, c'est-à-dire autre que celle qu'elle avait naturellement. Ou bien le tissu tout entier reçoit une couleur uniforme, il est teint, par exemple, en noir, en bleu, en rouge : c'est la *teinture proprement dite* ; ou bien, au moyen de plusieurs couleurs convenablement appliquées à la surface, on y forme des dessins réguliers: c'est alors la *teinture par impression*, ou simplement l'*impression*. Il y a donc une grande différence entre les tissus *teints* et les tissus *peints*. Ceux-ci présentent plusieurs nuances, et la couleur a été seulement appliquée à leur surface; ceux-là. au contraire, n'offrent qu'une seule teinte, et la matière colorante a pénétré toutes leurs parties.

Certaines couleurs se fixent assez facilement dans les tissus, surtout dans les tissus de nature animale, tels que les lainages et les soieries; il suffit alors de plonger l'étoffe dans un bain porté à une température convenable et contenant en dissolution la matière colorante. Mais le plus souvent, surtout quand il s'agit d'étoffes de lin ou de coton, la coloration ainsi obtenue ne tiendrait pas ; le moindre savonnage l'altèrerait et la

---

(1) On ne soumet au blanchiment que la laine blanche; la couleur brune ou noire ne céderait pas à l'action du gaz dont on va parler.

(2) *Soufre* se dit en lat. *sulfur*. Mouillez légèrement les pétales d'une fleur violette ou rouge, et exposez-les à la vapeur du soufre brûlé, vous les verrez perdre leur couleur et devenir toutes blanches.

(3) *Terrine*, vase en terre,

ferait peu à peu disparaître. Dans la plupart des cas, la couleur ne s'unit au tissu, d'une manière solide et durable, que par le secours de substances particulières auxquelles on donne le nom de *mordants*. Supposé, par exemple, que vous vouliez teindre en noir une pièce de calicot : vous savez que cette couleur résulte d'une dissolution de noix de galle mélangée avec une dissolution de couperose verte [1]. Eh bien, si vous vous contentiez de plonger dans cette préparation la pièce de calicot, elle en sortirait noire, à la vérité, mais ce noir n'aurait aucune consistance. Pour qu'il soit solide et bien adhérent, il ne doit pas être tout fait au moment où il imprègne le tissu ; il faut qu'il se forme dans le tissu lui-même, que les deux ingrédients dont il se compose se rencontrent et deviennent noirs dans l'épaisseur des fils. Voici donc comment vous procéderez : vous commencerez par tremper le calicot dans un liquide où des noix de galle auront bouilli : il sera alors *mordancé*, c'est-à-dire chargé de mordant ; puis vous le tremperez dans une dissolution de couperose verte : celle-ci, trouvant la noix de galle dont le tissu est imprégné, s'unira aussitôt à elle, et formera sur place une couleur noire qui pourra résister au lavage. Toute substance, pour remplir le rôle de mordant, doit évidemment avoir de l'affinité, c'est-à-dire une tendance à s'unir avec la matière colorante ; d'où il suit que les mêmes mordants ne conviennent pas pour toutes les couleurs que l'on voudrait obtenir.

L'*impression* a pour but de donner aux tissus différentes couleurs. Elle a lieu surtout pour les étoffes de coton, qui deviennent ainsi des *indiennes* ou *toiles peintes*. Cette industrie, connue dans l'Inde de toute antiquité, ne fut importée en Angleterre et en France qu'au commencement du xviiie siècle ; elle constitue aujourd'hui une des branches les plus importantes de l'industrie du monde entier.

---

[1] Sur la noix de galle, voy. p. 169. La couperose verte est du fer dissous dans l'huile de vitriol.

L'impression s'exécute de deux manières, à la main ou à la mécanique. Dans le premier cas, les figures à reproduire sont gravées en relief sur des planchettes que l'on couvre de mordant ou de couleur, et qu'on applique ensuite sur l'étoffe. Il faut autant de planchettes que le dessin doit avoir de couleurs, ou même de nuances : chacune passe à son tour et complète la figure. Du reste, il y a plusieurs manières de procéder. Celle qui porte le nom de *genre garancé* est la plus ordinaire ; elle consiste à imprimer le mordant sur l'étoffe et à tremper celle-ci dans un bain de garance [1]. Supposons, par exemple, que l'on veuille obtenir une indienne ayant des dessins composés de parties rouges, de parties noires et de parties puces. On imprime les parties de chaque couleur avec un mordant particulier ; on plonge ensuite la pièce dans un bain de garance, et quand on la retire de la cuve, les premières parties sont devenues rouges, les secondes noires et les troisièmes puces.

Nous n'avons pas à décrire ici les procédés un peu compliqués de l'impression mécanique.

QUESTIONNAIRE : Qu'est-ce que le *blanchiment*? — Décrivez les procédés en usage pour blanchir la toile, — les tissus de laine ou de soie. — En quoi consiste la teinture? —Quelle différence y a-t-il entre la teinture proprement dite et l'impression ? — Quel est le procédé ordinairement en usage pour teindre une étoffe, par exemple en noir ? — Qu'entend-on par *indiennes, toiles peintes*? — Comment les couleurs s'appliquent-elles aux tissus pour l'impression ? — En quoi consiste le genre *garancé* ?

87. — Chapeaux. Chaussures. Gants.

Les matières principales employées à la fabrication des *chapeaux* sont le feutre, la soie et la paille.

On appelle *feutre* une espèce d'étoffe fabriquée avec

(1) Sur la garance, voy. p. 147.

des poils d'animaux simplement entremêlés et serrés ensemble, sans filage ni tissage. Le feutre qui sert à la confection des chapeaux est fait avec des poils de castor, de chèvre, de lièvre, de lapin, de loutre, etc., auxquels on mélange quelquefois une certaine quantité de laine. Ces poils sont réunis par divers procédés qui en font une sorte de tissu compacte ; on teint en noir ce tissu, on le lustre et on le gomme, afin de lui donner assez de fermeté pour que le chapeau conserve sa forme.

Un chapeau de soie se compose d'une carcasse en toile ou en carton rendue imperméable au moyen de plusieurs couches de colle, et recouverte d'une peluche de soie noire[1].

Les chapeaux de paille, pour hommes et pour femmes, se font en général avec la paille de blé ou de seigle, quelquefois avec celle de riz. La meilleure nous vient d'Italie, et particulièrement de la Toscane. Florence [2] nous expédie des pailles blanches et souples à l'état de petits rubans, que nos ouvrières cousent les uns aux autres. On fait ainsi le corps du chapeau, en lui donnant la forme qu'exige la mode. — Les chapeaux dits *panamas* sont fabriqués avec les feuilles d'un arbuste qui croît en Amérique. Ces feuilles s'enroulent naturellement sous forme de filaments assez fins, semblables à de petits joncs. Les panamas ne sont pas cousus comme les autres chapeaux de paille ; ils sont constitués par une tresse unique qui part du sommet et va en s'élargissant par l'addition de brins de plus en plus nombreux. — On fait encore des chapeaux pour hommes en divisant les feuilles du latanier [3], ou bien l'écorce du tilleul et du peuplier, en minces lanières susceptibles d'être tressées.

Avant de parler des chaussures et des gants, nous devons dire quelques mots du cuir, qui en est la matière ordinaire.

De tout temps, l'homme a employé les peaux des

---

(1) *Peluche*, étoffe dont le poil est très long d'un côté.

(2) *Florence*, cap. de la Toscane, province d'Italie.

(3) *Latanier*, espèce de palmier.

animaux à un certain nombre d'usages. Mais ces peaux, si elles restaient à l'état naturel, entreraient bientôt en putréfaction ; elles ont donc besoin d'une préparation qui les rende imputrescibles : cette préparation s'appelle *tannage*, et la peau tannée prend le nom de *cuir*.

Le tannage consiste à imprégner les peaux d'une substance qui les préserve de la corruption. Or, au premier rang de ces substances préservatrices vient le *tannin*, que l'on rencontre dans beaucoup de végétaux, et surtout dans l'écorce du chêne. Les peaux sont d'abord dépouillées de la chair et des poils qui y sont adhérents ; puis on les dispose dans de grandes cuves de bois ou de maçonnerie, en couches séparées par des lits de *tan*, c'est-à-dire d'écorce de chêne réduite en poudre, et on y fait arriver une quantité d'eau suffisante pour humecter la masse. L'eau dissout le tannin, qui pénètre avec elle dans les peaux. Au bout de 4 6 ou 8 mois, suivant leur épaisseur, ces dernières se trouvent converties en cuir.

Le cuir tanné est ensuite livré au *corroyeur*, qui le soumet à diverses opérations dans le but de l'assouplir, de le lustrer, et souvent de le mettre en couleur sur une de ses faces.

Le *mégissier* travaille les peaux blanches (de mouton, de chèvre ou de chevreau) pour la ganterie et les doublures de chaussures, ainsi que les peaux non pelées, c'est-à-dire non dépouillées de leur poil, qui servent à faire des housses et des fourrures. Au lieu de tan, il emploie l'alun [1] et le sel.

Une fois en possession du cuir convenablement préparé, le *cordonnier* et le *gantier* se mettent à l'œuvre.

Pour faire un soulier quelconque, on découpe d'abord le *quartier* et l'*empeigne*. Le quartier est cette partie de la chaussure qui emboîte le talon et se termine en avant par les *oreilles*, c'est-à-dire les languettes auxquelles s'attachent les boucles ou les courroies.

---

(1) *Alun*, espèce de sel.

Puis on assemble le quartier avec l'empeigne, et l'on renforce en même temps le quartier en y collant intérieurement une pièce de cuir nommée *contre-fort*. Cela fait, on fixe la première *semelle* sous la *forme*, morceau de bois qui doit avoir la figure et les dimensions du pied de la personne à laquelle la chaussure est destinée, et l'on y applique l'empeigne, tendue avec des pinces aussi fort que possible : ce qui s'appelle *monter*. On coud ensuite le tout, on ajoute une seconde semelle à la première, et l'on fait le *talon* avec des rondelles de cuir superposées et réunies ensemble par des chevilles et de la colle. Il ne reste plus qu'à parer le soulier.

Aujourd'hui on fabrique des chaussures *clouées*, qui coûtent un peu moins cher que les autres et sont d'un bon usage. Mais, comme elles exigent d'assez fortes semelles, elles sont un peu plus lourdes et plus dures au pied que les chaussures cousues.

Il y a aussi la chaussure à vis, où les clous sont remplacés par des vis.

Il ne paraît pas que les *gants* fussent connus des anciens. C'est sous Henri III qu'ils commencèrent à faire partie de la toilette des femmes : elles portèrent d'abord des gants de soie tricotés ; ce fut seulement sous Louis XIV qu'elles adoptèrent les gants de peau. Depuis cette époque, l'usage des gants a pris une grande extension ; ils font de nos jours une partie indispensable de l'habillement des deux sexes.

La *ganterie de peau*, la seule dont nous avons à parler, constitue la branche la plus importante de cette industrie ; des peaux d'agneau et de chevreau mégissées à l'huile en fournissent presque exclusivement la matière. Après qu'elles ont reçu, dans l'atelier de teinture, les nuances convenables et subi d'autres opérations préparatoires, on les découpe par morceaux ayant la forme d'un carré long, chacun d'eux devant servir à la confection d'un gant. Chaque morceau est plié en deux, selon sa longueur, puis tendu de manière à figurer grossièrement la forme d'une main ouverte ; enfin le gantier y pratique les fentes qui sépareront les doigts, taille les petites bandes latérales appelées *fourchettes*, et livre le tout à la couseuse.

QUESTIONNAIRE : Avec quoi fait-on les chapeaux ? — Expliquez la fabrication des chapeaux de feutre et de soie, — de paille, — des panamas. — Qu'appelle-t-on cuir ? — En quoi consiste le *tannage* ? — Que fait le coroyeur ? le mégisseur? — Décrivez la fabrication d'un soulier? — Qu'appelle-t-on chaussures *clouées, à vis* ? — Quelle est l'origine des gants ? — Comment les fabrique-t-on ?

88. — Blanchissage. Lessive. Taches.

On appelle *blanchissage* une opération qui consiste à nettoyer le linge de toutes les souillures qu'il a contractées par l'usage, et à lui rendre sa netteté première.

Les taches dont le linge est souillé sont de diverses natures. Le linge du corps, chemises, draps de lit, essuie-mains, etc., s'imprègne des humeurs de notre transpiration ; celui de la table porte des traces de nos aliments, du vin, du lait, ou de quelque autre liquide maladroitement répandu; celui de la cuisine est sali de graisse, d'huile, de suie et de bien d'autres impuretés. Ces souillures si diverses ne s'enlèvent pas toutes de la même manière. Il en est qui disparaissent aisément par l'action de l'eau froide et résistent à l'eau chaude, qui les fixe même davantage. Telles sont les taches produites par l'albumine, ou blanc d'œuf, et par les divers liquides de l'organisation, écoulements du nez, larmes, salive, sueur, etc., qui renferment aussi de l'albumine: l'eau froide les dissout à merveille et les emporte ; mais elles durciraient sous l'action de la chaleur, feraient corps avec le tissu, si bien que le savon et le frottement des mains ne parviendraient à les enlever qu'au grand dommage du linge. D'autres, au contraire, exigent l'eau bouillante et résistent à l'eau froide. Pour la plupart, l'eau, chaude ou froide, si elle agit seule, est impuissante: ce sont les souillures produites par les substances grasses, huile, saindoux, suif, graisse. La raison en est que ces matières ne sont pas solubles, c'est-à-dire ne se dissolvent pas dans l'eau. Pour purifier le tissu qu'elles imprègnent, il faut les mettre en contact avec des corps qui, en s'unissant à elles, changent leur nature et les rendent solubles, ce qui permet à l'eau chaude ou froide de les entraîner.

Or deux substances remplissent admirablement cette condition: la première est la *potasse*, la seconde est la *soude*.

Mettez quelques poignées de cendre bouillir avec de l'eau dans un vase. Après quelque temps, vous laissez refroidir: une couche terreuse s'amasse au fond, et l'eau la recouvre, mais une eau qui a une saveur âcre et une odeur de lessive. Cette saveur et cette odeur sont dues évidemment à un principe contenu d'abord dans la cendre et qui se trouve maintenant en dissolution dans l'eau. Pour mieux connaître ce principe, tirons-le à part. Rien de plus facile. Il suffit d'enlever le liquide clair, de le remettre dans un vase sur le feu et de chauffer jusqu'à ce que toute l'eau soit évaporée. Vous apercevez alors au fond du vase, en très petite quantité, une matière blanche, assez semblable à du sel en poudre. Gardez-vous bien de vouloir en connaître le goût, d'en porter un grain sur votre langue : vous éprouveriez l'impression douloureuse d'une brûlure. Ce sel, c'est la *potasse*[1].

La potasse a une sœur, qui présente exactement le même aspect et jouit à peu près des mêmes propriétés : on la nomme la *soude*. Seulement les cendres d'où elle tire son origine proviennent des végétaux qui croissent dans la mer ou sur ses bords, tels que les algues et les varechs. Disons en passant que, comme on fait aujourd'hui un très grand usage de la soude, on a heureusement découvert le moyen de la préparer avec le sel ordinaire, dont la mer fournit des quantités inépuisables.

La potasse et la soude, en se mêlant aux matières

(1) D'après H. Fabre.

grasses, les rendent solubles dans l'eau. Ces deux substances doivent donc jouer un grand rôle dans le blanchissage du linge. Toutefois ce n'est pas directement qu'on peut les employer : elles brûleraient et les mains des laveuses et le linge lui-même, si résistant qu'il soit. Pour les adoucir en quelque sorte et les rendre maniables, ou bien on les laisse unies à la cendre qui les contient, comme dans la lessive; ou bien on les associe à une autre substance qui tempère leur ardeur, comme dans le *savon*.

Le savon est un composé, soit de soude, soit de potasse, et d'une matière grasse, huile ou suif indifféremment. Il est *dur*, si la base est la soude; il est *mou*, si la base est la potasse. Les savons mous sont *noirs* ou *verts*. Les savons durs sont *blancs* ou *marbrés* [1] ; le blanc est le plus pur et celui qui convient mieux au blanchissage du linge fin, mais il contient plus d'eau que le marbré ; ce dernier est, par cela même, d'un usage plus économique. Le *savon de résine*, dans la composition duquel la résine remplace le suif ou l'huile, a la couleur de la cire jaune. Il produit beaucoup de mousse, est très actif et convient au linge grossier. On appelle *savon de toilette* du savon parfumé avec divers aromates, incorporés dans sa substance.

Les notions qui précèdent renferment, pour ainsi parler, la théorie du blanchissage du linge. Arrivons à l'application et décrivons-en l'opération principale, la *lessive*.

Dans les familles aisées où l'on possède une ample provision de linge, la lessive n'ayant lieu qu'à de longs intervalles, il importe que le linge sali journellement soit conservé dans un lieu aéré, étendu sur des cordes, et non pas en tas. où il se corrompt et s'altère beaucoup plus encore que par l'usage.

La partie essentielle de la lessive est le *coulage* ; mais elle est précédée du trempage et du lavage à l'eau froide, que les blanchisseuses appellent *essangeage*. Ce

___

(1) Veinés de quelques lignes bleuâtres.

lavage préparatoire à l'eau froide a pour but de dissoudre et d'entraîner tout ce qui est albumine.

Cela fait, dans un cuvier muni à sa partie inférieure d'un trou et d'un robinet, ou simplement d'un bouchon de paille, on dispose le linge, le plus sale par dessous. Quand le cuvier est plein aux trois quarts, on étend par dessus une ample et forte toile qui doit servir de filtre et empêcher les cendres de se mêler au linge. Enfin, sur cette toile, on étale les cendres elles-mêmes en une couche d'égale épaisseur.

Avant d'aller plus loin, nous ferons observer qu'on ne met jamais à la lessive les objets de laine, les bas, par exemple, et les flanelles ; ils résisteraient mal à l'action corrosive des cendres et éprouveraient les plus graves dommages. Il en est de même des tissus colorés, des indiennes en général, qui perdraient plus ou moins leurs teintes primitives.

Ces préliminaires achevés, on verse sur les cendres d'abord de l'eau froide qui filtre à travers la toile, pénètre le linge et s'écoule par l'orifice du fond, où un baquet la reçoit. Même après l'essangeage, il reste encore de ces espèces de souillures qui, saisies par une lessive bouillante, n'en deviendraient que plus tenaces. Ce n'est qu'après plusieurs passages à froid qu'on arrive à l'eau chaude, puis à l'eau bouillante. Cette eau enlève aux cendres leur potasse, la conduit partout et la met en contact avec toutes les impuretés du linge. L'eau ainsi chargée de potasse prend le nom de *lessive*. A mesure qu'elle retourne dans le baquet, elle est réchauffée et jetée à nouveau sur la cendre. Le coulage dure un jour environ. Après quoi les cendres devenues inutiles sont retirées, le linge est repris pièce à pièce, savonné, frotté et lavé à l'eau chaude. Ainsi disparaissent quelques matières salissantes, quelques taches obstinées qui n'avaient pas été enlevées par la lessive. Il ne reste plus qu'à rincer le linge à grande eau pour le débarrasser du savon : c'est le dernier coup de balai qui fait tout partir. Le plus souvent, au rinçage, on mêle à l'eau une petite quantité de bleu liquide fourni par l'indigo, ce qui donne au linge blanchi un aspect plus agréable.

Certaines taches, non seulement résistent au savon, mais ne disparaissent pas toujours à la lessive ; d'ailleurs on ne voudrait pas attendre jusque là pour en débarrasser une étoffe, un vêtement qui en est souillé. Que faire alors ? S'adresser au droguiste.

Si c'est une tache de vin ou de fruit à suc rougeâtre, comme les cerises et les groseilles, lavez-la avec de *l'eau de Javelle.* Si vous craignez que le chlore [1] qui entre dans ce liquide ne brûle votre étoffe ou n'en altère la couleur, voici un moyen plus doux : allumez un morceau de soufre, mettez au-dessus le point taché après l'avoir légèrement mouillé, et recouvrez le tout d'un petit entonnoir de papier afin que la fumée [2] ne se disperse pas ; puis rincez avec de l'eau claire.

Est-ce l'encre ou la rouille qui a produit la tache, il vous faudra recourir au *sel d'oseille,* ainsi nommé de la plante d'où on l'extrait. Saupoudrez la tache avec une pincée de cette matière, versez un peu d'eau, frottez et laissez agir quelques instants ; un rinçage à l'eau pure fera tout disparaître. Mais souvenez-vous que le sel d'oseille, comme l'eau de Javelle, altère les couleurs et qu'il ne faut l'employer que pour les tissus blancs.

Les taches les plus fréquentes sont celles qui proviennent de corps gras ; elles sont aussi les plus faciles à nettoyer. Voici un col de paletot tout couvert de crasse. Mettez dans un verre d'eau un peu d'ammoniaque ou alcali volatil, trempez dans ce liquide une brosse rude et frottez : bientôt la matière grasse sera dissoute et se laissera entraîner par un simple lavage à l'eau tiède. L'essence de térébenthine et la benzine vous rendront le même service pour les taches d'huile. Celles de suif et de cire iront souvent se perdre dans l'épaisseur d'un papier buvard sur lequel vous aurez appliqué un fer chaud.

(1) Sur le chlore, voy. p. 250.   (2) Cette fumée est du gaz sulfureux.

QUESTIONNAIRE : Qu'est-ce que le blanchissage ? — Toutes les souillures s'enlèvent-elles de la même manière? — Pourquoi l'eau toute
seule ne vient-elle pas à bout des impuretés graisseuses ?— Que faut-il
pour cela?— Qu'est-ce que la *potasse?* la *soude?* le *savon ?* — Décrivez
les opérations de la lessive. — Comment enlève-t-on les taches de vin
et de fruits ? d'encre et de rouille? de graisse, d'huile et de cire?

89. — Chez le mercier.

Le *mercier* ne fabrique rien lui-même; il vend, en
gros ou en détail, un peu de tout, et principalement ce
qui sert à l'habillement, à la parure, comme le fil, les
épingles, les aiguilles, les agrafes, les boutons, les
peignes, les rubans, les lacets, les dés, les ciseaux, etc.
Tous ces objets, rangés dans sa boutique, ont chacun
leur mode de fabrication, que nous devons faire connaître, au moins pour quelques-uns d'entre eux.

Presque toutes les *épingles* de France sortent des
fabriques de Laigle (Orne) et de Rugle (Eure). La matière ordinaire en est le laiton, composé de cuivre et
de zinc. Avant de devenir épingles, le laiton subit quatorze opérations distinctes, exécutées par quatorze
ouvriers différents. N'allez pas croire qu'en divisant
ainsi le travail, on le ralentisse ; c'est précisément le
contraire qui arrive : chaque ouvrier, ayant toujours la
même chose à faire, la même opération à répéter, y
acquiert une habileté de main, une adresse dont il serait
incapable autrement. Si un seul ouvrier fabriquait des
épingles, il en ferait chaque jour tout au plus cinq à six
douzaines, à peine pour trois sous; en travaillant à quatorze sur une seule épingle, ils en font cent mille.

Le fil de laiton se trouvant à l'état d'écheveau circulaire, un ouvrier le redresse ; puis le découpe, d'abord
en longueurs de 10 mètres, ensuite en tronçons ou morceaux plus petits, pouvant donner trois ou quatre épingles. Un autre ouvrier fait la pointe, en étalant sur une
meule d'acier taillée en lime un faisceau de ces petits

tronçons qu'il fait tourner entre les doigts ; un troisième les coupe de la longueur voulue ; plusieurs autres
font la tête, laquelle consiste en un fil plus fin, enroulé
et rivé à l'épingle. La tête et la pointe une fois faites,
divers ouvriers nettoient les épingles, les étament, les
polissent, et enfin les réunissent en paquets d'un poids
déterminé, ou les fixent bien alignées sur un fort
papier percé de trous. — Les épingles noires sont
faites en fer ou en acier, que l'on recouvre d'un vernis
noir.

C'est bien autre chose encore pour les *aiguilles*. La
perfection de cet outil mignon, si poli, si brillant, à la
pointe acérée, à l'œil si petit qu'on le voit à peine, et le
bas prix auquel il se vend, excitent véritablement la
surprise, quand on songe qu'il a passé par les mains
de 90 ouvriers !

Les aiguilles doivent être très dures : autrement elles
fléchiraient sous la pression du dé qui les pousse, et
leur fine pointe se tordrait ou s'émousserait bien vite.
C'est donc avec du fil d'acier de première qualité qu'on
les fabrique. Un ouvrier commence par couper les bottes
de fil en brins ayant la longueur de deux aiguilles ; en
10 heures de travail, il coupe 400 mille de ces brins. Un
autre les aiguise à chaque bout sur une meule ; un
autre les coupe par le milieu ; un autre aplatit chaque
tête avec un marteau ; un autre y creuse de chaque côté
une petite gouttière ou cannelure servant à maintenir le
fil. Il s'agit maintenant de percer le *chas*, c'est-à-dire
l'œil ou le trou. Cette opération délicate entre toutes est
ordinairement confiée à des enfants ; ils y acquièrent
par l'habitude une telle habileté que, pour montrer leur
adresse aux visiteurs, ils prennent un cheveu, le percent avec leur poinçon, et enfilent dans l'œil qu'ils viennent de faire l'autre extrémité du même cheveu. Le
trou fait et bien arrondi pour qu'il ne coupe pas le fil, on
procède à la *trempe*, qui achève de donner à l'acier sa
dureté. Pour cela les aiguilles sont rangées sur une
plaque de tôle, que l'on pose sur des charbons ardents ;
quand elles sont devenues d'un beau rouge cerise, on

les plonge brusquement dans une cuve d'eau froide [1].
Puis vient le *polissage*, qui dure plusieurs jours; mais,
en revanche, il se fait par paquets de 500 mille, et une
seule machine, dirigée par un seul homme, polit à la
fois 20 ou 30 de ces paquets, c'est-à-dire 10 à 15 millions d'aiguilles. Enfin on les dégraisse, on fait le
triage et on les met en paquets soigneusement numé-
rotées.

Le *dé à coudre* est un petit cylindre creux, tantôt
ouvert aux deux bouts, tantôt fermé à une de ses extrémités par une petite calotte, qu'on engage au bout du
doigt du milieu pour pousser plus facilement l'aiguille.
Les petits trous dont il est couvert servent à fixer la
tête de cette dernière. Il y a des dés de cuivre, de
laiton, d'acier, d'os, d'ivoire, d'or, et d'argent.

On appelle *agrafe* une sorte de crochet de fil de
laiton, qui s'engage dans un anneau, un œillet ou une
porte du même métal. On les faisait autrefois à la main
à l'aide d'une pince. Une machine récemment inventée
en fabrique aujourd'hui de 100 à 200 par minute. Les
agrafes noires sont, comme les épingles noires, faites
en fer et recouvertes d'un vernis.

Les *boutons* d'ivoire, d'os et de bois sont ordinairement fabriqués au tour. Un fruit d'Afrique, appelé
corozzo, susceptible d'un beau poli, fournit des boutons
qui reçoivent des teintes variables, assorties à la
couleur des vêtements. On désigne souvent cette subtance sous le nom d'*ivoire végétal*. Ceux de corne sont
fabriqués en comprimant dans des moules des morceaux de corne ramollie par l'eau bouillante. Parmi les
boutons de métal, les uns sont fondus dans des moules

(1) L'acier n'est autre chose que du fer combiné avec une faible quantité de char-bon, de 1 à 2 centièmes de son poids. Non trempé, il n'est guère plus dur que le fer; après la trempe, il est si dur qu'il peut raboter le fer lui-même. L'opération de la trempe consiste à chauffer l'acier et à le refroidir brusquement en le plongeant dans de l'eau froide; la trempe est d'autant plus énergique que le métal a été plus fortement échauffé et refroidi plus vite. L'acier trempé est très cassant, et ne supporte plus ni le marteau ni la lime. Voilà pourquoi on ne fait l'opération de la trempe qu'après que l'outil est achevé. Si l'on avait besoin de le retoucher au marteau ou à la lime, il fau-drait auparavant lui faire perdre sa trempe, le *détremper*; il suffit pour cela de le chauffer au rouge et de le laisser lentement refroidir: il cesse alors d'être fragile et dur. Rien n'empêche de le retremper ensuite.

en sable, les autres sont confectionnés par estampage [1]
sur des lames de cuivre, auxquelles on soude ensuite
les queues. Les boutons d'étoffe sont faits en recouvrant
d'étoffe ou de passementerie des moules en bois. Enfin
on fabrique des boutons de faïence et de porcelaine,
qui entrent aujourd'hui pour une grande part dans la
consommation.

Toute *brosse* se compose de deux parties essentielles,
la *patte* et les *soies*. La patte, de forme variable, est
faite en bois, en os et en ivoire. C'est elle qui reçoit
les soies de porc ou de sanglier, quelquefois les brins
de bruyère, de chiendent, etc., qui les rassemble et en
fait un tout assez résistant pour enlever à la surface
des objets brossés la poussière et autres corps étrangers. Pour y adapter les soies, on la perce de trous,
qui tantôt la traversent de part en part, tantôt ne
pénètrent qu'une partie de leur épaisseur, comme dans
les brosses à ongles ou à dents. Dans le premier cas,
quand les soies sont adaptées à la patte au moyen
d'une ficelle ou d'un fil de laiton, on colle au-dessus une
plaque qui cache le travail.

Les *peignes* et *démêloirs* qui servent à la toilette sont
fabriqués avec la corne, l'ivoire ou l'écaille, quelquefois
avec le caoutchouc et le buis. Les cornes employées à
cet usage sont ordinairement celles de bœuf et de
buffle : le Brésil nous en envoie des quantités considérables.

QUESTIONNAIRE : Que trouve-t-on chez le mercier ? — Où et avec
quelle matière fabrique-t-on les épingles ? — Montrez les avantages
de la division du travail. — Décrivez la fabrication des épingles, —
des aiguilles. — Comment se font les dés à coudre ? — Les agrafes ?—
Les boutons ? — Les brosses ? — Les peignes ?

(1) *Estampage*, procédé mécanique qui consiste à imprimer sur le cuivre, le cuir, etc., soit en creux, soit en relief, une figure quelconque.

90. — Chez le Quincaillier.

On trouve chez le quincaillier une infinité d'articles de fer, d'acier, de cuivre, de fer-blanc, de fonte, toutes sortes d'ustensiles de ménage, ainsi que d'instruments et d'outils pour l'agriculture et l'industrie : des scies, des tenailles, des pinces, des limes, des marteaux, des étaux, des enclumes, des ciseaux, des pioches, des faux, des bêches, des râteaux, des pelles, des pincettes, des cadenas, des serrures, des clous, des chaînes, des fers à repasser, des casseroles, etc., etc. Quelques notions sur plusieurs de ces articles ne sauraient déplaire à nos jeunes lecteurs.

Le minerai de fer [1] en passant par le haut fourneau devient de la fonte ; épurée par le feu et le marteau, la fonte devient du fer en barre; souvent le fer en barre, avant que l'industrie en fasse un instrument, un outil quelconque, a besoin d'être réduit en lames, en feuilles plus ou moins minces, ou en fils plus ou moins déliés.

C'est le *laminoir* qui réduit le fer en lames. On appelle ainsi deux rouleaux horizontaux, d'acier ou de fer, séparés par un faible intervalle et mis en mouvement par la vapeur. La barre de fer, préalablement chauffée pour faciliter le travail [2], est engagée entre

Fig. 86. Laminoir.

(1) Voy. p. 123.

(2) La chaleur dilatant le fer, ses molécules se trouvent un peu écartées ; par suite, le métal est moins dur, moins résistant.

ces rouleaux qui la saisissent, l'entraînent et l'aplatissent en un instant. La plaque ainsi dégrossie passe successivement par d'autres laminoirs dont les rouleaux sont de plus en plus rapprochés, perdant toujours en épaisseur et gagnant en largeur. Ainsi s'obtiennent ces feuilles de tôle dont les plus minces, blanchies à l'étain, prennent le nom de fer-blanc, et les plus épaisses servent à la fabrication des marmites et des chaudières.

Le fer se réduit en fil au moyen de la *filière*, plaque d'acier percée d'un certain nombre de trous de plus en plus petits. En forçant une baguette de fer à passer successivement par ces différents trous, on en diminue de plus en plus la grosseur, et l'on fait un fil qui s'allonge à chaque passage. Quand il a acquis la finesse voulue, on lui donne de la souplesse par le *recuit*, c'est-à-dire, en le faisant chauffer au rouge et en le laissant lentement refroidir. Souvent aussi, pour l'empêcher de se rouiller [1], on le plonge dans un bain de zinc fondu, où il se couvre d'une couche d'un blanc mat. Le fer ainsi préparé est dit *fer galvanisé* [2].

Le fil de fer sert, entre autres usages, à la fabrication des *clous d'épingles* ou *pointes de Paris*. Ce travail fait à la main comportait trois opérations distinctes : découper en tronçons le fil mécanique, appointer ces tronçons sur une meule, former la tête sur un étau. Aujourd'hui d'ingénieuses machines saisissent le fil qu'un ouvrier leur présente, façonnent tête et pointe en moins de temps qu'il n'en faut pour le dire, et laissent tomber des pluies de clous dont le prix ne dépasse guère celui du fil de fer d'où ils proviennent.

Les *clous à souliers*, ou *béquets*, se font également au moyen de machines; nos départements du N.-E. en fabriquent d'énormes quantités.

D'autres clous se font à la forge, et se nomment *clous*

---

(1) De *s'oxyder*, comme disent les savants. La rouille du fer vient de la combinaison de ce métal avec l'oxygène de l'air

(2) C'est un véritable étamage, non à l'étain, mais au zinc. Comme le zinc a des propriétés vénéneuses, on ne galvanise que les ustensiles non destinés à se trouver en contact avec nos aliments.

forgés. L'ouvrier chauffe à la fois un certain nombre de verges de fer, de manière à ce qu'il en reste plusieurs au feu pendant qu'il en travaille une. Il façonne d'abord la pointe sur l'enclume ; puis, à l'aide d'un ciseau, il coupe le clou, l'introduit dans la *cloutière*, c'est-à-dire dans un moule de fer percé d'un trou, et façonne la tête à coups de marteau. Un bon cloutier arrive à forger 15 à 20 clous par minute.

Les *limes* sont des outils d'acier, de forme très diverses, dont la surface est hérissée de dents ou d'aspérités régulières, et qui servent à couper ou à user les matières dures. La lime une fois forgée, on la taille. Cette opération se fait à la main, avec un burin ou ciseau que l'ouvrier place sur la lime et qu'il y fait pénétrer plus ou moins à l'aide d'un marteau. Après quoi, on la trempe pour lui donner de la dureté.

La *scie* est l'instrument le plus usité dans l'industrie pour diviser les corps durs. Il en existe un grand nombre d'espèces, mais toutes se composent d'une *lame* et d'une *monture*. Les lames se font avec de l'acier laminé très dur ; elles portent sur un de leurs côtés des dents bien égales, faites, soit à la mécanique, soit à la main, avec la lame triangulaire appelée *tiers-point*. On varie la forme des dents suivant la forme de la scie. On déjette un peu les dents à droite et à gauche alternativement pour former la *voie* de la scie, c'est-à-dire un espace plus large que l'épaisseur de la lame, afin qu'elle puisse jouer librement et laisser dégager la sciure. Les scies employées pour les pierres tendres n'ont pas de voie ; mais chaque dent est séparée de la voisine par un petit espace, ce qui permet également à la sciure de s'échapper. Pour les pierres dures, on se sert de scies qui n'ont pas de dents : on est alors obligé d'introduire dans le *trait de scie* de l'eau et du sable, dont le frottement produit le même effet que la denture. La monture des scies n'est pas moins variable que la lame. Certaines scies à lames courtes et épaisses s'emmanchent comme des limes et se manœuvrent de même : telles sont les *scies à main* dont se servent les bouchers, etc.

Toutes les autres se montent dans un châssis, disposé de manière à pouvoir augmenter ou diminuer la tension de la lame. Ce châssis se compose de deux *bras*, tenus dans un écartement constant par une *traverse* qui bute contre chacun d'eux. Les extrémités inférieures de ces bras soutiennent la lame, tandis que les supérieures sont réunies par une corde faisant quatre ou cinq tours. Une planchette, appelée *garrot*, passée entre les tours de la corde, sert à tordre celle-ci, et par conséquent à la raccourcir, ce qui amène une tension de la lame. On arrête ensuite le garrot en poussant sa partie inférieure sur la traverse.

Une *enclume* est un morceau de fer recouvert d'acier sur lequel on forge les métaux. Les extrémités pointues se nomment *bigornes*; la face s'appelle *table*. Bigornes et tables doivent être dures et lisses. Pour leur communiquer ces qualités que le fer n'a pas à un degré suffisant, on les recouvre d'une plaque d'acier, que l'on trempe ensuite.

On appelle *serrure* une petite machine, ordinairement de fer, quelquefois de cuivre, qui sert à fermer les portes, coffres, tiroirs ou secrétaires. Une serrure ordinaire se compose de trois parties principales : le *coffre*, la *clef*, et la *gâche*. Le coffre est une boîte qui renferme tout le mécanisme de la serrure. Il est percé de trois ou quatre trous pour le passage des vis qui le fixent au bord de la porte. Entre autres pièces , il renferme le *pêne*, espèce de verrou mobile dont l'extrémité extérieure, ou tête. s'engage dans la gâche pour tenir la porte fermée. La clef se compose de l'*anneau*, où l'on applique la main; de la *tige*, qui prend le nom de *canon* quand elle est forée, c'est-à-dire percée d'un trou; enfin du *Panneton*, partie plate et découpée. La serrure dont le mécanisme est le plus simple est celle que l'on désigne sous le nom de *bec-de-cane*. Elle n'a pas de clef; son pêne, taillé en biseau, entre dans la gâche quand on pousse la porte ; pour l'en faire sortir et ouvrir la porte, on tourne un bouton. La serrure dite *tour et demi* est la plus répandue. Comme le bec-de-canne, elle se ferme toute seule par une simple poussée, et alors il ne faut qu'un demi-tour de clef pour l'ouvrir; mais on peut consolider sa fermeture par un tour entier de la clef, qui fait pénétrer le pêne plus avant dans la gâche : il faut alors, pour l'ouvrir, que la clef fasse un tour et demi. — On nomme *cadenas* une serrure mobile servant à fermer une porte, une malle, etc. Dans les cadenas, le pêne ne sort jamais de la boîte; mais la pièce qui sert de gâche porte à son extrémité un anneau plat qui entre dans le corps de la serrure, et dans lequel le pêne vient s'engager. — Enfin, il existe des serrures à *secrets* et à *combinaisons* qui, ne pouvant s'ouvrir que d'une seule manière, défendent plus sûrement encore les objets confiés à leur protection.

L'arrondissement d'Abbeville, en Picardie, est un des centres les plus importants de l'industrie des serrures. Grâce à la division du travail et à l'aide de machines appropriées à la fabrication de chaque pièce, certaines usines sont parvenues à faire des serrures au prix de 3 fr. les douze, et des cadenas dont la douzaine revient à 90 centimes, et chaque cadenas est composé de 17 pièces qu'il a fallu découper et ajuster !

Ce n'est pas seulement en abaissant ainsi le prix des objets fabriqués que l'industrie montre sa prodigieuse puissance; elle ne mérite pas moins notre admiration lorsque, transformant la matière première par d'ingénieux procédés, elle en augmente presque à l'infini la valeur. Voulez-vous un exemple : un kilogramme de fer se vend à peine 50 centimes; transformé en acier fin et employé à faire des aiguilles, ce fer vaut tout de suite 40 francs; converti en petites boucles, 300 francs; en boutons de chemises. 4,500 francs; en aiguilles fines pour l'horlogerie, 20,000 francs; en petits ressorts de montre, *un million*, car un ressort de montre bien fait ne se vend pas moins de 6 francs, et l'on peut en faire plus de 150,000 avec un kilogramme de fer.

Comment fait-on les diverses sortes de clous? — les limes? — Décrivez une scie, une enclume. — De quoi se compose une serrure? — Où et à quel prix se fabriquent les serrures? — Faites voir la puissance merveilleuse de l'industrie.

---

91. — Poterie. Verrerie.

La *poterie*, appelée aussi *céramique* [1], est l'art de fabriquer des vases devant servir, soit aux usages domestiques, soit à l'ornementation de nos maisons. Les produits de cet art sont extrêmement variés, depuis le vulgaire pot de terre ou la simple assiette de faïence, jusqu'au magnifique vase de porcelaine de Sèvres [2] qui s'achète parfois plus que son poids d'or.

Dans toute poterie, on distingue deux choses : la *pâte* et la *glaçure*.

La pâte constitue le corps même de la poterie; elle se compose essentiellement d'argile. Cette substance terreuse a, comme on le sait, la propriété de se délayer dans l'eau et de former avec ce liquide une pâte onctueuse, tenace, susceptible de se mouler, de se laisser allonger et façonner de toute manière. Comme l'argile est presque toujours mêlée à d'autres substances, il est rare qu'elle ne soit pas colorée; les teintes rouges et jaunes lui viennent de la rouille de fer. En de rares endroits [3], on en trouve de parfaitement pure et toute blanche, qu'on nomme *kaolin*. Les moins pures servent à la poterie commune ou à la faïence commune [4]; le kaolin est destiné à la porcelaine.

Selon l'effet qu'on veut obtenir, on mêle souvent à l'argile une petite quantité de sable et de silex pilé, de l'espèce dite *pierre à feu* ou à *fusil*.

---

(1) D'un mot grec qui veut dire *vase de terre cuite*.

(2) *Sèvres*, bourg à 10 kilom. S. O. de Paris, où se trouve une célèbre manufacture de porcelaine.

(3) A Saint-Yrieix, près de Limoges (Haute-Vienne).

(4) *Faïence*, ainsi appelée de la ville de *Faenza* (Italie), qui, au xv⁰ siècle, avait une manufacture célèbre de ce genre de poterie.

Le potier commence par mêler ensemble les matières premières et les réduire en pâte ; puis il donne à la pâte sa *façon*, sa forme régulière, au moyen du *tour*. Cette petite machine consiste en deux disques ou

Fig. 87. — Tour à potier.

plateaux de bois, l'un inférieur, l'autre supérieur, reliés par une tige en fer. L'ouvrier, assis sur un banc devant la table de travail, prend la quantité de pâte nécessaire, la place sur le plateau supérieur, et, plongeant le pouce dans cette masse informe, il imprime le mouvement au tour en poussant du pied le plateau inférieur. A mesure que le pouce approfondit le creux, les autres doigts sont appliqués à l'extérieur pour maintenir l'argile. En quelques instants la pièce se façonne et prend tous les contours voulus. Quand elle sera un peu séchée et durcie, on y mettra la dernière main et on y fera des filets, des gorges et moulures. Quant aux anses, aux becs, aux pieds de certains vases, on les façonne à la main ou avec des moules, et on les colle ensuite aux poteries dont ils doivent faire partie.

On donne le nom de *glaçure* à un enduit qu'on applique sur la pâte, et qui, en fondant à une certaine température, recouvre la poterie d'une couche vitreuse [1]. Cette couche rend les vases imperméables aux liquides ; elle leur donne, en outre, un poli, un éclat et quelquefois des nuances d'une grande beauté La glaçure des poteries communes se fait avec la poussière d'un minerai de plomb, et se nomme *vernis* : il est jaune, de la couleur du miel ; le minerai de cuivre donne un vernis vert. La glaçure de la faïence commune se tire de l'étain ; elle est opaque et s'appelle *émail*. Celle de la porcelaine est translucide et porte le nom de *couverte*.

Enfin a lieu la *cuisson* dans des fours de construction particulière. Cette opération a pour but de vitrifier la glaçure, de donner aux poteries la dureté convenable et de fixer leurs formes.

La porcelaine et la faïence sont souvent enrichies de couleurs et de dessins coloriés qui en font de véritables objets d'art. Les matières colorantes employées doivent résister, non seulement à la violence du feu, mais encore au frottement ; elles n'ont rien de commun avec les couleurs dont on fait usage pour les dessins des tissus : c'est aux métaux qu'elles sont empruntées. Tantôt elles sont mélangées à la pâte elle-même ou à la glaçure ; tantôt elles sont appliquées sur la pâte, à peu près de la manière dont on imprime les indiennes [2], mais recouvertes par la glaçure ; enfin, et c'est le cas le plus fréquent, le peintre sur porcelaine applique les poudres colorantes à la surface de la glaçure, et les produits ainsi obtenus rivalisent, pour l'éclat des couleurs et la perfection du dessin, avec les chefs-d'œuvre de la peinture sur toile. Au XVIᵉ siècle, le célèbre Bernard Palissy apporta de grands perfectionnements à l'art de décorer les poteries.

(1) *Vitreux*, de la nature du verre, en lat. *vitrum*.   (2) Voy. p. 253.

Le *verre* est un produit transparent, fragile, et en même temps très dur, rayant presque tous les corps. La silice fournie par le sable aussi blanc que possible [1] en est l'élément essentiel ; mais on y joint dans des proportions diverses, selon la qualité qu'on veut obtenir, de la chaux et de la potasse ou de la soude.

Il y a plusieurs espèces de verre. Le *verre commun*, avec lequel on fait des bouteilles, se fabrique avec du sable ferrugineux, coloré en rouge ou en jaune par le rouille de fer. Le *verre à vitres*, employé pour les vitres des croisées, les globes des pendules et la gobeleterie ordinaire [2], exige du sable blanc ; il en est de même du *verre à glaces*. Ce qu'on nomme *cristal* est un verre plus lourd et d'une grande limpidité, qui se fait avec du sable blanc, mélangé de potasse et de plomb.

Quelle que soit l'espèce de verre que le verrier se propose d'obtenir, le procédé de fabrication est toujours à peu près le même. Les matières premières doivent être d'abord réduites en poudre fine, puis mêlées avec soin, et enfin introduites dans de grands creusets ou pots d'argile, que l'on soumet, dans des fourneaux, à l'action d'un feu violent. Au bout d'un certain temps, ces matières entrent en fusion et produisent une pâte à laquelle on peut donner mille *façons* ou formes. Une fois l'objet façonné en verre, en carafe, en bocal, etc., on le fait *recuire* dans un four spécial, où il se refroidit lentement : sans le recuit, il se briserait au moindre choc, souvent même sans cause apparente.

Pour la fabrication d'une bouteille, il faut le concours de trois ouvriers qu'on appelle dans les verreries : le *gamin*, le *grand-garçon* et le *souffleur*. Les outils dont ils font usage sont : la *canne*, la *pince* et la *palette*. La canne est un long tube creux de métal au moyen duquel on cueille la pâte du verre dans le creuset ; la pince

---

(1) Les durs cailloux qu'on étend sur les routes sont des *silex*, et la matière qui les compose se nomme *silice*. Réduite en grains par le frottement dans les cours d'eau, la silice a donné le sable.

(2) On désigne sous le nom de gobeleterie (prononcez *gobelèterie*) un ensemble d'objets faits en verre ou en cristal : verres à boire, carafes, etc.

sert à saisir la pièce que l'on fabrique, et la palette sert à la façonner.

Lorsque la masse fondue a acquis, par le refroidissement, le degré de consistance pâteuse convenable pour le travail, le gamin plonge la canne dans le creuset et puise une certaine quantité de pâte, qu'il égalise en la tournant sur une plaque. Le grand-garçon s'empare alors de la canne, et lui imprime un mouvement de rotation qui donne à la pâte une forme allongée. Le souffleur reçoit la canne à son tour et façonne la bouteille en soufflant et en tournant sans cesse dans des moules en terre. Il la retire ensuite du moule, la met dans une position verticale, et, avec la palette, en comprime suffisamment le fond pour faire rentrer celui-ci en dedans. Le fond de la bouteille étant ainsi formé, il ne reste plus qu'à renforcer l'extrémité du col en y appliquant un petit cordon de pâte, et à la porter au four à recuire. Toutes ces opérations durent à peine une minute pour chaque bouteille.

Pour faire une vitre, un ouvrier cueille avec une canne la quantité de matière qui lui est nécessaire, et la façonne en cylindre en soufflant et en tournant dans des moules, absolument comme s'il s'agissait de faire une bouteille; il coupe ensuite les deux calottes formant les extrémités des cylindres, et obtient une sorte de manchon qu'il fend dans toute sa longueur. Après quoi, le manchon est mis dans un four où il s'amollit sous l'action de la chaleur ; on l'étend, on le développe et, au moyen d'un rouleau de bois, on le transforme en une plaque parfaitement plane.

Pendant longtemps on a fabriqué les glaces comme les vitres ; aujourd'hui on les *coule*. Ce procédé consiste à verser la matière en fusion sur une table en bronze munie de rebords ; un rouleau reposant sur des tringles l'étale ensuite en une couche d'égale épaisseur Les plaques ainsi produites sont portées, encore molles, dans le four à recuire. Pour faire de la glace un *miroir*, on recouvre une de ses faces de *tain*, c'est-à-dire d'un mélange d'étain et de mercure : c'est ce qu'on appelle *etamage,* ou mieux *mettre la glace au tain.*

Les objets de verre et de cristal sont soumis à l'opération de la taille, qui achève de les polir et détermine à leur surface de brillantes facettes [1]. Ce travail se fait sur des meules verticales qui tournent très vite et auxquelles les ouvriers présentent les objets à tailler.

QUESTIONNAIRE : Qu'est-ce que la *poterie ?* — De quoi se compose la pâte ? — Décrivez la fabrication d'une poterie au *tour.* — Q'appelle-t-on glaçure, et comment l'obtient-on ? — Par quels procédés colorie-t-on la faïence et la porcelaine ? — De quels éléments se compose le verre ? — Comment le fabrique-t-on ? — Comment se fait une bouteille ? — une vitre ? — une glace ? — Qu'appelle-t-on *taille* du verre ?

92. — Chauffage. Eclairage.

La chaleur ne procure pas seulement à l'homme de vives jouissances, elle est indispensable à sa vie : on meurt de froid comme on meurt de faim. Aussi le soleil qui nous la procure a-t-il toujours été regardé comme l'astre bienfaisant par excellence. Mais cet astre n'échauffe pas également toutes les contrées de la terre, et celles-là même auxquelles il ne refuse pas ses faveurs, voient se passer de longs mois pendant lesquels elles n'en reçoivent que de pâles rayons qui éclairent sans échauffer. Il a donc fallu remplacer par une chaleur artificielle, empruntée aux substances combustibles qui se trouvent à la surface et dans le sein de la terre, la chaleur que le soleil ne donne pas en assez grande quantité.

On ne peut imaginer rien de plus simple et en même temps de plus incommode que les procédés de chauffage employés dans l'antiquité. Chez les peuples du Nord, on établissait un foyer au centre même de l'habitation;

[1] On obtient aussi des *facettes* par le moulage; mais leurs arêtes sont moins vives que celles que donne la taille.

le toit était percé d'un trou par lequel la fumée s'échappait comme elle pouvait. Ce système tout primitif est encore usité chez les peuplades sauvages ; on le retrouve même dans les chalets actuels des montagnes de la Suisse et de la Savoie. Les Grecs se chauffaient avec le *trépied*, les Romains avec le *foculus*, vases de métal placés au milieu d'un appartement et remplis de charbon de terre embrasé. Les réchauds et les chaufferettes dont l'usage est si répandu dans nos climats, peuvent nous en donner une idée. On comprend aisément le danger de ce mode de chauffage, surtout lorsqu'il est employé dans des pièces bien closes. Le gaz carbonique qui se dégage du combustible brûlant dans ces vases, vicie l'air et le rend impropre à la respiration.

Les procédés de chauffage les plus usités aujourd'hui sont la *cheminée*, le *poêle* et le *calorifère*.

La *cheminée* est un foyer ouvert, adossé à un mur et surmonté d'un tuyau destiné au dégagement des produits de la combustion. Les anciens ne l'ont pas connue ; ce n'est guère qu'au xiiᵉ siècle qu'elle apparaît en Europe, et au xviiᵉ qu'elle reçoit ses premiers perfectionnements.

La cheminée est sans contredit le mode de chauffage le plus agréable et le plus salubre. Elle permet de voir le feu, plaisir que beaucoup de personnes apprécient singulièrement ; elle échauffe de préférence les parties inférieures du corps, et elle produit par le tirage une ventilation puissante qui renouvelle constamment l'air vicié de nos appartements. Mais, à côté de ces avantages, les cheminées, surtout celles qui ont une large ouverture, comme on en voit encore beaucoup dans nos campagnes, offrent de graves inconvénients. Elles brûlent une quantité énorme de combustible, en donnant fort peu de chaleur. En outre, elles fument très souvent et occasionnent des courants d'air froid qui peuvent être dangereux.

On a essayé, non sans succès, sinon de faire disparaître tout à fait, au moins de diminuer ces inconvénients. Ainsi on remédie à la fumée, soit en posant à l'orifice supérieur l'un de ces appareils connus sous le nom de *mitre, capuchon, tête de loup, chapeau chinois;* soit en rétrécissant l'ouverture et le conduit de la cheminée ; soit en établissant des ventouses qui amènent l'air du dehors sur le devant du foyer. Pour activer le tirage, on a aussi recours à un appareil fort commode ; il consiste en un tablier de tôle, mobile dans sa coulisse, qu'on abaisse et qu'on relève à volonté.

Le *poêle* est un appareil de chauffage dont le foyer n'est pas ouvert comme celui de la cheminée, mais fermé. Il se compose d'une enveloppe qui prend les formes les plus diverses, et d'un ou de plusieurs tuyaux qui communiquent avec l'air extérieur.

Les poêles sont en métal ou en terre cuite. Les premiers produisent en peu de temps une vive chaleur : mais ils ont un double défaut : ils dépouillent d'une grande partie de son oxygène l'air de la pièce où ils sont placés et répandent une odeur désagréable. C'est ce qui leur fait préférer les poêles de terre cuite ou de faïence. Ces derniers s'échauffent plus . difficilement; mais, une fois échauffés, ils se refroidissent plus lentement et maintiennent pendant longtemps dans la pièce une douce température.

De quelque nature que soient les poêles, ils sont, de tous les modes de chauffage, le plus économique, car ils peuvent utiliser presque toute la chaleur développée. Mais ils sont insalubres. Ils ne déterminent dans les appartements qu'une ventilation insuffisante. Ils ont de plus l'inconvénient de dessécher l'air et de produire une impression pénible sur les voies respiratoires. On remédie à ce défaut au moyen d'un ou de plusieurs vases d'eau posés sur le poêle ou à l'entour : l'évaporation du liquide chauffé rend à l'air la vapeur d'eau qui lui manque.

Les cheminées dites *à la prussienne* tiennent le milieu entre les cheminées proprement dites et les poêles. Elles se composent d'un foyer découvert, disposé dans une caisse de fonte ou de tôle garnie d'un large tuyau. On peut les placer à une certaine distance de la muraille. Ces appareils réunissent les avantages des cheminées et des poêles, l'économie et la salubrité. Ils montrent largement le feu et renouvellent l'air, en même temps qu'ils donnent un rendement calorifique considérable.

On donne le nom de *calorifères* [1] à des appareils qui échauffent de grandes masses d'air dans un espace fermé, et, par divers tuyaux se terminant en *bouches de chaleur*, distribuent ensuite cet air chaud dans les lieux où il doit être utilisé. Ils diffèrent des poêles en ce qu'ils ne sont pas, comme ceux-ci, placés dans les pièces mêmes que l'on veut chauffer. Les calorifères conviennent surtout aux édifices publics. On voit pourtant de riches particuliers en placer dans les caves de leur maison, pour chauffer les vestibules, les corridors et toutes les pièces sans cheminée.

Le soleil, qui ne donne pas toujours et partout une quantité suffisante de chaleur, ne nous envoie pas non plus partout et toujours sa brillante lumière. De ce besoin est né l'*éclairage* artificiel qui y supplée; en nous permettant de vaquer pendant la nuit à nos occupations, il prolonge la vie active qui, chez les peuples non civilisés, cesse dès que l'astre du jour disparaît à l'horizon.

Les substances qui fournissent de la lumière sont de trois sortes : solides, liquides ou gazeuses.

Les substances solides servant à l'éclairage proviennent uniquement du règne animal; ce sont : le *suif*, qui se fait avec la graisse du mouton, du bœuf ou de la vache; la *cire*, avec laquelle les abeilles construisent les gâteaux de leur ruche, et le *blanc de baleine*, espèce de graisse solide qui se trouve dans la tête du cachalot, grand cétacé ressemblant à la baleine. C'est de ces matières que sont composées la *chandelle* et la *bougie*.

La chandelle se fait avec le suif; elle a la forme d'un cylindre allongé, et elle est pourvue au centre d'une

(1) *Calorifère*, qui conduit la chaleur.

mèche de coton. On distingue les *chandelles moulées*, que l'on coule dans des moules de métal ou de verre, et les *chandelles plongées*, ou *à la baguette*. Pour fabriquer ces dernières, on commence par attacher quelques mèches à une baguette, et on les plonge, à plusieurs reprises dans du suif fondu, jusqu'à ce que la chandelle ait acquis une grosseur suffisante. Le seul avantage de ce mode d'éclairage est son prix peu élevé ; mais la chandelle a un toucher gras, surtout en été ; elle coule facilement ; elle fume et répand une odeur désagréable, et pour en obtenir une lumière suffisante, il faut toujours avoir les mouchettes à la main.

La *bougie* [1] ne diffère de la chandelle que par la matière. Primitivement elle était de cire ; mais la cire pure est à peu près réservée aux *cierges* qu'on allume dans les églises. La bougie qui brûle dans toutes les maisons est la *bougie stéarique*, faite de *stéarine*, substance que l'on extrait du suif de bœuf. Cette bougie, sans coûter beaucoup plus cher que la chandelle, n'a aucun de ses inconvénients. Elle est blanche et lisse ; elle ne coule pas, ne répand aucune mauvaise odeur, et n'a pas besoin d'être mouchée : l'extrémité de sa mèche tressée se recourbe et arrive ainsi dans la partie vive de la flamme qui la consume.

En mélangeant de la cire avec du blanc de baleine, on obtient des bougies diaphanes [2], aussi remarquables par leur blancheur que par l'éclat et la pureté de leur lumière. Mais elles sont d'un prix élevé, et les riches seuls peuvent s'en payer le luxe.

Les substances liquides, servant à l'éclairage, sont : l'huile végétale, particulièrement celle qui vient des graines de colza et de navette, et l'huile minérale nommée *pétrole*, ou, quand elle est purifiée, essence de pétrole. Cette dernière est un liquide combustible qui existe au sein de la terre et qui doit ses propriétés à la décomposition des matières végétales enfouies dans l'intérieur du globe [3]. C'est l'Amérique du Nord qui en

---

(1) Ainsi nommée de la ville de Bougie (Algérie), siège d'un commerce considérable de cire.

(2) C'est-à-dire transparentes

(3) Ce sont ces mêmes matières qui ont formé la houille.

fournit le plus. On creuse dans le sol des espèces de puits, et des parois de ces cavités suinte le pétrole, qui peu à peu s'amasse au fond, comme l'eau s'amasse dans nos puits. Comme le pétrole est très inflammable, il faut apporter une grande prudence dans le maniement de ce liquide. Ainsi on tiendra la provision, non dans une bouteille qui pourrait se casser, mais dans un vase en fer-blanc, et l'on aura soin de garnir la lampe pendant le jour et loin du feu.

Un Français, Philippe Lebon, inventa, à la fin du siècle dernier, une troisième source de lumière artificielle qui l'emporte beaucoup sur les deux autres, le *gaz*. Le gaz d'éclairage se compose de deux substances combinées, le carbone et l'hydrogène. On peut l'extraire d'un nombre considérable de corps; mais comme la houille le fournit à meilleur marché, c'est cette substance qu'on emploie de préférence. Pour cela, on soumet à une forte chaleur du charbon de terre renfermé dans de vastes réservoirs. Le charbon, en s'échauffant, dégage le gaz qui, recueilli sous d'énormes cloches en fer appelées *gazomètres*, et distribué ensuite par toute la ville au moyen de tuyaux souterrains, arrive aux réverbères des rues et aux becs d'éclairage des boutiques. Tournez un robinet et présentez au bec une allumette, le gaz prendra feu.

Cette belle lumière du gaz est-elle la plus vive que l'on ait obtenue jusqu'à ce jour? Non. Le gaz avait fait pâlir les bougies et les lampes; voici qu'il est en train d'être éclipsé à son tour par une clarté bien supérieure, la *lumière électrique*.

Représentez-vous deux tiges de fer se terminant chacune par un morceau de charbon taillé en pointe; mettez-les bout à bout, en laissant cependant entre elles un petit intervalle; puis, à l'aide d'un appareil spécial, faites circuler par les deux tiges un courant d'électricité : vous verrez bientôt les charbons s'embraser et produire une lumière tellement vive que vos yeux n'en pourront supporter l'éclat. Cette lumière, comparable à celle du soleil, c'est la lumière électrique. Les savants réussiront-ils à en tempérer la vivacité, et à la distribuer en foyers réguliers qui éclairent sans blesser la vue? De grands succès ont déjà récompensé leurs efforts.

QUESTIONNAIRE : L'homme a-t-il besoin d'une source artificielle de chaleur? — Comment les anciens se chauffaient-ils? — Quel est l'inconvénient des chaufferettes? — Qu'est-ce que la *cheminée*? — Quels en sont les avantages et les inconvénients? — Parlez du *poêle* et de la *cheminée prussienne*? — Qu'appelle-t-on calorifère?

Quelles sont les substances qui fournissent de la lumière? — Commen fait-on la chandelle? la bougie? — Quelles sont les matières liquides servant à l'éclairage? — Quelles sont les précautions à prendre vis-à-vis du pétrole? — En quoi consiste l'éclairage par le gaz? par l'électricité?

---

93. — Écriture. Imprimerie.

Un des plus beaux dons que Dieu ait faits à l'homme, c'est la parole. Par elle, ce qu'il y a de plus immatériel, la pensée, prend un corps et devient perceptible à l'oreille. Mais, selon l'adage des anciens, *parole s'envole*; à peine l'air qui la portait a-t-il cessé de vibrer, qu'elle n'existe plus; impossible de faire revivre ce son évanoui. Bornée dans le temps, la parole l'est aussi dans l'espace; pour la percevoir, il faut être à quelques pas de la bouche d'où elle sort; elle n'arrive pas aux absents, si désireux qu'ils soient de l'entendre. Le génie de l'homme, une fois en possession de la parole, a inventé l'écriture qui la complète, en fixant la pensée dans des signes perceptibles aux yeux. Moins vivante que la parole, elle n'est pas fugitive comme elle. Non seulement elle la conserve pour des siècles, mais elle lui donne des ailes pour voyager au loin; elle apporte jusqu'à nous la voix des morts et des absents; chaque fois que nous le voulons, nos yeux voient et nous redisent ce qu'ils ont pensé ou senti; leurs accents nous émeuvent, leurs leçons nous charment ou nous instruisent.

On commença d'abord par graver sur le bois ou la pierre, sur des lames de plomb ou des tables d'airain, les signes exprimant des faits, des discours, des sentences que l'on voulait transmettre à la postérité. Les lois de Moïse furent primitivement écrites sur des tables de pierre, celles de Solon sur des tables de bois. Les Assyriens de Babylone et de Ninive écrivaient, avec une pointe de fer, sur une brique encore molle, que le feu durcissait ensuite. De très bonne heure les Égyptiens traçaient des caractères avec un roseau fendu, trempé dans de l'encre, sur l'écorce d'un autre roseau, nommé *papyrus*, d'où vient le nom de *papier*. Plus tard, on se servit de peaux de bêtes, et en particulier de peaux de brebis convenablement préparées : ce produit s'appelait *parchemin*. En Grèce et à Rome, on avait des tablettes de bois enduites d'une couche de cire sur laquelle on traçait l'écriture avec un *stylet* ou poinçon de fer, aigu d'un côté, aplati de l'autre en large tête : le bout pointu gravait les lettres dans la cire; le bout plat servait à effacer et à polir de nouveau la surface molle. On fit usage du papyrus et du parchemin jusqu'au xii⁰ siècle, où le papier, connu en Chine longtemps auparavant, fut introduit en Europe. Dès le v⁰ siècle, on avait remplacé le roseau par les plumes d'oie, de corbeau, de cygne, de vautour. Ce fut vers 1828 que se répandit l'usage des plumes métalliques, qui rendit le canif inutile.

C'est surtout avec des chiffons de chanvre, de lin ou de coton qu'on fabrique le papier. Le chiffonnier les ramasse dans la rue ou les achète à la ménagère, et les vend au fabricant. Celui-ci lave les chiffons, les effiloche pour détruire l'arrangement du tissu, les broie, les réduit en pâte et rend cette pâte toute blanche au moyen du chlore [1]. On procède alors à *l'encollage*, qui a pour objet de rendre le papier imperméable à l'encre et apte à recevoir l'écriture : sans ce traitement, il s'imbiberait sous la plume, et les caractères manqueraient de netteté [2]. Puis une machine, ordinai-

---

(1) Sur l'action du chlore, voy. p. 250

(2) On n'a pas besoin d'encoller lepapier destiné aux travaux d'imprimerie, parce que l'encre de Chine, avec laquelle on imprime, ne s'imbibe pas.

rement mue par la vapeur, étend la pâte sur une toile et la fait passer sous des rouleaux qui l'aplatissent On voit sortir sans interruption une feuille mince, large d'un mètre et demi, et d'une longueur sans fin, qui va s'enrouler sur un cylindre ou dévidoir : c'est le papier *continu* ou *à la mécanique.* Une bonne papeterie peut en produire chaque jour une longueur de 20 kilomètres ; en 6 mois, elle en fabriquerait une bande assez longue pour faire le tour de notre globe.

On fabrique aussi *à la main* un papier plus consistant, qui sert à des usages spéciaux, tels que la transcription des actes, les registres, le papier timbré, etc. On le fait exclusivement avec des chiffons de chanvre ou de lin. Le coton seul donnerait un papier mou et sans corps ; en le mêlant avec le lin, on obtient un papier de bonne qualité.

Quand le papier est fabriqué, on le met en *mains* de 25 feuilles, et en *rames* de 20 mains. Si c'est du papier à lettres, les cahiers sont de 6 feuilles, et 10 de ces feuilles forment une *ramette* ou demi-rame.

Les papiers *gris* et d'*emballage* se font avec des chiffons grossiers, mêlés de fibres végétales : paille, foin, ortie, bois tendre, feuilles de certains arbres.

Jusqu'au xve siècle, on n'eut que des *manuscrits,* c'est-à-dire des livres *écrits à la main.* Ces livres, qui exigeaient des années et des mois de travail, étaient rares et d'un prix très élevé ; par suite, l'instruction se répandait difficilement dans la masse du peuple. A cette époque naquit à Mayence [1] un homme nommé Gutenberg, qui inventa un moyen de multiplier rapidement et à peu de frais les livres à l'infini : ce moyen, cet art divin, comme l'appelait un évêque de ce temps-là, c'est *l'imprimerie.*

Pour imprimer, il faut d'abord des *caractères.* On appelle ainsi des tiges ou baguettes de métal, longues de quelques centimètres, portant chacune en relief, à l'une de ses extrémités, une lettre de l'alphabet ou un

____

(1) *Mayence,* ville de l'empire d'Allemagne.

signe alphabétique. Il y a des majuscules et des minuscules : A, B, C, a, b, c, etc., des accents, des virgules, des chiffres de toute forme et de toute grandeur. Un ouvrier appelé *compositeur*, ayant devant lui, d'un côté des caractères rangés par ordre dans de petites cases, de l'autre le manuscrit qu'il lit des yeux, prend un à un les caractères dont il a besoin pour former les mots et les place l'un à côté de l'autre sur une planchette. Quand il a ainsi composé plusieurs pages, un autre ouvrier les place sous une machine appelée *presse*. Cette machine fait passer sur les caractères un rouleau qui les recouvre d'une encre épaisse, puis une feuille de papier sur laquelle on presse ; les caractères mouillés d'encre s'impriment alors en noir sur le papier. Il faut deux coups de presse pour imprimer chaque feuille : un pour chaque côté.

Les premières presses étaient *à bras* ; mais la plupart des impressions se font aujourd'hui avec des presses mécaniques, mues par la vapeur, qui impriment les deux côtés de la feuille à la fois. Une seule de ces machines pourrait imprimer chaque jour deux mille volumes comme celui que vous tenez entre les mains. Tout le monde peut donc se procurer à bon marché des livres pour s'instruire. Mais ce qui est un avantage deviendrait un malheur si ces livres étaient mauvais ; car on peut dire du livre ce que le fabuliste grec, Esope, disait de la langue, qu'elle est à la fois la meilleure et la pire des choses.

Les livres s'offrent à nous sous différentes grandeurs : c'est ce qu'on appelle le *format*. Chaque format prend le nom du nombre de feuillets que présente chaque feuille imprimée, quand elle est pliée ; naturellement le nombre des pages est double de celui des feuillets. Si la feuille est pliée en deux seulement, vous avez l'*in-folio* et 4 pages ; si elle est pliée en quatre, vous avez l'*in-quarto* ou *in-4°*, avec huit pages ; si elle est pliée en huit, vous avez l'*in-octavo* ou *in-8°*, avec 16 pages ; si elle est pliée en douze, vous avez l'*in-douze* ou *in-12*, avec 24 pages ; si elle est pliée en dix-huit, vous avez l'*in-dix-huit* ou *in*-18, avec 36 pages ; si elle est pliée en trente-deux, vous avez l'*in-trente-deux* , ou *in*-32, avec 64 pages, et ainsi des autres. L'*in-dix-huit jésus* donne 36 pages de la grandeur des in-12: c'est le format de ce volume.

94. — Machines à Vapeur. Chemins de fer, etc.

Placez sur un foyer un vase rempli d'eau et fermé par un couvercle qui en recouvre l'orifice : dès que le liquide a atteint un certain degré de température, il se vaporise ; la vapeur, tendant à occuper un volume énorme, soulève par moments le couvercle du vase pour sortir, et serait capable, si le couvercle ne cédait pas, de faire éclater le vase lui-même. Cette poussée de la vapeur contre les parois du vase qui la retient prisonnière se nomme *force élastique* ou *force d'expansion* ; elle est d'autant plus considérable que la chaleur est plus forte.

Depuis des milliers d'années, la force expansive de la vapeur d'eau était connue, mais personne n'avait songé à l'utiliser pour faire mouvoir des machines. Le Français Denis Papin, né à Blois en 1647, eut le premier cette idée. S'il y avait, se dit-il, une tige de fer adaptée au couvercle du vase rempli de vapeur, et si l'on arrivait, au moyen de la vapeur, à imprimer à cette tige un mouvement rapide et régulier de va-et-vient, on aurait une force qui mettrait en branle des ressorts et des roues. Papin avait trouvé le principe des machines à vapeur, mais il ne réussit qu'imparfaitement à l'appliquer. Cette gloire était réservée à d'autres, parmi lesquels nous nommerons James Watt[1], né en Écosse, en 1736 ; aux essais de machines à vapeur construites avant lui, Watt apporta des améliorations si nombreuses et si importantes, que plusieurs vont jusqu'à l'en regarder comme le véritable inventeur.

De toutes les forces mises en jeu par le génie de l'homme, la plus puissante et surtout la plus féconde en applications utiles est celle de la vapeur. La vapeur rabote le fer et le réduit en copeaux avec la même facilité qu'elle polit une aiguille; elle soulève, façonne, martelle les masses les plus pesantes, comme elle tisse la gaze la plus légère ; elle lance un convoi sur les rails d'un chemin de fer, comme elle met en mouvement les milliers de bobines d'une usine où se file le coton. Les doigts de la plus habile ouvrière ne peuvent lutter avec elle de dextérité; la tempête et les eaux torrentielles n'ont pas sa force brutale[2].

Les deux machines à vapeur les plus considérables et les plus connues sont destinées au transport des hommes et des marchandises : sur l'eau, ce sont les *bateaux à vapeur* ; sur terre, les *chemins de fer*.

Un tronc d'arbre creusé, quelques planches reliées ensemble, tels furent les premiers navires. Sur ces frêles embarcations que faisait mouvoir le battement de la rame ou de l'aviron, l'homme ne pouvait s'aventurer bien loin ni transporter de bien lourds fardeaux. S'enhardissant peu à peu, il construit des canots, puis des vaisseaux ; l'impulsion de la rame ne suffisant plus, il y dresse des mâts auxquels il attache des voiles, et une force plus puissante, celles des vents, pousse les nouveaux véhicules sur la plaine liquide La découverte de la boussole, à la fin du XIIIe siècle, ouvre à la navigation une nouvelle période. Une fois en possession de

---

ce guide précieux, l'intrépide marin se trouve à l'étroit dans les mers d'Europe ; il marche à la reconnaissance des terres inconnues du globe, et prélude, par la découverte des Canaries, de Madère et des Açores [1], à celle de l'Amérique et des Indes.

Mais l'action des voiles, si précieuse dans les temps favorables, devient une source de dangers pendant les tempêtes ; elle est sans utilité dans les calmes [2]; elle ralentit la marche des navires quand règnent des vents contraires. Il faut à tout prix trouver pour la navigation un moteur plus puissant que la rame, plus constant et plus régulier que le vent. A peine l'illustre Papin a-t-il découvert la vapeur, que de nombreux essais sont tentés pour appliquer cette force à la propulsion des navires [3]. Ce ne fut qu'au commencement de ce siècle qu'ils furent couronnés de succès ; l'Américain Robert Fulton construisit le premier, en 1807, un *bateau à vapeur* [4] capable de faire un service utile. A partir de cette époque, ce mode de navigation, si remarquable par la régularité et la rapidité de sa marche, ne cesse de faire des progrès, et les vaisseaux à voiles ne jouent plus aujourd'hui sur les mers et les fleuves qu'un rôle secondaire.

L'invention des *chemins de fer* suivit de près celle des bateaux à vapeur. Après quelques tentatives plus ou moins défectueuses, on vit, le 15 septembre 1830, le premier convoi de voyageurs à grande vitesse dérouler ses lourds anneaux sur la voie de Manchester à Liverpool [5].

Ce que nous appelons *chemin de fer, voie ferrée* ou *railway* [6], comprend deux choses bien distinctes : une locomotive traînant à sa suite une file plus ou moins

---

(1) Toutes ces îles sont dans l'océan Atlantique, à l'O. de l'Euro

(2) *Calmes*, ici, temps où le vent ne souffle pas.

(3) *Propulsion*, action de pousser en avant.

(4) *Bateau à vapeur* se dit en anglais *steamer* (prononcez *stimeur*), et ce mot est devenu français. On dit aussi *un vapeur*.

(5) Deux villes d'Angleterre. En anglais *oo* se prononce *ou*.

(6) *Railway*, mot anglais qui se prononce *rélouai* et signifie un *chemin* garni de *rails*, c'est-à-dire de bandes de fer ou de bois.

considérable de voitures ou *wagons* [1], et une *voie* convenablement disposée.

La *locomotive* constitue la machine à vapeur proprement dite; elle consiste principalement dans la chaudière, vaste cylindre qui va d'un bout à l'autre, porté sur six roues. La chaudière contient l'eau à vaporiser. En avant, elle se termine par la cheminée; en arrière, par le foyer, que le *chauffeur* alimente avec de la houille. Comme la puissance d'une machine dépend de la quantité de vapeur qu'elle fournit dans un temps donné, tout est mis en œuvre pour obtenir une vaporisation rapide de l'eau. Il va de soi que le chauffeur ne ménage pas le charbon; mais ce moyen à lui seul ne suffirait pas. Voici celui qu'inventa un savant français, nommé Séguin. Ayant remarqué que l'eau se vaporise d'autant plus vite qu'elle se trouve en contact avec une plus grande surface chauffée, il imagina de faire traverser la partie intérieure de la chaudière par de petits tubes ou cylindres en cuivre qui, partant du foyer, vont aboutir à la cheminée. La flamme du foyer s'engage dans ces canaux, les échauffe et fait circuler, en quelque sorte, le feu au sein même de l'eau; celle-ci les rencontrant, les touchant partout, se vaporise très rapidement. — Ces sortes de chaudières ont reçu le nom de *tubulaires*, à cause des nombreux tubes qu'elles renferment.

La vapeur ne nous fera donc pas défaut; mais comment agit-elle comme force motrice [2]?

Examinez un moment une locomotive en arrêt, vous apercevez, au-dessous de la cheminée, un cylindre beaucoup plus court et plus petit que la chaudière; c'est ce que l'on appelle le *corps de pompe*, et c'est là que vient se rendre la vapeur à mesure qu'elle se forme; il y en a deux, un de chaque côté de la locomotive. A l'intérieur se trouve un disque épais de fer, remplissant exactement le canal du cylindre, mais pouvant y glisser avec un mouvement de va-et-vient; il est

---

(1) *Wagon*, mot anglais qui signifie chariot.

(2) *Force motrice*, force qui donne le mouvement à une machine.

muni d'une tige qui traverse le cylindre et s'allonge au dehors : ce disque et sa tige se nomment *piston.*

La vapeur arrive dans le corps de pompe alternativement en avant et en arrière du piston. Quand il en arrive en avant, le piston recule et refoule la vapeur de l'arrière qui s'échappe par une soupape [1] ; quand il en arrive en arrière, le piston avance, et refoule la vapeur de l'avant qui s'échappe à son tour par une autre soupape. Ce double jeu imprime au piston et à sa tige un mouvement de va-et-vient. Or la tige est articulée [2], hors du corps de pompe, à une autre pièce de fer appelée *bielle,* laquelle se rattache à une grande roue. Le mouvement passe ainsi du piston à la bielle, la bielle fait tourner la roue, la locomotive marche et entraîne à sa suite le *convoi,* c'est-à-dire toute la file de wagons.

L'autre partie importante d'un chemin de fer, c'est la *voie.*

Cette voie se nomme souvent *voie ferrée.* En effet, de fortes barres de fer, appelées *rails,* y sont solidement fixées, sur toute sa longueur, en deux rangées parallèles [3] sur lesquelles roulent toutes les roues du convoi. Un léger rebord dont les roues sont munies les empêche de glisser hors des rails.

En outre, la voie doit être aussi plane et aussi droite que possible : une pente trop forte exigerait une force motrice extraordinaire ; une courbe trop brusque ferait *dérailler* le train, c'est-à-dire, pousserait locomotive et wagons hors des rails.

Ces conditions ne s'obtiennent que par des travaux souvent très considérables. Ici il faut un *remblai* qui exhausse le sol ; là, une *tranchée* qui l'abaisse ; plus loin, une *chaussée* qui l'affermisse. Sur les rivières et les fleuves, on jette des *ponts,* tantôt en brique ou en pierre, tantôt en métal. S'agit-il de franchir une vallée d'une certaine étendue, on construit un *viaduc,* c'est-à-

<hr>

(1) *Soupape,* languette qui se lève pour donner passage à un gaz ou à un liquide.
(2) *Articulée,* reliée.

(3) *Parallèles* se dit de deux lignes qui restent toujours à la même distance l'une de l'autre.

dire un pont à plusieurs arches plus ou moins élevées ;
rencontre-t-on une montagne, une colline un peu haute,
on perce une galerie souterraine qui prend le nom de
tunnel.

QUESTIONNAIRE : Q'appelle-t-on *force élastique* de la vapeur ? —
Quel est l'inventeur des machines à vapeur? — Faites voir l'utilité de ces machines? — Quelles sont les deux machines à vapeur
les plus considérables ? — Faites en quelques mots l'histoire de la
navigation. — Qui construisit le premier bateau à vapeur? —
Quand furent inventés les chemins de fer ? — Décrivez une locomotive : *chaudière, tubulaire, piston,* etc. Comment la roue est-
elle mise en mouvement? — Qu'appelle-t-on *rails, remblai, tranchée, chaussée, viaduc, tunnel?*

95. — Télégraphe électrique. Photographie. Téléphone. Phonographe.

On désigne sous le nom de *télégraphe* [1] tout appareil
au moyen duquel on peut transmettre, très rapidement
et à de grandes distances, des dépêches quelconques,
au moyen de signaux ayant une signification convenue.

De toute antiquité, on a cherché à transmettre rapidement les nouvelles importantes à l'aide de signaux
visibles de loin. L'histoire nous parle de victoires
annoncées par des feux allumés sur les hauteurs et
répétés de montagne en montagne. Comme on le voit,
ces procédés primitifs ne pouvaient servir qu'à annon-
cer des événements prévus. Plus tard, on inventa un
système de signaux aériens, qui, grâce à de nombreux
perfectionnements, en était venu à donner d'excellents
résultats; ainsi Paris recevait une nouvelle de Lille
en deux minutes, de Toulon en moins d'un quart
d'heure. Cependant le télégraphe aérien avait un grand
défaut : il ne pouvait fonctionner pendant la nuit, ni

(1) *Télégraphe,* formé de deux mots grecs signifiant : *écrire de loin.*

même pendant les jours sombres. Les choses en étaient là, lorsque, vers le milieu de ce siècle, fut créé le télégraphe électrique, une des plus merveilleuses inventions de l'esprit humain.

Vous avez remarqué, le long des grandes routes et surtout des chemins de fer, des poteaux plantés de distance en distance, supportant de gros fils de fer qui vont d'une ville à l'autre. Ce sont les fils télégraphiques ; ils servent à transmettre les dépêches avec la rapidité de la pensée, et constituent la partie la plus apparente des télégraphes électriques. En passant auprès, surtout en appliquant l'oreille contre un poteau, vous les entendez vibrer. Est-ce une dépêche qui passe, comme le disent les ignorants ? Gardez-vous bien de le croire. Les dépêches ne font aucun bruit en voyageant. C'est le vent qui fait vibrer les fils tendus, comme sous l'archet résonnent les cordes d'un violon.

Par quelle force mystérieuse, par quel ingénieux mécanisme, une dépêche déposée, je suppose, au bureau télégraphique de Paris, est-elle transmise et lue à Marseille moins d'une seconde après ? C'est ce que vous comprendrez mieux plus tard. Qu'il vous suffise de savoir aujourd'hui que cette force, c'est l'électricité, que les savants sont arrivés à produire et à diriger à peu près comme ils veulent ; que ce mécanisme consiste en deux cadrans, l'un au point de départ, l'autre au point d'arrivée, reliés ensemble par un long fil de fer, avec une aiguille qui, mise en mouvement par l'électricité, marque, non les heures, mais les lettres de l'alphabet. Dès que l'employé de Paris a reçu votre dépêche, il fait jouer sa machine : l'aiguille s'agite et va s'arrêter un instant sur chacune des lettres qui composent la dépêche ; aussi rapide que l'éclair [1], l'électricité court le long du fil, imprime un mouvement tout semblable à l'aiguille du cadran de Marseille ; l'employé de cette dernière ville n'a qu'à écrire à la suite

---

(1) Telle est la vitesse de l'électricité que, pour parcourir un fil métallique enroulé 11 à 12 fois autour de la terre, il ne lui faudrait qu'une seconde.

toutes les lettres désignées : ces lettres reproduisent votre dépêche. — On a imaginé récemment un méca-

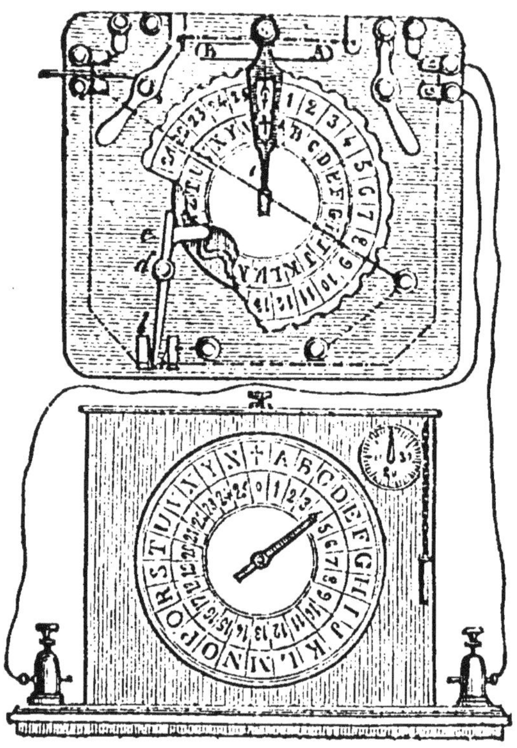

Fig. 88. — Cadrans du télégraphe électrique.

nisme qui fait écrire les mots à l'aiguille elle-même sur une bande de papier.

Plaçons ici une observation. Si le fil supporté par les poteaux les touchait, l'électricité pourrait se communiquer à ces derniers, et par eux se perdre dans la terre. Pour éviter cet inconvénient, on fixe le fil à un crochet implanté au fond d'une petite cloche de porcelaine clouée au poteau ; la porcelaine, conduisant mal l'électricité, empêche toute communication du fluide électrique entre le fil et le poteau.

Le télégraphe ne fonctionne pas seulement sur la terre ; il traverse aussi les mers. Plusieurs fils de cuivre, recouverts chacun d'un enduit non conducteur de l'électricité, et enveloppés tous ensemble d'une corde de chanvre goudronnée, forment un énorme câble qui repose au fond de l'Océan et établit de rapides communications intellectuelles d'un continent à l'autre. Le câble qui, traversant l'Atlantique, relie l'Angleterre aux États-Unis, a une longueur de 4 mille kilomètres et pèse 2 millions 500 mille kilogrammes.

On a calculé que, si l'on ajustait bout à bout tous les fils télégraphiques déjà posés en Europe, il y en aurait assez pour établir un double fil de la terre à la lune ; tous ceux du globe réunis feraient plus de 40 fois le tour de la terre.

La *photographie* [1] est l'art de fixer, par la seule action de la lumière, les images des objets sur une surface convenablement préparée.

Un miroir réfléchit l'image des personnes et des choses qu'on lui présente ; mais cette image, il ne sait pas la garder : elle s'évanouit aussitôt que disparaît la personne ou la chose. Quel dommage qu'il n'y ait pas des miroirs assez constants pour conserver fidèlement les images des personnes qui nous sont chères, des objets, des paysages qui ont ravi notre admiration ! — Mais ces miroirs enchantés existent. En 1839, un Français, nommé Daguerre, a trouvé le secret de rendre sensibles à la lumière des plaques de métal. Mettez, devant une de ces plaques, une personne, une statue, un bouquet de fleurs, un paysage, un objet quelconque : en un instant toutes ces choses s'y dessinent et s'y gravent. Emportez chez vous la plaque merveilleuse, et contemplez-la à loisir, aujourd'hui, demain, dans un an, dans dix ans, toujours elle réfléchira l'image désirée.

L'invention de Daguerre, la *photographie sur plaque de métal*, fut appelée, du nom de son auteur, *daguerréotype* ou *daguerréotypie*. Moins de dix ans après, les savants avaient découvert la *photographie sur papier*, qui a complètement détrôné la première.

Le procédé de la photographie sur papier comprend

____

(1) De deux mots grecs qui signifient : *écriture* ou *dessin par la lumière.*

deux opérations successives, c'est-à-dire qu'il faut obtenir successivement, par l'action de la lumière, deux images de la personne ou de l'objet que l'on veut photographier. La première image est reçue sur une plaque recouverte d'une substance impressionnable à la lumière, et placée au fond d'une boîte ou *chambre obscure* : on donne à cette première image le nom d'*épreuve négative*. En appliquant ensuite sur cette épreuve une mince feuille de papier convenablement préparée, et en exposant le tout à la lumière, on obtient une seconde image, une *épreuve positive*, ce qu'on appelle une *photographie*.

La photographie sur papier a sur l'autre deux grands avantages : l'image fixée sur le métal miroite et ne s'aperçoit bien que sous un seul point de vue ; au contraire, l'image sur papier reproduit avec une douceur et une netteté qui charment les yeux, non seulement les figures humaines, mais les monuments et les paysages. En outre, dès que le photographe est en possession d'une épreuve négative, il peut, avec elle, sans que la personne ou l'objet ait besoin de *poser* de nouveau, reproduire des épreuves positives en nombre presque illimité.

Deux nouvelles inventions, apportées d'Amérique à Paris pendant l'exposition universelle de 1878, émerveillèrent le monde savant et le monde non savant : nous voulons parler du *téléphone* et du *phonographe*, imaginés, le premier par M. Bell, le second par M. Edison.

Le *téléphone*, comme son nom l'indique, est un appareil destiné à transmettre la voix humaine à de grandes distances.

La parole, chacun le sait, a pour origine et pour cause les vibrations des cordes vocales du larynx au moment où passe le courant d'air qui s'échappe des poumons. Les lèvres, les dents, la langue, modifient ce son primitif, lui donnent son caractère et sa forme ; mais en définitive il n'est, à l'extérieur, qu'un mouvement vibratoire de l'air environnant. Ces vibrations ou

ondes sonores se communiquent de proche en proche ;
mais elles ne vont pas bien loin ; à mesure qu'elles
mettent l'air en mouvement, elles perdent de leur force
et finissent par s'éteindre. A quelques centaines de
mètres, la voix la plus forte n'est plus entendue ; un
instrument appelé *porte-voix* la fait arriver à 2 ou 3 kilomètres, et c'est tout. Faire parcourir à l'onde sonore,
et par conséquent à la voix, un trajet beaucoup plus
considérable est tout simplement impossible, et cependant M. Bell y a réussi, mais indirectement, en appelant
à son aide l'électricité.

Représentez-vous un chandelier renversé, vous aurez
à peu près la forme extérieure du téléphone. A l'intérieur se trouve une mince plaque de métal, disposée au-
dessus d'un petit appareil électro-magnétique[1]. Pour
opérer, il faut deux téléphones exactement pareils, l'un
au point de départ de la voix, à Douai, je suppose ;
l'autre à Lille, au point d'arrivée ; un fil télégraphique
les relie. Maintenant approchez les lèvres du téléphone
de Douai et prononcez distinctement quelques mots : le
son produit met l'air en vibration ; ces vibrations se
communiquent à la plaque de métal ; l'appareil électro-
magnétique placé au-dessous en reçoit une influence
encore mystérieuse, mais réelle ; cette influence, transmise en un instant par le fil télégraphique à l'appareil
semblable de Lille, fait vibrer la plaque exactement
comme vibrait celle de Douai. Ces vibrations, que sont-
elles, sinon la parole même qui vient de sortir de vos
lèvres ? L'électricité l'avait recueillie en quelque sorte
sur la plaque vibrante du téléphone de Douai ; en un clin
d'œil, elle l'a transportée et déposée sur le téléphone de
Lille. Votre ami n'a qu'à approcher de son oreille le
bord de son instrument, et il saisit, il reconnaît cette
parole. Prêtez l'oreille à votre tour, et vous entendrez
sa réponse. — On a ainsi entretenu des conversations
distinctes à la distance de 150 kilomètres et plus. Par

[1] C'est-à-dire d'un aimant qui, par une disposition particulière, produit un
courant électrique.

de nouveaux perfectionnements, on est aussi parvenu à grossir le son d'arrivée, qui était très faible à l'origine.

Le *phonographe* [1] est un instrument qui grave les sons produits par la parole, les conserve et les fait revivre quand on le veut.

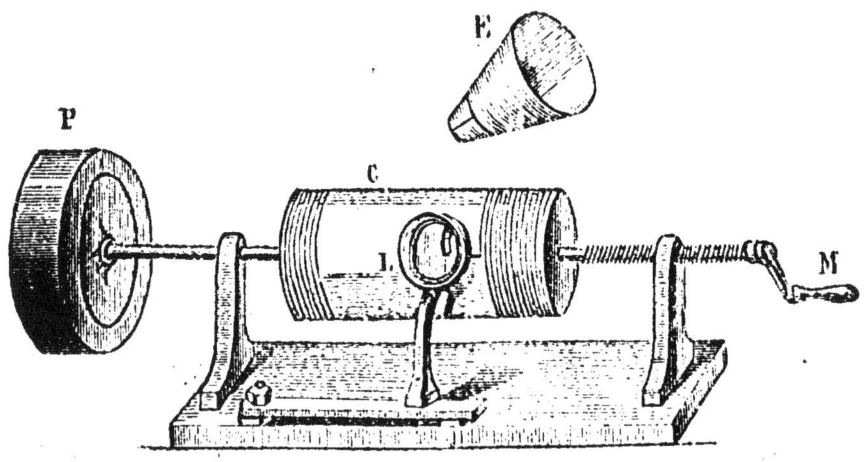

Phonographe.

Figurez-vous une lame ou membrane métallique, portant à son extrémité un stylet ou poinçon d'acier, court et rigide; imaginez ensuite un cylindre recouvert d'une feuille d'étain, placé à la portée de la pointe d'acier, et mû par une manivelle qui, en lui imprimant un mouvement de rotation, le fait aussi un peu avancer : telles sont les pièces essentielles du phonographe. Approchez maintenant vos lèvres de la membrane et prononcez une phrase : les ondes sonores font vibrer la lame; la pointe d'acier s'agite en même temps et trace, à mesure que tourne le cylindre, une série de petits creux sur la feuille d'étain. Voilà les ondes sonores imprimées; voilà la parole gravée sur le métal. Voulez-vous la faire revivre? Ramenez le cylindre à son point de départ, et recommencez à le tourner avec la même vitesse qu'auparavant. Le stylet reprendra le même chemin qu'il a déjà

(1) De deux mots grecs signifiant : qui écrit la parole.

parcouru, et comme il y rencontrera successivement les diverses empreintes qu'il y a creusées quand les vibrations de la parole venaient frapper la membrane, il sera tour à tour abaissé et soulevé comme il l'était alors. Il passera donc par toutes les phases de son premier mouvement, et, comme il est fixé à la membrane, il obligera celle-ci à répéter toutes les vibrations qu'elle avait déjà exécutées ; ces vibrations feront onduler les couches d'air environnantes comme elles avaient ondulé sous l'influence de la parole ; et ces ondulations enfin, toutes semblables à celles qui sortent d'une bouche humaine, feront revivre, en arrivant à l'oreille, la parole elle-même.

Dans l'état actuel de cette invention extraordinaire, les sons rendus par l'instrument sont beaucoup moins intenses que ceux qu'il a reçus ; mais, quoique faibles, ils sont parfaitement distincts, et ils ont pu être entendus par plus de cent personnes réunies dans une salle. En outre, le phonographe, qui reproduit exactement la hauteur des sons et les intonations les plus délicates de la parole, rend imparfaitement le timbre de la voix humaine. Mais rien n'est plus saisissant que d'entendre cette voix, un peu grêle, il est vrai, et comme étouffée, qui semble venir d'outre-tombe pour formuler ses sentences.

Avec cet instrument, on peut conserver la voix d'un orateur célèbre, les adieux d'un mourant, les paroles matérielles d'une personne aimée. Le phonographe a fixé le son, comme la photographie a fixé la lumière.

SEPTIÈME PARTIE

HYGIÈNE.

96. — L'hygiène. Hygiène de la respiration.

L'*hygiène* [1] est la science qui apprend à l'homme à conserver sa santé, et cela en dirigeant sagement ses organes dans l'accomplissement de leurs fonctions. La médecine a pour but de guérir les maladies, l'hygiène s'efforce de les prévenir et de les éviter.

Les anciens racontent que, dans un temple d'Esculape [2], en Grèce, il y avait une statue d'Hygie [3], toujours recouverte d'un voile, comme pour indiquer au peuple que la conservation de la santé est un bienfait de la Divinité, dont le secret échappe à la science humaine. Cette pensée n'est vraie qu'imparfaitement. Sans doute Dieu, comme parlent nos Livres saints [4], est le souverain maître de la vie et de la mort ; mais lui-même, en nous donnant la vie, nous a fait un commandement de la soigner comme un précieux dépôt dont nous sommes responsables vis-à-vis de lui, vis-à-

---

(1) D'un mot grec qui veut dire *santé*.
(2) *Esculape*, dieu de la médecine, dans les fables grecques.

(3) *Hygie*, déesse de la santé.
(4) La sainte Écriture, la Bible.

vis de nous-mêmes, et vis-à-vis de la société. D'ailleurs, si la science humaine est impuissante à pénétrer jusqu'au fond le mystère de la vie, elle a réussi pourtant à soulever un coin du voile qui le recouvre ; elle étudie, elle apprend chaque jour à mieux connaître les fonctions vitales, ainsi que les conditions favorables ou défavorables à leur exercice, en un mot, tout ce qui peut aider ou nuire à la conservation de la santé.

Commençons par la respiration, fonction si importante, si nécessaire, qu'une interruption de quelques minutes amènerait aussitôt la mort. Aussi *vivre* et *respirer* sont-ils synonymes dans toutes les langues.

Respirer, c'est d'abord *aspirer* de l'air pur et l'envoyer aux poumons pour rafraîchir le sang, puis *expirer*, c'est-à-dire rejeter au dehors cet air devenu impur et impropre à la vie.

L'homme respire treize à quatorze fois par minute : c'est vingt mille inspirations qu'il fait en vingt-quatre heures ; à un demi-litre d'air par inspiration, c'est dix mille litres d'air qu'il respire par jour.

L'air pur se compose de deux gaz combinés : l'*oxygène* et l'*azote* ; le premier n'entre que pour un cinquième dans la composition, l'azote fournit le reste. Mais c'est l'oxygène qui donne à l'air sa vertu vivifiante. Tandis que l'azote sort du poumon à peu près comme il y est entré, c'est-à-dire sans changement et sans altération, une partie de l'oxygène se mêle au sang noir qui revient des veines, en brûle toutes les impuretés, et lui rend avec sa couleur vermeille, ses qualités premières. Le résultat de cette combustion est la formation d'un gaz malfaisant, l'*acide carbonique*, que nous nous hâtons de rejeter par l'expiration.

Ces principes posés, il est facile de résumer les principales règles d'hygiène relatives à la respiration.

Autant un air pur et abondant est favorable à la santé, autant un air impur et rare nous est nuisible.

Lorsqu'un grand nombre de personnes sont rassemblées dans un même lieu, si l'air n'est pas renouvelé, la salle se remplit d'acide carbonique expiré de toutes les poitrines ; la vapeur d'eau qui sort également des poumons et des pores de la peau ajoute encore à l'infection. Un malaise général se fait sentir, on étouffe, on respire à peine, parce qu'on ne respire plus que de l'air qui a déjà servi. Si quelques personnes se trouvent mal tout à fait, qu'on les lasse sortir ou qu'on les porte à une fenêtre ouverte : quelques aspirations d'air pur suffisent à les rafraîchir et à les ranimer. Mais si l'on vit habituellement dans un pareil milieu, on devient pâle et maigre, on s'affaiblit, la maladie arrive.

Que votre chambre à coucher soit assez vaste, pas trop encombrée de meubles, pour que l'air y circule librement. Qu'il puisse s'y renouveler, même pendant la nuit, non seulement par les interstices [1] des portes et des fenêtres, mais encore par l'ouverture d'une cheminée. Une alcôve [2], surtout si elle est fermée par des rideaux, est malsaine : l'humidité et les miasmes [3] trouvent dans ce réduit obscur un abri où ils se cantonnent. Le matin, que votre lit reste ouvert pendant quelque temps pour respirer, et que des flots d'air et de lumière entrent dans votre chambre pour l'assainir.

Êtes-vous condamné à vivre dans une contrée basse et marécageuse, où se trouvent des eaux croupissantes d'où s'exhalent des émanations malsaines, construisez votre maison sur quelque hauteur et environnez-la de plantations d'arbres qui la protègent contre le mauvais air.

Trop souvent, à la campagne, la cour de la ferme est toute remplie de fumier, et le purin [4] y coule en ruisseaux infects jusqu'à la porte de la maison. Un cultivateur intelligent met son fumier en tas à quelque distance de sa demeure, et dispose tout autour des rigoles pour conserver le purin qui s'en écoule et s'en servir pour divers arrosages. De cette manière, il ne perd rien de son engrais, et l'air qu'il respire n'est pas trop altéré.

Toute combustion diminue l'oxygène de l'air et y in-

(1) *Interstices*, défauts de jointure.
(2) *Alcôve*, enfoncement destiné à loger un lit.
(3) *Miasmes*, mauvaises odeurs.
(4) *Purin*, liquide qui s'écoule du fumier ou des étables.

troduit différents gaz impropres à la respiration. Il faut donc que l'air soit, de temps en temps, renouvelé dans un appartement où l'on brûle de la houille ou du bois, où sont allumées des bougies ou des lampes, surtout si elles sont fumeuses.

Gardez-vous de chauffer au rouge un appareil de fonte neuve : il s'en dégagerait une certaine quantité d'acide carbonique.

L'air que l'on respire doit être mêlé de vapeur d'eau : voilà pourquoi on met sur les appareils de chauffage un vase rempli d'eau qui s'évapore dans l'appartement.

Si, dans un appartement bien clos, vous brûlez dans une chaufferette ou dans un réchaud de la braise de bois ; ou bien si, pour conserver la chaleur de votre chambre, vous fermez avant de vous coucher la clef du tuyau de poêle, l'acide carbonique dégagé n'aura plus d'issue, et vous vous exposez à des accidents plus ou moins graves, peut-être même à l'asphyxie [1].

Ce serait une imprudence du même genre que de coucher dans une chambre nouvellement peinte, avant que l'odeur d'essence de térébenthine [2] eût complètement disparu.

L'air d'un appartement est encore vicié, soit par les fleurs, soit par les fruits mûrs qu'on y renferme. Fleurs et fruits absorbent l'oxygène et laissent échapper des odeurs qui *entêtent* [3]. En 1863, un garçon épicier périt asphyxié pour avoir passé la nuit dans une chambre où l'on avait déposé des caisses d'oranges.

Les vêtements étroits, les corsets serrés autour de la taille, gênent la circulation du sang et empêchent l'air d'arriver aux poumons.

Une lumière abondante contribue à la pureté de l'air ; en effet, les rayons lumineux ont une vertu très efficace pour brûler les miasmes qui l'infectent. De là, sans doute, ce proverbe italien : « Où le soleil n'entre pas, le médecin entre. »

---

(1) *Asphyxie*, suspension de la respiration.
(2) On se sert d'essence de térébenthine
pour sécher les peintures.
(3) *Entêter*, faire monter à la tête des
vapeurs qui étourdissent.

QUESTIONNAIRE. — Qu'est-ce que l'hygiène? — Devons-nous et pou-
vous-nous contribuer à l'entretien de notre santé? — Qu'est-ce que
respirer ? — Qu'est-ce que l'air pur? l'air impur ? — Énumérez les
causes qui peuvent vicier l'air et les précautions à prendre.

97. — Hygiène de la nutrition.

1° ALIMENTS SOLIDES.

La nutrition a pour objet de transformer en notre propre substance des matériaux étrangers, soit pour augmenter la masse de notre corps, soit pour en réparer les pertes.

Toute matière, pour être nutritive et devenir un *aliment*, doit provenir d'êtres organisés, c'est-à-dire ayant eu vie. L'homme ne se nourrit donc que de végétaux et d'animaux.

Parmi les aliments nécessaires à notre existence, les uns contiennent de l'azote ; ils servent à la formation et à l'entretien de nos tissus, muscles, nerfs, os, peau, etc. : on les appelle aliments *plastiques*, c'est-à-dire formateurs ; les autres ne renferment pas d'azote, ils ne servent qu'à la respiration et à la combustion : on les nomme aliments *respiratoires*. Les uns et les autres, après avoir subi l'action des organes digestifs, se transforment en sang, et ce liquide nourricier, véritable fleuve de vie circulant dans toutes les parties de notre corps, va porter à chaque organe les principes réparateurs dont il a besoin.

Le règne animal nous fournit les aliments les plus substantiels, c'est-à-dire ceux qui, sous un petit volume, renferment le plus de matière susceptible d'être convertie en notre propre substance. Au premier rang viennent la chair du bœuf et celle du mouton. Celle du veau, plus tendre et plus légère, convient mieux dans les pays chauds et en été. La viande de porc est très nourrissante, mais un peu lourde pour les vieillards et les estomacs débiles : c'est l'aliment des travailleurs et des personnes robustes. La chair du cheval, quand elle est fournie par un animal bien nourri et suffisamment jeune, n'est guère inférieure à celle du bœuf et de la vache ; mais elle n'a pas encore triomphé de toutes les répugnances. Certains animaux sauvages nous offrent des viandes noires très nutritives, mais indigestes et échauffantes. La chair des oiseaux est, en général, légère et facile à digérer : elle convient aux vieillards et aux personnes sédentaires.

La viande crue, plus ou moins hachée et sucrée, est très digestive : elle convient dans les anémies [1].

Le bouillon par lui-même nourrit peu : c'est un excitant pour l'estomac. Pour augmenter sa vertu nutritive, on en fait la *soupe* en y mêlant du pain.

Nous devons encore aux animaux de nos basses-cours le lait et les œufs. Le lait est l'unique nourriture du jeune enfant ; il est donc à la fois plastique et respiratoire. C'est un aliment doux, qui apporte ou entretient le calme dans nos organes ; en outre, il se digère et s'assimile facilement. Le fromage, qui en provient, est un excitant plus ou moins fort, qui facilite l'absorption des substances contenues dans l'estomac : voilà pourquoi il est d'usage de le servir à la fin du repas. — Les œufs sont aussi un très bon aliment. Frais et peu cuits, c'est-à-dire quand l'albumine (le blanc) n'est pas durcie, ils sont très sains et de digestion facile : ils conviennent aux convalescents, aux personnes anémiques et sédentaires.

D'une manière générale, l'alimentation par le poisson est peu nutritive. Les poissons à chair blanche (truite, carpe, sole, etc.,) se digèrent bien ; les poissons à chair rouge, comme le saumon, sont plus nourrissants ; les poissons graisseux, comme l'anguille, sont aussi lourds que la viande de porc, mais en même temps très réparateurs. Les huîtres fraîches sont saines et savoureuses :

(1) *Anémie*, état de faiblesse amené par la pauvreté du sang.

l'eau salée qu'elles renferment, prise au début du repas, facilite la digestion.

Parmi les aliments empruntés au règne végétal, les premiers par leur importance nous viennent des céréales. Le blé, sous la forme de pain, est un aliment complet : il contient tous les matériaux qui entrent dans la composition de notre corps. Il en est de même du seigle, de l'orge, de l'avoine, du riz; seulement ces derniers renferment moins de *gluten*, cet élément nutritif par excellence, qui diffère à peine de la chair, et qui n'a besoin, pour devenir de la chair véritable, que d'une légère retouche de la digestion.

Les pois, les haricots, les fèves et les lentilles sont assez riches en azote, et par conséquent assez nutritifs. Il est utile de les associer, dans l'alimentation, avec des corps gras (beurre, lard, mouton). Leur cuisson s'opère facilement si on les met dans de l'eau de pluie encore froide, que l'on chauffe lentement.

La pomme de terre est moins nourrissante que ces derniers produits; il convient donc de lui ajouter des aliments plus substantiels : viande, lait, porc, poisson.

Les légumes sont peu nutritifs; parmi les meilleurs sous ce rapport, nous nommerons les choux, les asperges, le cresson, les champignons. Mais ces derniers sont indigestes, et leur usage réclame les plus grandes précautions, car la plupart des espèces sont vénéneuses. Les légumes qui se mangent crus, comme les radis et les raves, sont d'une digestion difficile. Le melon est froid et pesant pour l'estomac; il est bon de le saler et de l'arroser de quelque boisson généreuse.

Les fruits sont peu nourrissants, mais bienfaisants, quand ils ont atteint le degré convenable de maturité. Comme leur digestion est alors facile, on les mange à la fin des repas. Ils conviennent dans les pays chauds, aux gens sédentaires et pléthoriques [1], aux individus atteints d'affections de foie ou de la goutte.

____

(1) *Pléthore*, abondance de sang et d'humeurs.

Certaines substances mêlées aux aliments en relèvent le goût et en favorisent la digestion ; ce sont les *condiments* : gras, comme le beurre et l'huile ; sucrés ou salés ; acides, comme le vinaigre, l'oseille et les tomates ; aromatiques, comme le poivre, la moutarde, l'oignon, le cerfeuil, etc. Tous ces condiments, les derniers surtout, font sécréter les glandes salivaires, celles de l'estomac et des intestins ; ils conviennent aux pays chauds et aux personnes dont la digestion est laborieuse ; mais l'abus en serait dangereux, et provoquerait des douleurs de l'estomac ou des intestins.

QUESTIONNAIRE. — Quel est l'objet de la nutrition ? — D'où se tirent nos aliments ? — Qu'appelle-t-on aliments *plastiques ? respiratoires ?* — Dites un mot des principaux aliments fournis par le règne animal, — par le règne végétal, — des condiments.

98. — 2º Aliments liquides, ou boissons.

Les aliments solides ne suffisent pas à la nutrition. Notre corps se compose, pour les deux tiers de son poids total, de matières liquides. Des aliments liquides, des *boissons*, nous sont donc nécessaires, soit pour entretenir la partie liquide de nos organes, soit pour imprégner la nourriture solide et en faciliter la digestion. Une sensation bien connue, la soif, plus intolérable encore que la faim, nous avertirait de ce besoin, si nous venions à l'oublier.

On peut diviser les boissons en *rafraîchissantes, excitantes, alcooliques* et *toniques.*

L'eau est la boisson rafraîchissante par excellence, celle que la nature dispense aux animaux comme aux plantes. Dans les circonstances ordinaires, il n'est pas de breuvage qui convienne mieux à l'homme, et plus de la moitié du genre humain s'en contente. Pour être potable [1] et salubre, l'eau doit être fraîche, limpide, aérée [2], sans odeur, ni fade ni salée. Elle doit contenir en dissolution certaines matières nécessaires à l'entretien de nos organes, et en particulier du calcaire pour la formation des os, mais seulement dans la proportion de 1 à 2 grammes par litre. Si elle en contenait beaucoup plus, elle deviendrait *lourde* et pèserait sur l'estomac.

L'excès des matières pierreuses dans l'eau se reconnaît à deux marques : d'abord le savon, au lieu de s'y dissoudre, forme de petits flocons blancs ou grumeaux; en outre, cette eau est impropre à la cuisson des légumes secs : la pierre qu'elle renferme s'incorpore aux haricots et aux pois, qui ne se ramolliront plus désormais, si longtemps que vous les fassiez bouillir.

L'eau de pluie, si on la recueille quelques moments après la chute des premières ondées, est saine, mais un peu fade. Les tuyaux de conduite qui l'amènent dans les citernes doivent être en fonte ou en poterie de terre ; les conduites de zinc ou de plomb peuvent donner lieu à des accidents. Les eaux de source, surtout celles qui coulent sur un lit de sable ou de gravier, sont excellentes. Il en est de même des eaux courantes, c'est-à-dire des fleuves et des rivières ; toutefois il faut se garder de les puiser à leur sortie des grandes villes, où elles reçoivent toutes sortes d'immondices. L'eau des puits est inférieure aux deux précédentes ; mais, si elle dissout le savon et cuit aisément les légumes secs, on peut s'en servir sans inconvénient. Quant à l'eau provenant de la fonte de la glace ou de la neige, elle constitue une mauvaise boisson. Enfin les eaux des mares, des marais, des étangs, toutes les eaux dormantes, en un mot, sont impropres aux usages domestiques, à cause des substances animales et végétales qui s'y décomposent et les altèrent. Certaines eaux moins limpides et moins salubres deviennent potables si on les filtre, c'est-à-dire

---

(1) *Potable*, buvable en style familier.   (2) *Aérée*, exposée à l'air, auquel elle emprunte de l'oxygène.

si on leur fait traverser un réservoir rempli de sable, de gravier, de laine ou de poussière de charbon.

Boire de l'eau très froide quand le corps lui-même est froid, n'offre guère que des avantages ; mais si le corps est échauffé et tout en sueur, il peut en résulter des accidents graves, et même mortels [1]. Que si, étant en transpiration, vous voulez boire très froid, ayez soin d'ajouter à l'eau un peu de sucre, de vin ou d'eau-de-vie ; ou bien mangez, avant de boire, quelques bouchées de pain ; ou bien encore buvez à petites gorgées, et gardez un moment le liquide dans la bouche, pour qu'il passe, déjà tiède, dans l'estomac.

Les boissons excitantes ou fermentées sont le vin, la bière et le cidre.

Au point de vue de l'hygiène, les vins rouges sont en général préférables aux vins blancs ; les vins vieux sont plus digestibles, plus aromatiques et plus fortifiants. Le vin de Bordeaux est tonique [2] et doit être prescrit aux malades, aux convalescents, aux estomacs délicats, de préférence à celui de Bourgogne, plus chaud et plus stimulant.

La bière est une boisson d'excellente nature. Elle calme bien la soif et favorise la digestion. Le gluten qu'elle renferme lui donne une vertu nutritive presque identique [3] à celle d'un poids égal de pain. Mais il ne faut pas abuser des bières fortes, qui entraînent peu à peu la dyspepsie et l'obésité [4].

Le cidre bien fait est une boisson agréable et salubre, mais qui est loin de convenir à tous les estomacs. Le poiré, fourni par le jus des poires, en est une variété dont il faut se défier, parce qu'il enivre facilement.

Les boissons alcooliques ou liqueurs fortes se ramènent toutes à l'eau-de-vie. Ce sont des liquides excitants au suprême degré, plus dangereux encore lorsqu'ils sont pris à jeun, l'estomac vide Si, dans quelques

(1) C'est ainsi que mourut, en 1316, le roi de France Louis X, dit le Hutin.
(2) *Tonique*, qui donne du ton, de l'activité à nos organes.

(3) *Identique*, la même.
(4) *Dyspepsie*, digestion difficile. *Obésité*, embonpoint.

circonstances particulières, telles qu'un travail extraordinaire à fournir, le séjour dans des lieux froids et humides ou dans une atmosphère malsaine, un petit verre d'eau-de-vie peut être utile, l'usage habituel de cette boisson a les plus funestes conséquences, aussi bien pour la santé que pour la moralité : il conduit à l'ivresse, à la dégradation physique et morale [1], à la mort.

La première des boissons toniques est le café. Non seulement il facilite la digestion, mais encore il excite l'intelligence, rend l'imagination plus vive et permet de prolonger les veilles. En outre, il soutient admirablement les forces et possède une grande puissance nutritive. Il n'est pas, néanmoins, sans inconvénient pour les enfants, pour les personnes nerveuses et impressionnables, etc. Mêler l'eau-de-vie au café est un usage assez répandu en certains pays, mais plus nuisible qu'utile. Le café au lait, repas du matin pour beaucoup de personnes, est sain et nourrissant.

Les propriétés du thé sont à peu près les mêmes que celles du café. Les Anglais et les Hollandais en font une grande consommation pour combattre les effets de l'atmosphère froide et humide dans laquelle ils vivent.

Le chocolat est aussi une boisson aromatique, très nutritive quand on y ajoute du sucre et du lait. Il convient aux convalescents et aux personnes maigres et nerveuses.

QUESTIONNAIRE. — A quoi servent les liquides dans l'alimentation ? — Quelles sont les diverses espèces de boissons ? — Quelle qualité doit avoir l'eau pour être potable ? — Quelle est la meilleure ? — Quelles remarques avez-vous à faire au point de vue de l'hygiène, sur le vin, la bière, le cidre et le poiré ? — Sur les boissons alcooliques ? — Sur le café, le thé et le chocolat ?

[1] C'est-à-dire, il avilit et détériore le corps et l'intelligence.

99. — 3° Le régime.

On entend par *régime*, en général, la règle que nous devons suivre dans notre manière de vivre, et par *régime alimentaire* la règle qui doit présider à notre nourriture.

Le régime ne doit pas être le même pour tous. Il faut, en effet, que la quantité et la qualité des substances alimentaires soient en rapport avec les besoins de notre corps ; or ces besoins diffèrent selon l'âge et le tempérament de chacun, suivant le climat où il vit, la profession qu'il exerce, l'état de force ou de faiblesse où il se trouve.

Aux enfants et aux adolescents, chez lesquels la croissance et l'augmentation de poids exigent des recettes alimentaires considérables [1], il faut une nourriture substantielle. Mais les boissons excitantes ou aromatiques, et surtout les liqueurs fortes, offriraient les plus graves inconvénients dans cette période de la vie où les organes sont encore tendres et le système nerveux très susceptible. Les vieillards, au contraire, prendront moins d'aliments, et choisiront des aliments légers, mais nutritifs ; ils pourront avoir recours aux boissons toniques pour aider la digestion.

Voici une personne forte et robuste, au teint vermeil : son tempérament est *sanguin ;* qu'elle adopte un régime rafraîchissant et évite les boissons excitantes. Cette autre a le teint habituellement jaune : elle est *bilieuse ;* ses organes digestifs sont souvent dérangés ; qu'elle les ménage avec soin, et que, sans se laisser aller à ce qui flatte son goût, elle ne présente à l'estomac que ce qu'elle sait par expérience devoir être accepté par lui. En voici une autre qui est sans énergie comme sans couleur, dont les chairs sont molles : on

____

(1) C'est-à-dire, exigent que les enfants *reçoivent* beaucoup *d'aliments*.

lui donne le nom de *lymphatique* [1]; que sa nourriture soit aussi fortifiante que possible; les viandes grillées et rôties, les boissons fermentées prises sans excès, de l'exercice, un air pur et frais lui conviennent. Celle-ci est impressionnable, vive, quelquefois même violente : c'est une personne *nerveuse*; il lui faut un régime doux : du laitage, des légumes herbacés [2], des viandes blanches, des boissons rafraîchissantes seront la base de son alimentation. Celle-là, enfin, gémit sous le poids d'un embonpoint qui l'accable : pour atténuer cet inconvénient, elle mangera peu de pain et ne boira jamais d'eau; son alimentation se composera surtout de viande, de légumes herbacés, de fruits, de vin et de café; elle évitera avec soin les légumes secs, les pommes de terre, les mets sucrés [3], et prendra beaucoup d'exercice. Il va de soi qu'une personne très maigre devra suivre un régime contraire.

Dans les climats chauds et durant notre été, la nourriture sera plutôt rafraîchissante qu'excitante : les légumes frais et les fruits y entreront pour une large part; les boissons aromatiques, telles que le thé et le café, seront aussi les bienvenues. Dans les climats froids et durant notre hiver, la viande, les légumes secs et les boissons fermentées reprendront la première place; si la viande proprement dite fait défaut, le beurre, le lait, le lard, l'huile, pourront en tenir lieu. Il faut à tout prix développer la chaleur intérieure que la température environnante tend sans cesse à diminuer.

La profession, le genre de travail, l'état de santé ou de maladie influent aussi sur le régime. Des personnes qui travaillent au grand air et font une grande dépense de force musculaire, ont besoin d'aliments abondants et nutritifs. Au contraire, un homme de cabinet, dont le corps dépense peu à cause du manque d'exercice, préfèrera des mets légers, d'une digestion facile, tels que

---

(1) Du lat. *lympha* eau, humeur aqueuse.
(2) Par ex. salades, épinards, etc. : par opposition aux *légumes secs*, tels que pois, haricots.

(3) Le sucre et la fécule qui se trouvent dans les légumes secs et la pomme de terre se transforment en graisse.

le veau et le poulet. Le convalescent, qui a beaucoup de
pertes à réparer, se trouvera bien des viandes grillées
ou rôties.

Quatre repas sont nécessaires aux enfants, en raison
de leur croissance et de leur digestion plus rapide; il en
est de même pour les ouvriers qui se livrent toute la
journée à des travaux fatigants. Pour les autres personnes trois repas suffisent, et même deux, s'ils sont
suffisamment copieux et convenablement espacés. Ils
doivent être pris, autant que possible, aux mêmes
heures de la journée; habitué à fonctionner à la même
heure, l'estomac n'en digère que mieux.

Mais la première condition d'un bon régime, c'est la
sobriété. Une nourriture surabondante fatigue l'estomac
et, loin d'être profitable, devient nuisible. C'est une
maxime aussi conforme aux lois de l'hygiène qu'à celles
de la raison et de la foi, qu'il faut *manger pour vivre, et
non vivre pour manger.*

QUESTIONNAIRE. — Qu'entend-t-on par *régime, régime alimentaire?*
— Le régime doit-il être le même pour tous? — Quel régime convient
aux enfants, aux vieillards? — Aux divers tempéraments? — Aux
personnes obèses? — durant l'été, l'hiver? — Aux travailleurs, aux
personnes sédentaires? — Combien de repas doit-on faire par jour? —
Quelle est la première règle d'un bon régime?

---

100. — Hygiène de la peau. Vêtements.

La peau n'est pas seulement destinée à recouvrir le
corps d'une enveloppe douce au toucher et agréable à
la vue; par les fonctions qu'elle remplit, elle concourt
aussi pour sa part à l'entretien de la vie et de la santé.
La principale de ces fonctions est d'excréter, c'est-à-dire
de faire sortir du corps toutes sortes de substances
devenues inutiles, et par là même nuisibles. Ces
substances traversent incessamment les pores de la

peau, et s'échappent sous forme d'eau et de gaz carbonique. L'excrétion cutanée [1] est quelquefois très apparente : voyez cet enfant qui s'est échauffé au jeu ; sur son front perlent [2] des gouttelettes de sueur, qui bientôt se réunissent et ruissellent le long de ses joues. Mais le plus souvent elle se fait sans qu'on s'en aperçoive : de ces mêmes pores qui livrent passage à la sueur, sortent continuellement des gaz irrespirables [3], une humeur grasse destinée à assouplir la peau, enfin d'invisibles gouttes d'eau, qui n'ont pas le temps de mouiller tant elles sont vite évaporées. Dans le premier cas, on a la *sueur* ou *transpiration* proprement dite ; dans le second, la *transpiration insensible*.

La quantité de matière exhalée par la transpiration insensible est beaucoup plus considérable qu'on ne croirait ; des observations minutieuses permettent de l'évaluer à plus d'un kilogramme par jour. La peau respire donc comme le poumon, et la première de ces deux respirations est presque aussi indispensable que la seconde. Pour le prouver, des savants ont couvert d'un enduit visqueux [4] le corps d'un lapin, de façon à boucher tous les pores de sa peau : le sang du lapin se refroidit insensiblement, et le pauvre animal mourut au bout de quelques jours.

Or toutes ces petites ouvertures, ces pores par lesquels notre peau respire, tendent sans cesse à se boucher. La sueur et les matières grasses qui en sortent, forment, avec les poussières qui s'y mêlent, un gâchis bien connu sous le nom de crasse ; cette espèce d'enduit ferme les pores de la peau et arrête ou ralentit la respiration cutanée. Qu'arrive-t-il ? Les substances inutiles ou nuisibles qui devaient être expulsées, se trouvant retenues à l'intérieur, séjournent en divers points de notre corps et y déposent des germes de maladie.

---

(1) *Cutanée*, de ou à travers la peau (en lat. *cutis*).

(2) Apparaissent comme des perles liquides.

(3) *Irrespirables*, impropres à la respiration.

(4) *Visqueux*, gluant.

Vous éviterez ce danger si, chaque matin, en vous levant, vous procédez à des lotions [1] à grande eau sur les parties du corps toujours exposées à l'air, sur les mains, le visage et le cou, avec un soin spécial pour les points où les sécrétions sont le plus abondantes. Servez-vous d'eau fraîche, même en hiver. Si le froid semble d'abord vous saisir, une réaction, c'est-à-dire une action en sens contraire, se produira sous le frottement du linge ou de l'éponge, et une chaleur vivifiante donnera à vos organes une nouvelle vigueur. Que chaque semaine, presque chaque jour en été, un bain de pieds, chaque mois un bain tiède pour tout le corps, entretiennent la netteté et la souplesse de la peau. Les bains froids, pris dans des rivières, ou mieux encore dans la mer, auront de plus l'avantage d'agir comme toniques et fortifiants. Vous prendrez ces derniers le matin à jeun, ou plusieurs heures après le repas, et ils ne pourront durer que quelques minutes, un quart d'heure au plus. Du reste, un léger frisson vous avertira du moment où il faudra sortir de l'eau ; ensuite vous faciliterez la réaction et le retour de la chaleur par une promenade ou quelque autre exercice.

Le cuir chevelu, ou peau de la tête, a besoin de soins particuliers, à cause des pellicules et autres impuretés qui s'y amassent. Pour l'en débarrasser, non seulement faites jouer chaque jour le peigne et la brosse, mais de temps en temps ayez recours à des lotions. Les cheveux trop secs, devenant cassants, demandent à être assouplis par des corps gras ; au contraire, les cheveux trop gras demandent à être dégraissés par quelques lavages d'eau simple ou d'eau acidulée [2], capable de dissoudre et d'emporter l'huile qui les recouvre. Hors de ces deux cas, gardez-vous des cosmétiques [3] : ils rendent la tête plus difficile à nettoyer, et déterminent parfois à la peau une irritation plus ou moins grave.

---

(1) *Lotions*, lavages.

(2) *Eau acidulée*, eau rendue légèrement acide par le mélange d'un acide, c'est-à-dire d'un liquide aigre et mordant.

(3) *Cosmétiques*, substances qui servent à entretenir, à embellir la peau ou les cheveux.

Pour remplir ses fonctions si favorables à la santé, la peau ne doit pas seulement être nette, il faut encore qu'elle soit animée d'une chaleur spéciale. Sous l'influence d'une forte chaleur, elle se dilate, les pores s'ouvrent, la transpiration abonde : cet état, en se prolongeant, affaiblit et épuise. Un grand froid produit l'effet opposé : la peau se resserre, les pores se ferment, la transpiration cesse, et la santé se trouve également compromise. Les vêtements, entre autres services qu'ils nous rendent, nous protègent contre ces deux inconvénients : en nous abritant, et contre l'excès du chaud et contre l'excès du froid, ils entretiennent à la peau une température à peu près égale sous tous les climats et dans toutes les saisons. Essayons de dire ce qu'ils doivent être pour bien s'acquitter de leur rôle.

La laine et les fourrures nous procurent les vêtements les plus chauds; le coton vient ensuite; le lin occupe sous ce rapport le dernier rang : nous en avons donné la raison ailleurs [1].

La couleur du vêtement paraît n'avoir qu'une faible influence sur la déperdition ou sortie du calorique [2]. Ainsi un gilet de laine, qu'il soit blanc ou noir, conserve également bien la chaleur du corps. Il n'en est pas de même au point de vue de l'entrée : la chaleur du soleil, en tombant sur un corps de couleur claire, y pénètre plus difficilement, et par conséquent l'échauffe moins que si elle rencontrait un corps de couleur sombre. C'est ce que démontre une curieuse expérience : entourez deux boules de neige, l'une d'un morceau de drap blanc et l'autre d'un morceau de drap noir, et exposez-les ainsi au soleil; la neige fondra plus vite sous le drap noir. Les vêtements et les coiffures de couleur blanche ou claire conviennent donc, en été, aux personnes qui doivent affronter les rayons du soleil; on a calculé que cette seule précaution équivaut à un abaissement de température de 7 à 8 degrés.

Les gilets de flanelle portés sur la peau sont excel-

---

(1) Page 77. | (2) *Calorique*, chaleur.

lents pour les personnes délicates. D'abord les aspérités de la laine, par leur frottement continuel sur l'épiderme, enlèvent mieux la transpiration et déterminent une légère excitation nerveuse qui active les fonctions vitales. Ensuite ce tissu, après avoir pompé la sueur et l'humidité de la peau, ne se refroidit pas, comme ferait la toile : il conserve, au moins à sa surface interne [1], une température uniforme.

Deux vêtements de laine de faible épaisseur valent mieux qu'un vêtement d'une épaisseur double, parce qu'ils retiennent emprisonnées plusieurs couches d'air, comme autant de barrières contre le froid et l'humidité.

En toute saison les pieds doivent être tenus chauds. Cette condition ne peut guère s'obtenir avec une chaussure qui comprime le pied et orteils, et d'où, par surcroît, naîtront infailliblement des cors. La tête, au contraire, demande de l'air et même de la fraîcheur.

Une coiffure lourde, qui emprisonne les cheveux, est à la fois gênante et malsaine. On doit habituer de bonne heure les enfants bien portants à rester la tête nue, même pour dormir.

Les nouveaux-nés et les vieillards demandent des vêtements bien chauds. Les personnes à vie sédentaire ont aussi besoin d'être plus couvertes que l ouvrier et le cultivateur, qui trouvent dans leurs occupations un salutaire exercice. Quant aux enfants et aux jeunes gens, si l'on veut qu'ils acquièrent force et vigueur, il ne faut pas les surcharger d'habits, même dans les plus grands froids. Tout dépend des premières habitudes. Le visage, les mains et les bras ne sont moins sensibles au froid que parce qu'ils ont été constamment exposés à l'air.

Ce serait une imprudence de faire usage de vêtements ayant servi à des malades, sans avoir eu soin de les soumettre auparavant à un nettoyage énergique ; car certaines maladies dangereuses se communiquent par les principes dont elles imprègnent les étoffes.

____

(1) *Surface interne* tournée à l'intérieur, du côté de la peau.

QUESTIONNAIRE. — Quelle est la principale fonction de la peau ? — La respiration par la peau est-elle considérable ? nécessaire à la vie? — Qu'arrive-t-il quand les pores de la peau sont bouchés? — Quels sont les soins à donner à la peau? au cuir chevelu en particulier ? — A quoi servent les vêtements ? — Quels sont les vêtements les plus chauds? — La couleur du vêtement a-t-elle quelque influence ? — Quel est le rôle des gilets de flanelle ? — Qu'y a-t-il à remarquer par rapport à la chaussure? à la coiffure ? — A qui conviennent les vêtements chauds ? — Est-il bon de beaucoup se vêtir ?

101. — Petits et grands accidents.

Mille accidents menacent notre vie et la mettent en danger. Le plus souvent, ce qui manque dans ces occasions, c'est un prompt secours. Le médecin n'est pas là ; on le cherche, il arrive enfin ; mais déjà le mal a fait des progrès, il n'y a plus de remède, ou du moins le remède est devenu beaucoup plus difficile. Quelques mots sur les accidents les plus ordinaires, et sur les premiers soins à donner avant l'arrivée du médecin, intéresseront donc nos jeunes lecteurs.

En voulant attraper un papillon, vous avez étourdiment plongé la main dans une touffe d'orties. Tout le monde connaît cette plante, dont les feuilles et les rameaux sont tout hérissés de poils. Chacun de ces poils est une petite fiole à venin ; lorsqu'il pénètre dans la peau, la pointe se casse, la fiole s'ouvre et verse son contenu dans la blessure. Votre main se couvre aussitôt de pustules, et une douleur cuisante s'y fait sentir. Vous la calmerez en mettant sur la place malade quelques gouttes d'ammoniaque [1], ou d'eau vinaigrée, ou même une simple compresse d'eau fraîche.

Le même remède convient aux piqûres d'abeilles où

(1) *L'ammoniaque* ou *alcali volatil* est un gaz d'odeur piquante; dissous dans l'eau, il donne l'ammoniaque liquide

de guêpes, aux morsures de cousins, de fourmis ou de punaises.

Mais est-ce par une vipère ou un chien enragé que vous avez été mordu? C'en est fait de vous si le venin ou le virus rabique [1] se mêle à votre sang et arrive au cœur. Pour empêcher ce malheur, prenez un mouchoir, une bande de tissu quelconque, une corde, et serrez fortement le membre mordu au-dessus de la morsure; puis faites saigner la plaie en la pressant avec les doigts, et après l'avoir lavée avec de l'eau salée, brûlez-la, soit avec de l'ammoniaque, soit avec un morceau de fer rougi à blanc. Plus le fer est chaud, moins la cautérisation [2] sera douloureuse.

Des cris de détresse se font entendre; une personne aux vêtements en flamme se présente à vous. Hâtez-vous de l'envelopper de couvertures que vous roulez autour d'elle, de manière à *étouffer* le feu : c'est la plus prompte manière de l'*éteindre*. Puis, les couvertures retirées, mettez à nu toutes les parties brûlées, en déchirant ou en coupant avec précaution les habits pour éviter d'enlever la peau. Si des ampoules se sont formées, videz-les par un trou pratiqué avec une aiguille, et recouvrez les parties atteintes par le feu de linges fins imbibés d'eau fraîche, ou simplement d'une couche d'ouate. Si la peau était dépouillée de son épiderme, on devrait tremper d'huile la compresse ou l'enduire de cérat [3]. En attendant le médecin, bornez-vous à entretenir la température fraîche par de nouveaux linges mouillés, appliqués sur ceux qui touchent à la peau.

Avez-vous reçu une simple *contusion*, un coup, sans qu'il y ait de plaie, vous préviendrez ou ferez cesser l'inflammation [4] en couvrant la place d'eau fraîche mêlée de sel ou d'eau-de-vie. S'il y a une *plaie*, lavez-la avec soin, et couvrez-la d'un linge fin ou de charpie imbibée d'eau froide. Faites de même pour une simple *coupure*,

---

(1) *Virus*, poison; *rabique*, de la rage (en lat. *rabies*).
(2) *Cautérisation*, brûlure.

(3) *Cérat*, espèce d'onguent composé d'huile et de cire.
(4) *Inflammation*, rougeur accompagnée d'enflure.

et quand le sang sera arrêté, vous en rapprocherez les bords et les maintiendrez en contact avec un morceau de taffetas d'Angleterre [1].

Un homme a fait dans la rue une chute grave; il ne peut plus se relever. Il faut le transporter à l'instant, sur un brancard, dans un lieu où il recevra des soins. Si le brancard manque, une petite échelle sur laquelle on aura jeté une couverture ou un matelas en fera l'office. — Cet homme, dans sa chute, s'est fait une *foulure* ou une *entorse* [2] : plongez, s'il est possible, la partie blessée dans un vase rempli d'eau froide, ou bien couvrez-la de compresses imbibées d'eau fraîche souvent renouvelée, et cela pendant deux ou trois heures. — Vous n'agirez pas autrement s'il y a *luxation*, c'est-à-dire si l'os est sorti plus ou moins complètement de son articulation ou jointure; mais vous éviterez en outre d'imprimer le moindre mouvement au membre malade. — Cette dernière précaution est plus nécessaire encore s'il y a *fracture* ou brisement de l'os.

Comment arrêter un saignement de nez?—Il s'agit ici, non de ces petits saignements qui, chez certaines personnes, reviennent de temps en temps et s'arrêtent tout seuls au bout de quelques minutes : ceux-là peuvent être utiles, et l'on aurait souvent tort de les supprimer; nous parlons de ces hémorragies [3] inattendues et interminables qui constituent un véritable accident. Voici quelques moyens qui peuvent réussir : appliquez entre les deux épaules du patient un objet froid, tel qu'une grosse clef, un morceau de marbre ou de pierre; — mettez sur le front une compresse d'eau aussi froide que possible; — que le patient plonge ses deux mains dans l'eau froide et les frotte ensuite vigoureusement pour y amener une grande chaleur; — qu'il tienne ses deux bras levés en l'air; vous aurez la charité de l'y aider au besoin. — Si ces moyens ne suffisent pas à arrêter l'hémorragie, le médecin en connaît d'autres.

___

(1) Tissu de soie recouvert d'une couche de colle.

(2) On appelle *foulure* ou *entorse* la distension violente des tendons et autres parties molles qui entourent une articulation.

(3) *Hémorragie*, écoulement du sang (synon. de saignement).

Une personne *se trouve mal*, s'évanouit, devient insensible et sans mouvement; une pâleur de mort couvre son visage : cet état s'appelle une *syncope;* la respiration et la circulation du sang sont suspendues. Desserrez bien vite les vêtements du malade et couchez-le sur le dos, sans lui relever la tête. Puis jetez-lui sur la figure quelques gouttes d'eau fraîche ; faites-lui respirer des odeurs fortes, agréables ou désagréables, que vous trouverez sous la main ; au besoin frictionnez le corps avec des linges chauds.

Vous rencontrez sur votre route un ignoble buveur, ivre-mort, ignominieusement couché dans la boue. Arrêtez-vous par pitié, et mettez-le sur le côté ou sur le ventre. Si le malheureux restait sur le dos, les aliments qu'il vomit pourraient s'arrêter dans son gosier et boucher le canal de la respiration : il mourrait asphyxié.

L'asphyxie est une interruption de la respiration. Diverses causes peuvent la produire; les plus ordinaires sont la submersion, la strangulation et certaines émanations gazeuses.

On entend par submersion le séjour plus ou moins prolongé dans l'eau. On vient de repêcher un noyé : les premiers soins à lui donner sont de l'étendre sur le gazon ou dans une chambre bien aérée, en le tournant un peu du côté droit ; de lui desserrer les dents au moyen d'un morceau de bois, pour faire sortir de sa bouche l'eau et la vase qui ont pu s'y introduire ; de le dépouiller au plus vite de ses vêtements mouillés, en les arrachant ou les coupant au besoin ; de bien essuyer tout son corps ; de l'envelopper de couvertures et de le mettre dans un lit bien chaud. Puis, avec les doigts, avec un linge ou le manche d'une cuiller, vous achevez de débarrasser sa bouche et ses narines des mucosités qui s'y trouveraient encore et empêcheraient le passage de l'air. Ensuite, tandis que d'autres personnes essaieront de le réchauffer par tous les moyens possibles, frictions énergiques, briques chaudes aux pieds, vous lui ferez respirer de l'ammoniaque ou du fort vinaigre, et lui chatouillerez le nez avec les barbes d'une plume.

Pour faciliter l'entrée de l'air dans les poumons, vous lui presserez doucement de la main tour à tour la poitrine et le ventre, de manière à faire exécuter à ces parties les mouvements qu'on exécute quand on respire. Enfin, si tous ces efforts n'ont pas de résultat, il vous reste une dernière ressource, souvent efficace Approchez votre bouche de la bouche du malade et soufflez-y de l'air à plusieurs reprises. O merveille ! un léger souffle a répondu au vôtre : le noyé n'est pas mort. Donnez-lui une cuillerée de vin chaud ou d'eau-de-vie, coupée d'eau chaude et sucrée, ou bien encore de café ; renouvelez la potion de 5 en 5 minutes, jusqu'à ce que la respiration soit pleinement rétablie.

Est-ce un asphyxié par strangulation [1], un pendu, que vous rencontrez ? Empressez-vous de couper le lien qui lui serre le cou, sans vous croire obligé d'attendre l'arrivée d'un agent de police, — ce qui est un sot préjugé, — et donnez-lui les mêmes soins qu'au noyé dont nous venons de parler.

C'est encore à peu près de la même manière que vous pourrez rappeler à la vie un homme asphyxié par des gaz irrespirables, tels que la vapeur de charbon, les émanations des puits, des égoûts, des fosses d'aisances, etc.

Toute substance qui, introduite dans le corps, amène une mort plus ou moins prompte, ou bien cause un trouble profond dans les fonctions vitales, est un *poison* ; on appelle *empoisonnement* l'action que cette substance exerce sur les fonctions vitales.

L'arsenic [2], le vert-de-gris ou rouille du cuivre, le phosphore des allumettes chimiques, beaucoup d'espèces de champignons, les feuilles et les fruits de la belladone, du datura, de la digitale, de la ciguë, si semblable au cerfeuil, etc., sont des poisons ; et il y en a beaucoup d'autres. Qu'il vous suffise de savoir qu'on peut supposer un empoisonnement lorsqu'une personne bien

---

(1) *Strangulation*, action *d'étrangler*. | (2) *L'arsenic* est un métal sentant l'ail et très facile à réduire en poudre.

portante, après avoir avalé un aliment, et sans malaise préalable [1], est prise subitement de coliques violentes, de vomissements ou d'envie de vomir, ou enfin de mouvements convulsifs [2]. Toutefois, on ne doit pas oublier que certaines maladies offrent plusieurs de ces symptômes [3].

Faire expulser le poison, voilà, quand on se trouve en présence d'une personne empoisonnée, le premier résultat à obtenir. Pour cela, si les vomissements existent déjà, vous les entretiendrez en donnant de l'eau tiède à mesure qu'ils ont lieu. S'ils ne sont pas encore établis, vous les provoquerez en enfonçant les doigts dans l'arrière-bouche ou en la chatouillant avec les barbes d'une plume. Si vous avez de l'émétique [4] à votre portée, vous pourrez en administrer 4 ou 5 centigrammes dans un verre d'eau tiède. Ces moyens suffisent généralement, lorsque l'empoisonnement ne remonte pas à plus d'une heure.

Le poison expulsé, il s'agit de détruire l'effet qu'il a pu produire dans les organes. On y réussit en faisant prendre ce qu'on appelle un contre-poison. Mais comme chaque espèce de poison a son contre-poison particulier, cette partie du traitement regarde le médecin.

QUESTIONNAIRE. — Que faut-il faire quand on a été piqué par une ortie, par une abeille ou une guêpe ? — Quand on a été mordu par une vipère, par un chien enragé ? — Quel moyen employer pour guérir une brûlure ? une contusion ? une coupure ? une entorse ? une luxation ? une fracture ? — Comment arrêter un saignement de nez ? — Quels soins doit-on donner à une personne évanouie ? à un ivre-mort ? à un noyé ? à un pendu ? à un homme asphyxié par des gaz irrespirables ? — Qu'appelle-t-on *poison, empoisonnement* ? — Comment secourir une personne empoisonnée ?

(1) *Préalable*, antérieur.
(2) *Mouvements convulsifs*, secousses brusques des membres ou des muscles.
(3) *Symptômes*, signes, indices.
(4) *Émétique*, substance qui a la vertu de faire vomir.

FIN.

TABLE ALPHABÉTIQUE

TABLE DES MATIÈRES

PREMIÈRE PARTIE

Le ciel

DEUXIÈME PARTIE

Les grandes lois de la nature.

TROISIÈME PARTIE

La terre et l'eau.

QUATRIÈME PARTIE

Les trois règnes de la nature.

CINQUIÈME PARTIE

Le corps humain,

SIXIÈME PARTIE

Industrie. Machines. Inventions.

SEPTIÈME PARTIE

Hygiène.

Tours. Imp. DESLIS Frères, rue Gambetta, 6.